《兵典丛书》编写组
编著

枪械

FIREARMS

经典名枪的战事传奇

THE CLASSIC WEAPONS

哈尔滨出版社
HARBIN PUBLISHING HOUSE

图书在版编目（CIP）数据

枪械：经典名枪的战事传奇 /《兵典丛书》编写组
编著. — 哈尔滨：哈尔滨出版社，2017.4（2021.3重印）
（兵典丛书：典藏版）
ISBN 978-7-5484-3131-2

Ⅰ.①枪… Ⅱ.①兵… Ⅲ.①枪械－普及读物 Ⅳ.
①E922.1-49

中国版本图书馆CIP数据核字（2017）第024882号

书　　名：枪械——经典名枪的战事传奇
QIANGXIE——JINGDIAN MINGQIANG DE ZHANSHI CHUANQI

作　　者：《兵典丛书》编写组　编著
责任编辑：陈春林　李金秋
责任审校：李　战
全案策划：品众文化
全案设计：琥珀视觉

出版发行：哈尔滨出版社（Harbin Publishing House）
社　　址：哈尔滨市香坊区泰山路82-9号　　邮编：150090
经　　销：全国新华书店
印　　刷：铭泰达印刷有限公司
网　　址：www.hrbcbs.com　　www.mifengniao.com
E－mail：hrbcbs@yeah.net
编辑版权热线：（0451）87900271　87900272
销售热线：（0451）87900202　87900203

开　　本：787mm×1092mm　1/16　印张：20.75　字数：250千字
版　　次：2017年4月第1版
印　　次：2021年3月第2次印刷
书　　号：ISBN 978-7-5484-3131-2
定　　价：49.80元

凡购本社图书发现印装错误，请与本社印制部联系调换。
服务热线：（0451）87900278

　　对于我们来说，枪是遥远的。我们只能在波澜壮阔的历史枪声中去寻找枪的痕迹。从人类发明火药的那一刻起，冷兵器就注定要被一种新式的武器所代替，那就是枪。即使再简陋的火枪，面对大刀、长矛时也有着巨大的优势，这便是科技给人类带来的进步。但事物往往是两面的，枪的出现，让大刀长矛退出了历史舞台，可它成为了另外一种杀人工具，一种更可怕的杀人武器。

　　也许，枪被发明出来以后，它便再也逃脱不了杀人的命运，它更是在战争的磨砺下变得越来越冷漠，但是当一种新的枪械出现之后，它也会随之退出历史的大舞台，给人们留下的只是记忆，惨痛的记忆或者辉煌的记忆。

　　在这本《枪械》里，我们就将认识这些给人类带来美好、惨痛、悲伤、激动的枪械，它们分别是早期的火绳枪、燧发枪、毛瑟枪、普通步枪、卡宾枪、突击步枪、狙击步枪、霰弹枪、冲锋枪和机关枪。这些枪就仿佛一个个独立的王国，相互克制又相互依赖，但它们都有一个本质的共性，那就是它们是伴随火药而来到这个世界上的。

　　我们都知道，火药的发源地是中国，枪械的发源也是中国宋代著名的"突火枪"，它是早期火器的代表作。而随着蒙古人不断向西扩张，中国的火器制造技术被带到了西方。

　　历史总是这样，一个先进的事物会引发巨大的蝴蝶效应，就比如说火药西传，让西方人借助于中国的火药，发展了现在的枪械和火炮。经过不断的改良而威力大增的火枪不仅使武士的盔甲形同虚设，同时也加快了中世纪的结束和文艺复兴的到来。

14世纪，欧洲人和阿拉伯人展开了激烈的交锋。战争中，阿拉伯人使用了中国人发明的火药兵器，使欧洲国家吃了大亏，这些欧洲人从战争中认识到，管形火器确实威力很大，于是，纷纷学习制造火药和火器，当时，欧洲国家工业技术水平较高，所以，中国的管形火器在阿拉伯人手中没有长足进步，在欧洲却获得了突破性的进展。

最早的枪是火门枪，我国早期的小型火铳等都属火门枪，所谓火门枪，就是在枪上有一个点火的火门。然而火门枪实在太不方便了，当时，射手们这样评价火门枪："单人操作火门枪，得有两双眼睛三只手才行！"为了使枪能够单人方便地使用，一位英国人发明了一种新的点火装置，用一根可以燃烧的"绳"代替红热的金属丝，并设计了击发机构，这就是在欧洲流行了约一个世纪的火绳枪。

从火门枪到火绳枪，是枪械发展史上点火技术的一次重大突破，直至今天，火绳枪的原理仍获得广泛的应用。作为第一种可以真正用于实战的轻型射击武器，火绳枪的缺点也是明显的，它不能在风雨天使用，战斗开始前和战斗进行时，火绳必须始终燃着，不仅消耗量大，而且非常容易发生危险，特别是在夜间作战时，燃着的火绳所发出的光亮，无疑暴露出己方所在地及作战兵力的多少。于是，人们又开始探索克服火绳枪缺点的新型武器。于是，又出现了燧发枪和击发枪。

如果说"一战"之前枪械的制造属于作坊式的话，那么从"一战"开始，枪械的制作就是工厂式的。期待和平的人们在战争中逐渐悟出这样的真理：想要不被侵略，就要造出火力更强、杀伤力更大的枪支弹药。而怀着军国主义梦想的侵略者们也悟出那样的真理：想要夺得更多的土地和资源，就要造出火力更加强的火器。在"一战"之后，各国都已经积极开发各种枪械：左轮手枪、冲锋枪、手动步枪、半自动步枪、自动步枪、狙击步枪及机枪。其间先后出现了许多新型枪械，如苏联的莫辛-纳甘步枪，德国的毛瑟步枪、MG-34、MG-42，美国的M1加兰德步枪、M1卡宾枪、勃朗宁自动步枪，英国的李-恩菲尔德步枪、布伦轻机枪等。至二次世界大战后期，还出现了自动步枪和突击步枪，如1944年出现在战场上的德国7.92毫米StG44突击步枪，特点是火力强大、轻便、在连续射击时亦较机枪更容易控制，这是世界上第一种突击步枪，亦对世界各国枪械的研制产生了重大影响。

两次世界大战极大地刺激了枪械的发展。后来的历次大小战争更是为这种发展推波助澜。20世纪40年代，世界枪王AK-47终于出现了。苏联开发了著名的AK-47之后，美国亦开发了M14自动步枪及M60机枪。越战时期，冲锋枪及自动步枪已成为主要战争武器，像20世纪60年代装备美军的7.62×51毫米M14自动步枪，战时显示大口径子弹不适合用做突击步枪，其后开发出著名的小口径M16，苏联亦推出小口径化的AK-74。时至今日，越来越快的射速，越来越远的射程，越来越大的杀伤力，使得枪械的发展近乎完美。

　　在历史发展的过程中，枪械作为一种特殊的工具，以其独特的方式书写了浓重的一笔。一些经典枪械更是成为了某一历史时期或事件的符号和象征，而谁能说枪械之间的争斗是没有生命的呢？

　　就比如说，我们看到"三八大盖"，就仿佛看到了当年侵华日军的种种罪恶行径和丑恶嘴脸。越南丛林里AK-47和M16的对决更是人们永远说不厌的话题，而人们更在意的不是对战争的津津乐道，而是对丛林深处人性迷失的思考，还有对发生在那个曾经叫"西贡"的城市的往事的追忆。是的，这就是历史，它在流传，在转动，它也有生命的。

　　所以，了解这些历史，才能看到这些历史的未来；了解这些枪械，才能看到这些枪械的生命。

第五章　卡宾枪——短臂枪魂

第六章　突击步枪——火线王者

第七章　霰弹步枪——堑壕战鸟铳

战事回响

1

早期的枪械

冷兵器的化身

兵典
THE CLASSIC
WEAPONS

火绳枪
——热武器之鼻祖

◎ 轮番齐射，大话火绳枪

在冷兵器时代，无论是一场战争还是一场战役，敌我双方比的都是剑术、刀法，以及抗击打能力。随着历史进程的不断前行，让战争双方不平等的火绳枪出现了，冷兵器时代就这样结束，火器时代来临了。火器时代，如果作战双方，一方拿着枪，另一方却拿着大刀，这样的战争结果可想而知。火绳枪就这样轻而易举地验证了落后就要挨打的真理。它一诞生，就被用于战争和冲突，从此，战争就具有了名副其实的、更为浓烈的火药味。用它解决的纷争无从记录，用它杀死的人更是不计其数。

15世纪初，一位英国人发明了一种新的点火装置，他用一根可以燃烧的绳子代替烧得红热的金属或木炭，并设计了击发机构，这就是在欧洲流行了约一个世纪的火绳枪。

火绳，顾名思义，就是一段烧着的导火绳。它用硝酸钾的溶液浸过，可以缓慢地燃烧。其枪上有一个金属弯钩，弯钩的一端固定在枪上，并可绕轴旋转，另一端夹着一段燃烧的火绳，士兵发射时，用手将金属弯钩往火门里推压，使火绳点燃黑火药，进而将枪膛内装的弹丸发射出去。训练有素的射手每3分钟可发射2发子弹，长管枪射程100~200米。

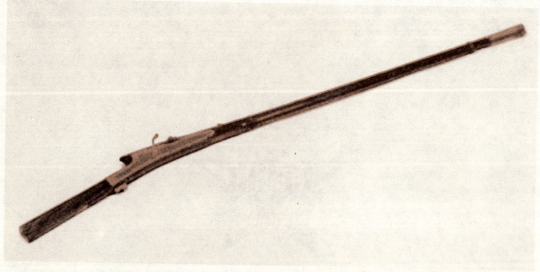

★热武器的鼻祖——早期的火绳枪

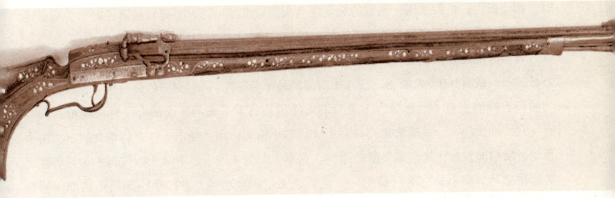

★亚洲地区早期的火绳枪

毋庸置疑的一点是，中国是火药的发明国。10世纪末期，中国北宋的军事技术家和统兵将领根据以往炼丹家们在炼制丹药的过程中曾经使用过的配方，经过调整和修正后，制成最初的、也是最初级的武器用于作战，开创了人类战争史上使用火器的新时代。到1259年（南宋开庆元年），寿春府（今安徽寿县）火器研制者发明了突火枪，这是人类历史上第一支单兵手持式竹制火枪。突火枪的创制，受到后世各国火器研制者的重视，被公认为是世界上最早的管形火器，堪称世界枪炮的鼻祖。但这种简单的火枪，既没有照门也没有准星，而且没有可以抵肩的枪托，仅能进行概略射击，它在战争中的作用恐怕仅仅是造成敌军的混乱而让己方步兵和骑兵有机可乘。顺应战争的需要，火绳枪很快就出现了，并成为相当长一段时期内的主要作战兵器。

虽然火绳枪一度横行战场，在世界各国的军队中盛行了200多年（在亚洲国家时间还要更长一点），但它也有不少缺点。由于引发火绳枪需要一段火绳（通常是由几股细亚麻绳搓成的导火索，用醋煮过或用硝酸钾泡过），所以每个火枪手都要在自己身上携带长达几米的火绳。在临战之前，他们必须先点燃火绳，因为在天气潮湿的时候，火绳极难点燃，而且有经验的战士会将火绳的两端都点燃以便随时开第二枪，这样，一根火绳是烧不了多长时间的。火绳点燃时也很危险，稍不小心，火星就会点燃身上背着的弹带，引起爆炸，伤及火枪手自己，而且点燃的火绳在夜间很容易暴露自己，这样欲在夜间偷袭敌军简直不可能。

火绳枪另外一个缺点是它的射击过程非常复杂而缓慢。中国明代将领戚继光在《戚继光兵法》中记录了使用火绳枪的10道工序。而在欧洲，1607年阿姆斯特丹的雅各布·德·盖耶出版的一卷图示《武器练习》，对火绳枪的开火步骤进行了描述，共分为25个步骤。火枪手出战，要带上枪及火绳、火药（分枪内用和火门中用）、弹丸、叉形支架。

在1450年左右，欧洲火器研究者便将其改进为半机械式的点火装置：在枪托的外侧或上部开一个凹槽，槽内装一根蛇形杆，杆的一端固定，另一端构成扳机，可以旋转，并有一个夹子夹住用硝酸钾浸泡过的能缓慢燃烧的火绳。枪管的后端装有一个火药盘，发射时，扣动扳机，机头下压，燃着的火绳进入火药盘点燃火药，将弹丸或箭镞射出。而且还改进了枪托并加装了护木，使火绳枪可以抵肩射击。

日本火绳枪是由葡萄牙人传入的。日本天文十二年（明嘉靖二十二年，1543年）8月25日，一只载有100多人的船，在九州南部的种子岛靠岸。船上有3名葡萄牙人，以及化名为明朝五峰的王直（后称净海王王直的大倭寇头目）。葡萄牙人带有一种火绳枪，其旁有一穴（即火门），系通火之路，装上火药与小铅丸，用火绳点火，可将铅丸射出，击中目标，发射时发出火光与轰雷般的爆响。日本人时尧（种子岛家第十四代当主）见后视之为稀世之珍，将其称之为"铁炮"。之后，又用重金购买，并派小臣条川小四郎向葡萄牙人学习火绳枪的使用及其火药的制作法，仿制了十几支。不久，日本的一些冶铁场便先后仿制出日本式的火绳枪。当时的倭寇还把这种火器用于对中国的掠夺活动中。在1543年～1600年间，日本战国时代（相当于明嘉靖到万历年间）生产的火绳枪，已是普通士兵使用的实战用枪。而到1600年以后，日本德川幕府时期（相当于中国清朝时期）生产的火绳枪，便是供贵族武士阶层佩带，枪身豪华美观。

当时的中国明朝，在一些有识之士的推动下，军队大规模使用火器，学习西方较为先进的技术。而且引入了"红夷大炮"，将中国的火器发展推到了顶峰。到了清朝，由于清政府游牧民族"弓马打天下"的概念，导致火器技术渐渐落后于西方。常言说落后就要挨打，火绳枪在中国一直用到19世纪末期，当西方资本主义在工业革命的推动下向古老的

★中国的巅峰之作"红夷大炮"

东方发动掠夺战争时，这些古老的火器已无力抵挡，直至中国成为资本主义国家的半殖民地，才退出中国的历史舞台。

印加帝国之殇——穆什克特火绳枪

征服产生的利器："穆什克特"出世

西班牙人作为最早在海外开辟殖民地的国家，其战争野心曾一度膨胀，在他们开辟新大陆之前，他们就在为此作着必要的准备。"穆什克特"火绳枪就是一个明证，"穆什克特"火绳枪是让整个欧洲都在颤抖的枪械。

16世纪，西班牙的"穆什克特"火绳枪代表了当时欧洲火绳枪的先进水平。虽然枪很笨重，大多时候只能用叉形座来支撑发射，弹药要从枪口装填入枪膛，但射出的铅制弹丸威力极大，最大射程为250米，并且能在100米内击穿骑士所穿的重型胸甲（当时大多数武器在80米以外几乎不能造成任何伤害）。

16世纪初，对火绳枪战术技术有独到研究的西班牙将军萨罗·德·科尔多瓦在国王的支持下，建立起欧洲第一支正规的火绳枪步兵部队，这支部队所有的官兵均使用"穆什克特"火绳枪。西班牙人就是靠这种武器所装备的部队称霸欧洲数十年。

最负盛名：第一种用于实战的枪械

★ "穆什克特"火绳枪性能参数 ★

口径：23毫米	射程：250米
枪长：1800~2000毫米	有效射程：100米
枪重：8~11千克	速度：2发/分
弹重：50克	

"穆什克特"火绳枪上有一个金属弯钩，弯钩的一端固定在枪上，并可绕轴旋转，另一端夹着一段燃烧的火绳，士兵发射时，用手将金属弯钩往火门里推压，使火绳点燃黑火药，进而将枪膛内装的弹丸发射出去。由于火绳是一根麻绳或捻紧的布条，放在硝酸钾或其他盐类溶液中浸泡后晾干的，能缓慢燃烧，燃速大约每小时80毫米~120毫米，这样，士兵将金属弯钩压进火门后，便可单手或双手持枪，眼睛始终盯准目标。

作为第一种可以真正用于实战的轻型射击武器，"穆什克特"火绳枪的缺点也很明显：

1.下雨时，雨水容易将火绳浇灭。

2.夜晚燃烧的火绳容易暴露目标。

3.不能两只手托枪瞄准。

🚫 骑兵之殇："穆什克特"火绳枪称霸欧洲

历史证明，一个新武器的出现，势必会引起蝴蝶效应，"穆什克特"火绳枪也是如此。"穆什克特"一在战场上出现，立即引起各国军队的注意。很快，火绳枪就淘汰了早期的火门枪，成为相当长一段时期内的主战兵器。当时，由于采用大群人马进行战斗，队形较为密集，故使用火绳枪比较容易杀伤敌人。

西班牙人作为"穆什克特"火绳枪的鼻祖，当然不肯放过这个机会。科尔多瓦将军的火绳枪部队最早被编成20个纵队，每个纵队1000～1250人，每个纵队又分成5个连。后来，科尔多瓦又将他的火绳枪部队采用步兵团的编队体制，每个步兵团辖3个纵队，步兵团由火绳枪兵和长矛兵混编而成，这种混编步兵团又称为"西班牙方阵"。

在"西班牙方阵"中，火绳枪兵与长矛兵大体相等，后来火绳枪兵逐渐增多。为了能够更好地发挥火绳枪的威力，科尔多瓦又发明了一种具有重大意义的新战术——后退装弹战术，即一个火绳枪战斗编队一般有40个横列，作战时，列队的枪手依次齐射，然后沿着排与排之间的空隙，一列接一列地依次退到后排装子弹，这一战术弥补了火绳枪发射速率太慢的缺陷，从而保证了周而复始、连续不间断的射击。

1525年2月的帕维亚会战开始，凶狠的瑞士雇佣兵、法国骑兵和西班牙将军萨罗·德·科尔多瓦的火绳枪步兵部队遭遇。科尔多瓦将1500个士兵布置在公园的树林之间，以一轮又一轮的齐射让瑞士人损失惨重。

当时，法国骑兵总指挥弗朗索瓦根本没有将西班牙

★"穆什克特"火绳枪操练图

火绳枪士兵放在眼中，他们仍然毫无顾忌地催马冲向西班牙阵地。

遗憾的是，骑兵的长枪在树林之间无法施展，在西班牙火绳枪兵不间断的近距离平射中，骑兵纷纷落马，法国骑兵阵形大乱，损失惨重。弗朗索瓦自己也成了受害者，他的马被击倒并将他压在身下，动弹不得，弗朗索瓦就这样落入了西班牙火绳枪队手中。之后，西班牙军队依仗火绳枪的威力，彻

★西班牙火绳枪士兵在操练兵器

底击败了在数量上占明显优势的法国军队，称霸欧洲数十年。之后，法国等国也相继仿效，纷纷成立以火绳枪为主要武器的步兵团，这样，一度衰落的步兵又重新获得生机，并将不可一世的骑兵赶下了战争舞台主角的位置。

明朝武器中的状元——鸟铳

鸟铳出笼：从模仿到精益求精的利刃

鸟铳是中国明朝时期对新式火绳枪的称呼，可谓是"即飞鸟之在林，皆可射落，因是得名"，又称鸟嘴铳。在清朝，鸟铳改名为鸟枪。

我们都知道，鸟铳贵为明朝武器中的状元，牢牢占据着明朝各种武器排行榜的首位，其杀伤力也很强悍，但我们也许不知道，鸟铳不是中国明朝时期发明的，鸟铳来源于欧洲。

战争让武器进化进而传播，这话不是没有道理，鸟铳也是如此。

明朝嘉靖二年（1523年），中国明军在广东新会西草湾之战中，从缴获的两艘葡萄牙舰船中得到西洋火绳枪。1548年，又在缴捕侵扰中国沿海的倭寇时，缴获了日本的火绳枪。据《筹海图编》记载，嘉靖二十七年（1548年），明军收复日人、葡人占据的双屿（今浙江省鄞县东南海中），获鸟铳及善制鸟铳者，明廷遂命仿制。约在同时，又有鲁迷（今译鲁姆，位于今土耳其）鸟铳传入中国。

明王朝的兵仗局，很重视仿制火绳枪，命许多火器专家潜心研制，以求革新。明万

★明代鸟铳示意图

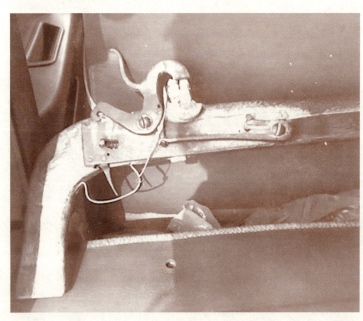

★结构精美的鸟铳

历二十六年（1598年），赵士桢搜寻到"鲁迷鸟铳"，遂加以改进，把枪机置于枪托内，"拨之则前，火燃自回"，简化了发射动作。为了提高鸟铳的射速，他还参酌佛郎机铳制成装有子铳的"掣电铳"，参酌三眼铳制成有5支枪管的"迅雷铳"，可轮流发射。

鸟铳的出现引起了军队装备的重大变化，很快就成为装备明、清军队的主要轻型火器之一。《明会典》记载，嘉靖三十七年（1558年）一年之中即造鸟铳1万支。明代将领戚继光《练兵实纪》（1571年刊行）记载，戚家军步营有2699人，装备鸟铳1080支，约占40％。清康熙三十年（1691年），置内外火器营，其中内火器营3920人，有鸟枪护军2512人，占64％。雍正十年（1732年），在驻吉林的八旗兵中设鸟枪营，领兵1000人。随即在广州、福州、宁夏等许多地方都设立鸟枪营，成为新的步兵兵种。第一次鸦片战争（1840年）后，西方的后装线膛击针式步枪输入中国，鸟铳遂被淘汰。

⊘ 威力超常：具有强大的火力

★ 鸟铳性能参数 ★

口径：9～13毫米　　　　　　弹重：3～11克

枪长：2010毫米　　　　　　射程：150～300米

枪管长：1000～1500毫米　　射速：约2发/分钟

枪全长：1300～2000毫米　　单兵：每名鸟铳手配备药罐1个、铅弹300发

枪重：2～4千克

　　鸟铳是一种进化了的火绳枪，为什么这么说呢？

　　鸟铳的主要特点首先是铳管前端安有准心，后部装有照门，构成瞄准装置；其次是设计了弯形铳托，发射者可将脸部一侧贴近铳托瞄准射击；再次是铳管比较长，长度和口径的比值约为50∶1～70∶1之间，细长的铳管使火药在膛内燃烧充分，产生较大推力，弹丸出膛后的初速较大，获得低伸弹道和较远的射程；最后是用火绳作为火源，扣动扳机点火，不但火源不易熄灭，而且提高了发射速度，增强了杀伤威力。

　　当时的鸟铳铳管用精铁制作，此种精铁要用5公斤粗铁才能炼出0.5公斤，只有用这样的精铁制成的铳管，才能坚固耐用，射击时不会炸裂。制作时通常先用精铁卷成一大一小的两根铁管，以大包小，使两者紧密贴实，然后用钢钻钻成内壁光滑平直的铳管。钻铳工艺很精密，每人每天只能钻进1寸左右，大致一个月才能钻成一支。

　　铳管钻成之后再于前端装准心，后端装照门。铳管尾部内壁刻有阴螺纹，以螺钉旋入旋出，旋入时起闭气作用，旋出后便于清刷铳内壁。管口外呈正八边形，后部有药室，开有火门，并装火门盖。完整的铳管制成之后，安于致密坚硬的铳床上。铳床后部连接弯形枪托，铳床上安龙头形扳机。

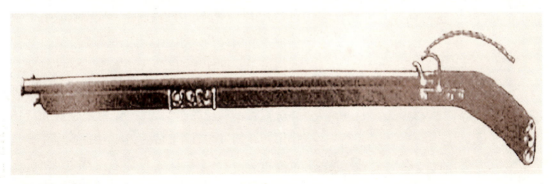

★小巧精致的鸟铳

　　明朝鸟铳的射击过程比较麻烦。倒药（将火药从药罐中倒入药管中，每管药发射1发弹），装药（将火药从铳口倒入铳膛），压火（用随枪的搠杖将膛内火药压实压紧），装弹（取出弹丸装入铳膛，然后用搠杖将弹丸压入火药中），装门药（将发药罐中的火药倒入药室的火门内，把药室填满，使之与铳膛内的火药相连，而后将火门盖盖上，以防潮湿），装火绳（将火绳装入扳机的龙头式夹钳内，准备点火），这时即准备完毕，射手处于听命待发状态。射击时，须打开火门盖，点燃火绳，以蹲跪姿或立姿瞄准扣动扳机发射。紧急时也可直接向火门点火不瞄准发射。

　　鸟铳存在点火时易受风、雨影响以及点燃火绳时要保留火种和燃着的火绳不能维持较长时间等缺点。

◎ 武器状元的战事经历：鸟铳抗倭，血染战场

　　明朝鸟铳的火力确实很强大，从欧洲引进以来，它多次成为改变战役胜负的英雄，在明朝伟大的抗倭行动中，也有良好的表现。

　　这年，正是大明嘉靖二十四年（1545年），戚继光抗倭行动到了最如火如荼的时候。据记载，鸟铳出现在戚继光面前时，戚继光双眼发亮，经过测试，戚继光认为火绳枪是杀敌最有效的兵器，并对火器的战术使用作了很深的研究，发展出车营、三才阵等适合发扬火器威力的部队编制和战法。

★一代抗倭名将戚继光画像

　　大明正德七年（1512年），明军平定南海之役，"神机营"的武器专家改进了缴获的火器，创制出佛郎机铳，又称为"神机炮"，并批量生产，使中国的火器发展跨越了一大步。但佛郎机铳是大口径火绳枪（炮），需三人同时操作一门。中国把创制成功的火绳枪称之为"鸟铳"，是当时明军战斗中的利器。明军装备的鸟铳射程可达120米，枪管用熟铁制作，底部有火孔与火药池（放引火药）相连，池上覆盖有铜盖，可以遮挡风雨，搠杖（通条）插在枪管下的木托上，用于填送弹药，枪管底部用螺栓封固，便于取开擦洗枪管。鸟铳在明朝战场上，发挥着很重要的作用。在朝鲜与日军的战争中，中国吃了不少鸟铳的苦头。1593年8月，任命宋应昌为经略，李如松为提督，挥师入朝鲜。李如松率兵马四万人

渡过鸭绿江之后，在部分朝鲜军队的配合之下，向平壤进军。第二年的正月初八，明军环绕着平壤城的西北面向日本发起总攻，诸军鳞次渐进，尘土飞扬。其中，游击吴惟忠、副总兵查大受攻牡丹峰；中军杨元、右协都督张世爵攻七星门；左协提督李如柏、参将李芳春攻普通门；副总兵祖成训、游击骆尚志与朝鲜兵使李隘、防御使金应瑞等攻含毬门等等。副将祖成训利用日军轻视朝鲜军的心理，故意伪装成朝鲜军，企图打日军一个措手不及。游击骆尚志将铳炮挟于腋下，大呼连放，不顾日军在城上施放的枪弹及巨石，率领浙兵强行登上了含毬门。而李如松直接下令明军用两门大炮轰碎了七星门的城门，明军步、骑乘胜进入城内。游击吴惟忠也率军攻上了城外的牡丹峰。各路明军纷纷突破了日军的第一道防线，李如松督令平壤城内的明军搬运柴草，四面堆积在一些日军据守的房屋外面，放火将其焚烧成灰烬。

但是，日军早已经在牡丹峰、七星门、普通门、风月楼及平壤城内其他地方筑了大量坚固的工事。残余日军藏身于土窟之内，一边躲避着明军的炮火，一边用鸟铳穿过土窟的洞穴向外不断地射击，拼命抵抗。明军一时难以攻下。李如松的坐骑被鸟铳击中、吴惟忠的胸部中弹负伤、而骆尚志在登城时也被巨石砸伤足部。仗打到这个地步，明军已经伤亡数千了，只好暂时休战，班师回营。

鸟铳在这一战中显露了它的威力，而在另一场战役萨尔浒之战时，却暴露了它的不足。明军西路军在萨尔浒山上见努尔哈赤的八旗军来攻，即令各队结营列队以待。当后金军进至山下时，即刻下令开炮轰击。战幕方拉开，雨雪忽止，天降大雾，弥漫山谷，视线不清，咫尺之外，难分敌我。明军个个恐惧，人人心慌，便点燃松枝当火炬。这恰好把自己完全暴露在金军面前。金军利用其火光，使用弓箭，箭无虚发，每发必中。明军虽有火光易于点燃火枪，但因在明处，难寻目标，非但未能伤敌，自己反吃大亏。加之黑色火药惧潮湿，雨雪中使用不便。萨尔浒之战正好在雨后初晴、湿度最大时，不用火烤干，便无法射击。所以八旗军愈战愈勇，步步逼近，攻入明营，一举夺取了萨尔浒山营寨。萨尔浒之战中，鸟铳（火绳枪）的缺陷暴露无遗。

东瀛种子岛枪——日本"铁炮"

"铁炮"出膛：海上漂来的杀人武器

每一种武器背后都有一段传奇的故事，"铁炮"的传奇尤显特别。

1543年8月25日，一艘葡萄牙商船预定从澳门开往双屿，遭遇台风漂流到了日本九州南侧的种子岛。商船被种子岛上的小浦村的村民发现，村民们惊恐万分，马上报告了当时种子岛的领主、种子岛家第十四代当主"种子岛时尧"。

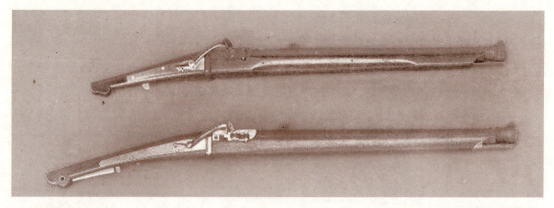

★早期的日本"铁炮"

种子岛时尧同意船只停在赤尾木港。有一天，时尧发现葡萄牙人拥有一种让人十分害怕的武器，一扣扳机，飞出的子弹可以置人于死地。这个像棍子一样的东西前面有个洞，后面却是封闭的，样子十分奇特。请教了船上的人之后，时尧知道这种武器的名字叫做"步枪"。他也想拥有这种武器，于是出了2000两银子购买了两支步枪，并命令号称"种子岛锻冶栋梁"的伙计八板金兵卫仿制，但是，扳机部分却一直不能做成。

无巧不成书，历史有时也是这样，但要看经历历史的人有没有能力发现这种巧合和机缘。八板金兵卫就是一个这样的人。扳机部分制作不成，葡萄牙人就送来了扳机。

1544年，又是由于台风的缘故刮来了另一艘葡萄牙船只，停泊在了中种子町的熊野近海。当八板金兵卫知道船上有铁匠的时候，喜出望外，立刻上船向其请教，并答应将自己的女儿许配给葡萄牙人。葡萄牙人教会了他步枪制造术，八板金兵卫终于制成了日本自产的第一支种子岛步枪，也就是所谓"日本国产第一号"的"铁炮"。

其中一支转让给纪州的津田算长（杉坊明算的兄长）。津田回到纪州后，与锻制铁匠芝迁清右卫门一起日夜研究"铁炮"的发射与锻制法，并将制成的"铁炮"配备给纪州根来寺的"行人众"。"根来众铁炮"逐步闻名，津田算长也成为津田流铁炮术的始祖。

1544年，堺町商人橘屋又三郎从八板金兵卫处学得"铁炮"制法后回到堺町，并由此摇身一变成为"铁炮"贸易商，堺町成为"铁炮"与火药供给的中心都市。

1544年2月，岛津义久将"铁炮"经由管领细川晴元献给足利义晴将军，其后晴元命近江坂田郡国友村名铁匠国友善兵卫等四人研究制作。于是，"铁炮"由中心城市向四周普及开来。

◎ 铸铁制成："铁炮"拥有恐怖的杀伤力

"铁炮"枪管由铸铁制成，有准星、照门，安装于木托之上。所使用的铅弹，包在棉布块中在火药之后由枪口装入，棉布块可使弹丸不至于从枪口滑出，这样由上至下的攻击

★"铁炮"性能参数 ★

口径：8.5～20毫米		射程：200米	
枪长：1100～1300毫米		有效射程：50米	
炮重：6～8千克			

就可能了。再有每发弹丸所用的黑火药是由固定容器量装的，一般发射一发用的药量为6克左右。

"铁炮"的最大特点是射距和杀伤力非常强悍。日军的"铁炮"能够贯穿密集的朝鲜军，甚至一枪击伤三四人；在第一次平壤攻防战中，日军铁炮竟能越过城楼最高处射进城内，打中城楼柱子并射入深达数寸。

根据测试，口径10.2毫米、铳身长1100毫米的"铁炮"，在50米距离上可以击穿装有1.4毫米铁板防护的具足胴。而如果加大口径、装药量和身管长度，在100米距离上也有一定概率命中一个成人大小的标靶和造成一定伤害。"铁炮"的发射速度与欧洲后来更先进的燧发步枪的一般射速相当。一名富有经验的日本"铁炮"爱好者，能在仅仅15秒钟之内完成装弹、填火药、瞄准和射击等一系列动作。

"铁炮"的一大弱点就是它的发射速度，鉴于其发射原理和构造使然，"铁炮"的发射步骤极为复杂烦琐：先从巢口装入火药，装填弹丸，用枪通条推弹丸到位，夯实；再在底火盘放入点火药点火，夹起火绳瞄准目标；最后打开盘盖扣扳机，火绳引燃点火药，发射。操作中，不能盯着手来补充火药，视线一时一刻都不能离开敌人。而且在实战中，火种不能熄灭。

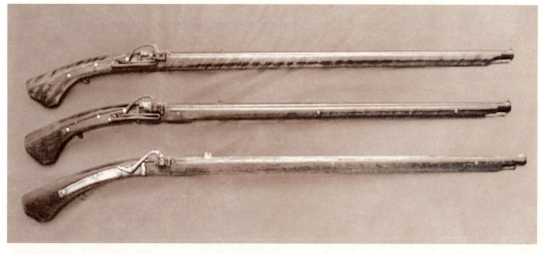

★具有较强杀伤力的日本"铁炮"

◎ 完美配合：“铁炮”在战场上所向披靡

在日本战国早期，由于当时“铁炮”价格极高，无法大量配备于军中，一般只起威吓作用。“铁炮”首次被用于实战是在1549年（天文十八年）萨摩的岛津对肝付、蒲生、涉谷联军的战斗中。但是由于投入数量较少，所以没有取得什么决定性的效果。

后来因为“铁炮”的流传，逐渐被一些有识之士发现而得以应用于实际战场之上，并由此产生了一批优秀将领。

最先将“铁炮”用于军事用途的是日本战国时期的尾张地区的大名——著名军事家织田信长。据《信长公记》（半传记式的回忆录，由织田信长旧将太田牛一所著）中对“铁炮”的记录："卫队七八百人，皆铠甲武装，分为三队，其中朱枪计五百本，弓与铁炮五百挺。"织田信长组建成正式的“铁炮”队，这时距种子岛铁炮传来已有六年了。由于各地“铁炮”数量不断增加，日本迎来了“铁炮”战的时代。

织田信长十分擅长使用“铁炮”，甚至还改装出后膛填装的“铁炮”（后膛填装装置又名为“早合”），用这种“铁炮”在长筱之战中大破武田胜赖的骑兵。

除了织田信长外，还有一些将领也很快地接受并掌握了“铁炮”的技术，并把它用于了军事作战。

武将铃木重秀便是其中之一。铃木重秀创造了“铁炮狙击法”——每一支“铁炮”由四人使用。在射击手左、右、后各设一人。每击一发后，左边的人填入子弹，右边的人填入火药，后面的负责点火。每一击之间只要四五秒，实在是最快的“铁炮”术了。

1570年9月12日，以大将铃木重秀率领的杂贺、根来、汤川众两万人，对位于天满森的织田信长军发动了攻击。在这一战里，铃木重秀集结了3000支以上的“铁炮”，对信长

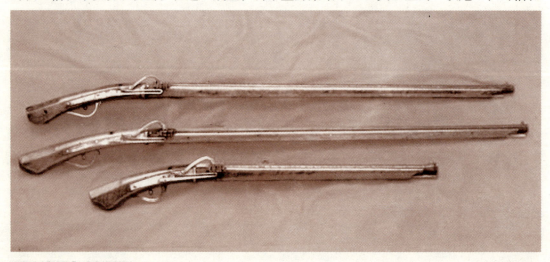

★日本“铁炮”的家族系列

军施行密集的射击，战斗持续到14日，信长方的野田、福屿的皆被攻破，信长手下将领佐佐成政受伤，野村越中战死沙场。这一仗是织田信长自桶狭间合战以来第一次遭受如此惨败。虽然织田军也有很大比重的"铁炮"部队，但是在精于"铁炮"战术的纪州军面前，却完全被压倒了，这一战对信长来说，的确是值得反思的。

★使用日本"铁炮"的日兵演练图

但是信长就是信长，很快他也掌握了"铁炮"战的诀窍——射击速度，并采用了自创的"三段击"（"三段式射击法"——前排射击后退到第三排装药，第二排上前射击，第三排前进到第二排装弹丸，如此循环往复，使得火力始终能够持续的"铁炮"战术），于是就有了长篠合战的胜利。在1575年的长篠合战中，织田联军以绝对优势在长篠击败了赫赫有名的武田信玄军。

1575年的这一仗，使得精锐的武田骑兵几乎全军覆没，二十四将也不剩几人了。骑兵的辉煌已经成为了历史，"铁炮"作为战场主力的时代正式到来了。至于信长所创的"三段击"，才是埋葬了骑兵伟业的关键所在。这一战，通常被认为是火绳枪部队对骑兵的胜利，在世界战争史上也有相当的意义。

日本战国时代"铁炮"的最大规模使用是在关原合战中，作战双方共投入了总兵力的十分之一，约20000支"铁炮"。当时日本甚至自称是"世界上拥有'铁炮'最多的国家"。

凭借"铁炮"在历次战役中的不错表现，越来越多的大名豪族开始接受并重视它的存在，"铁炮"正在逐渐取代历来作为主力远程兵器的弓箭的作用，成为部队编组中更重要的一部分。"铁炮"的产量也在不断高速增长，1592年的文禄—庆长之战，1600年的关原合战，1614年的大坂之战中，都有数万支"铁炮"投入作战。

伊达政宗是日本战国时期三个掌握骑马铁炮技术的将领中的一个（还有铃木重秀、片仓景冈）。他利用奥州是著名的马产地的优势，让骑兵再装配"铁炮"，在片仓景冈的帮助下，组成了强有力的骑马"铁炮"队，并在战国末年的大坂战役中发挥了巨大的作用。

大坂战役中，伊达政宗所带领的10000人遭遇大坂方后藤又兵卫基次、薄田隼人正兼相带领的军队。大坂军在伊达政宗的无敌骑马"铁炮"队面前很快被击溃（后藤又兵卫基次、薄田隼人正兼相英勇战死）。迟到的大坂援军，在伊达政宗军经过时从侧面杀出，经过一场激战后伊达政宗率军撤退。很快大坂战役结束。

在17世纪的朝鲜战争中，入侵朝鲜的日本军队曾大规模使用"铁炮"。虽然中国明朝军队火炮技术和装备水平占压倒性优势，火绳枪在技术上优于日本、理论上也采取了轮替射击术，但由于兵制和军事思想的落后，实际运用水平并不如日军高。

从另一个角度来看，因为明军在火器运用上以火炮为主，在很大程度上抵消了日军的火绳枪优势，这也是朝鲜战争中日军竭力避免和明军在平原进行野战的重要原因之一。

燧发枪
——骑士毁灭者

◎ 历史的见证——威风燧发枪

中世纪是骑士的时代，盾牌、长剑和长矛成就了一个个英雄的传说。但是，当燧发枪出现，坚不可摧的盾牌和制作精良的铠甲便被击破了。燧发枪的广泛应用，大大加速了自15世纪开始的火器淘汰冷兵器的过程。

燧发枪的出世很偶然，但随着历史进程不断推进，功能也得到充分的发挥。

说到它的出世，不能不提到基弗斯。出生于16世纪初的基弗斯在钟表界颇有名气，他不仅能造出各种造型别致的精美手表，对各种枪械也有浓厚的兴趣，并亲手制作过不少精美的火绳枪。一天，基弗斯家中来了个客人，客人在抽烟点火时，用的不是当时流行的火柴，而是用古老的燧石摩擦点火方式，燧石闪亮的火花瞬间引起了基弗斯的灵感，他把钟表上那带锯齿的旋转钢轮与能够产生火花的燧石相结合，凭着他的经验和智慧，于1515年研制成功了世界上第一支转轮打火枪。

基弗斯成功发明的转轮打火枪引起了德国军方的关注，很快，这种枪便开始装备德军骑兵和步兵，1544年，德国与法国交战，当时德军骑兵装备了转轮打火枪，法国军队仍装备火绳枪。战斗进行中，突然风雨大作，装备火绳枪的法军几乎没能打出一枪一弹，而以转轮打火枪为主要武器的德军骑兵则越战越勇，将法军士兵打得落花流水。不久，屡遭失败的法国国王也雇用了相当数量的同类骑兵，这些骑兵也配备了转轮打火枪。这样，转轮打火枪慢慢成为骑兵的主要武器。

然而，转轮打火枪并不是完美无缺的，它不仅结构复杂，造价昂贵，使用麻烦，而且在钢轮上有污染时还不能可靠地发火。于是，人们又开始研制新的"点火"方式。

不久，居住在伊比利亚半岛上的西班牙人发明了燧发枪，他们取掉了那个源于钟表的带发条的钢轮，而是在击锤的钳口上夹一块燧石，在传火孔边有一击砧，如果需要射击时，就扣引扳机，在弹簧的作用下，将燧石重重地打在火门边上，冒出火星，引燃点火药，这种击发机构称之为撞击式燧发机，装有撞击式燧发机构的枪械称为撞击式燧发枪。撞

★燧发枪的结构示意图

击式燧发枪大大简化了射击过程，提高了发火率和射击精度，使用方便，而且成本较低，便于大量生产。到16世纪80年代，许多国家的军队都装备了这种撞击式燧发枪。

随着科技的发展，法国人马汉又对燧发枪进行了重大改进，他研制成功了可靠、完善的击发发射机构和保险机构，这种燧发枪从而成为当时性能最好的枪，为法国赢得了荣誉。法王亨利四世为此召他进宫，充任贴身侍从，专门为宫廷制造枪械。到17世纪中期，这种燧发枪已广泛装备法国军队，后来，这种燧发枪被世界各国仿制和采用，直到19世纪中期。

燧发枪的基本结构如同打火枪，即利用击锤上的燧石撞击产生火花，引燃火药。燧发枪的平均口径大约为13.7毫米，由于还没有发明后装弹式火枪，所以这对当时的弹药装填技术作了很高的要求，操作起来很不方便。后来，美国宾夕法尼亚州的枪械师创造了一种加快装填法，使用浸蘸油脂的亚麻布或鹿皮片包着弹丸，装入膛口，减少了摩擦。这种方法不仅加快了装填速度，而且起到了闭气作用，精度随之提高，射程也提高了。

燧发枪的机械原理比火绳枪要可靠得多，最初，燧发枪的点火有效率为67%左右，而火绳枪的有效率仅为50%。后来，随着技术进一步改进，滑膛枪的点火有效率提高到了85%。一种内装火药和弹丸的长椭圆形纸壳弹筒的问世，极大地提高了燧发枪的射击速度。对于旧式的火绳枪来说，枪手首先要用一个牛角制成的药筒，将火药池装满引火药；然后，将一个小木管内的火药装入枪管；再从随身携带的弹药袋里取出一粒弹丸，从帽子里取出一片布包上弹丸，一同装入枪管内；用送弹棍将弹丸和布条捅紧；最后，取出燃着的火绳，拴在枪机上，以备最后点火射击。

而对于燧发枪来说，情况就大不一样了。首先，枪手用牙咬掉纸壳弹筒的尾盖，用嘴

★造型优美的燧发枪

含住弹丸；然后，将弹筒内的火药倒入火药池中一部分，剩下的火药则装入枪管内；将用嘴含着的弹丸和弹筒的纸壳一起，装入枪管内；用送弹棍将弹丸和纸壳往下捅到火药处，这就可以准备射击了。火绳枪每分钟只能射击一次，而使用纸壳弹筒的燧发枪每分钟可以射击2~3次，甚至更多。

燧发枪的装弹程序简单，枪手在装填过程中，不需要专门注意防备点着的火绳所造成的意外事故，因此，燧发枪带来了步兵战斗队形的重大变化。火绳枪步兵，人与人之间的间隔至少要1码，以便装填弹药，隧发枪步兵却可以肩并肩挨着一起进行装填，每个人只要有22英寸的空间就足够了。这就是说，在每一列队形中，装备燧发枪步兵的人数要比装备火绳枪步兵的人数多一倍。这种更密集的步兵战斗队形，不但大大增加了每米正面的火器密度，而且也使抵抗骑兵攻击的刺刀屏障更密集。由于隧发枪装弹速度快，步兵的战斗队形纵深可从以前的6列横队变为3列横队，同时还能保持三分之一的人装填好弹药准备射击，因此，指挥官就可以在正面宽度不变的情况下，将步兵组成一个更加密集的战斗队形。

16世纪，旧式的步兵方阵逐渐让位给更能有效发挥火力的线式队形，为了让更多的枪在一个正面上开火，整个步兵阵列的纵深被压缩到了只有几个人。此外，火绳枪为了要给火绳留出距离，并排的两名士兵不可能挨得很近（至少1米），但燧发枪兵却可以紧密地排列着，然后在横向上很长很长地延展开来……冷兵器以来的战争样式彻底改观了。战场上的火线从此更加密集，而且燧发枪的快速装填速度也使得燧发枪兵队列得以保持很小的纵深。

燧发枪不像火绳枪一样吊着个明晃晃的火头，隐蔽性强和受到天气影响小等优良的品质，使它很快就一统天下。延续了整整三百年的辉煌，直到1850年前后，最后一支隧发枪才从军队里撤装。

◎ 步兵火器之王——步兵燧发枪

火绳枪、燧发枪走上战争的舞台之后，人们以为长矛兵很快就会被淘汰，但战争的实践却告诉人们，由于早期火枪射速太慢，重新装填弹药费时费力，所以，尽管在16世纪的欧洲，没有火枪的军队没有胆量与装备火枪的部队较量，但是，很多战争又是通过白刃战决定胜负的。也就是说，在相当长的一段时间内，在战场上起决定作用的兵器仍然不是流行的火枪，而是老式的长矛和弓箭。所以，每次战斗，参战双方都既要有火枪兵，又要有长矛兵，这样，管理、训练起来十分不便。

能不能造出一种既有火枪功能，又有长矛功能的新兵器呢？这一问题像火花般不断地在人们的脑海中闪现。终于，率部驻扎在法国东南部、濒临大西洋比斯开湾巴荣纳城的法国军官马拉谢·戴·皮塞居开始了最初的尝试。"刺刀"一词就由巴荣纳城（Bayonne）而得名。

皮塞居的灵感来自他的士兵。在一次战斗中，因弹药供应不上，士兵们捡起折断的长矛头，塞进步枪的枪口，同敌人展开了白刃战，皮塞居认为，应该为火枪兵配备一种枪与矛相结合的兵器，这样既可远射，又能进行格斗。1640年，世界上第一支装有刺刀的步枪终于在皮塞居的领导下诞生了。这种早期刺刀是直形双刃，刃部长300毫米，锥形木柄边长300毫米，那时的刺刀还不是装在枪管下，而是直接插入滑膛枪口内。

很快，皮塞居的步兵团全部换装成装有刺刀的制式步枪，成为第一支完全使用火枪的部队。1647年，皮塞居率部为法国国王路易十四夺取比利时的伊普雷城时，他指挥部队先用火力向列队迎战的比军射击，而后命令

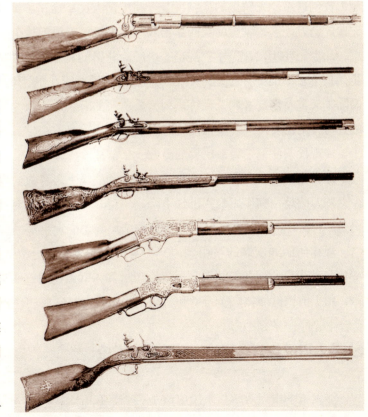

★步兵燧发枪家族系列示图

士兵们装上刺刀，对阵势已乱的敌军发起冲锋，与敌人展开面对面的肉搏战，将对方打得落花流水，仓皇弃城。

1688年，法国陆军元帅、军事工程师沃邦又对刺刀装置进行了改进，将刺刀套在枪口外部，这样，刺刀不仅使火枪在任何时候都具有自卫能力，而且不影响枪的射击功能。到1855年，刺刀就被普遍地装于单兵枪械前，成为用于刺杀的锋利兵器。俄国著名将领苏沃洛夫曾说过这样一句名言："刺刀见红是步兵之魂。"1763年，他开始任俄军苏兹达利步兵团团长，他极重视刺刀战，经过他的训练，这个步兵团成为俄军战斗力最强的一个团。第二次俄土战争期间，苏沃洛夫奉命攻打伊兹梅尔要塞，这之前，俄军已对这个设防坚固的城堡进行了长达两个月的强攻，却一直未能攻破。苏沃洛夫率领他的团队到达后，借着夜幕冲过壕沟，爬上城墙，与守卫的土耳其军队展开了白刃格斗，经过一番激烈的战斗，1.5万名土军士兵倒在俄军士兵的刀下，土军不得已举手投降了。

到17世纪末，欧洲各国部队普遍装备了刺刀，从此，火枪一身兼二任，长矛兵很快便从步兵方队中消失了。这种步枪加刺刀的组合一直流传至今。

步兵枪上装刺刀，不仅可以使持枪者在无弹药及近距离与敌胶着无法发射弹药时用来刺杀敌人，更重要的是激发与培养军人勇敢顽强的战斗精神。在中国人民解放军战史上，刺刀曾创造过令人骄傲的战绩，至今，中国人民革命军事博物馆内仍收藏有一些缺了口、卷曲的刺刀。这些刺刀反映的那场战斗发生于抗美援朝战争中。

20世纪70年代，美军曾提出一个颇为新鲜的观点，他们认为：在现代条件下，刺杀是步兵最不重要的一种技能，刺刀只不过是一种开罐头的工具而已。然而，1985年1月，美国陆军又重新恢复了刺杀训练。因为，美军的有识之士认为：刺刀战不仅需要士兵有熟练的技巧，更需要士兵有坚强的意志，刺杀训练除具有一定的实战用途外，更重要的是有助于培养现代条件下士兵最重要的勇敢战斗精神。

20世纪中叶，随着步枪本身的自动化和战场上各种火力密度的增加，白刃战已明显减少，刺刀的地位和作用确实已经下降，不过，作为一种面对面的格斗兵器，刺刀在军队中仍是一种必不可少的装备，只是刺刀的结构和功能发生了一些变化。

现在研制和发展的军用刺刀，刀身较短，多采用分离式，强调多用性。苏联研制的AMK自动步枪所配备的刺刀，不仅能当匕首和钢锯使用，而且其刀鞘和刀体还可组合成剪钳，用于剪铁丝网，由于刀柄和刀鞘是用绝缘材料制成的，也可以用来剪断高压电线。

◎ 骑士团黑色骑兵利器——骑兵燧发枪

燧发枪的出现对骑兵来说应该是一个具有历史意义的一刻，从此骑兵的作战方法便开始发生重大变化。随着燧发枪的诞生，骑兵终于拥有了能够在飞驰的马背上射击的火器。

16世纪，德国纽伦堡出现了第一支燧发枪——转轮打火枪。这对骑兵来说应该是一个具有历史意义的一刻，从此骑兵的作战方法便开始发生重大变化。随着燧发枪的诞生，骑兵终于拥有了能够在马背上射击的火器。

最先大量列装燧发枪的骑兵是德国的雇佣军——黑衫骑士。他们以战争为业。职业敏感性使他们很快认识到燧发枪的价值。他们几乎每人配备有多支燧发枪，少则四五支，多则七八支，俨然身背一座火药库。

在装备火枪的骑兵中必须一提的是"龙骑兵"。这个兵种最早出现要追溯到1552年～1559年的意大利战争。法国人占领了皮特蒙德。为了对付随时可能在背后出现的西班牙人，当时的法军元帅命令他的火枪手跨上马背，于是就组建了世界上最早的"龙骑兵"。至于"龙骑兵"这个词的来历，则有两种说法：较流行的一种认为，当时该兵种使用的队旗上画了一条火龙，这是从加洛林时代开始的传统，龙骑兵由此得名；另一种认为，当时他们使用的短身管燧发枪被称为火龙，"龙骑兵"来自这个典故。17世纪上半期时，"龙骑兵"的装束与步行火枪手相差无几，只是把鞋袜换成了靴子马刺而已。

1640年英国资产阶级革命时期曾有一支威震天下的克伦威尔"铁骑军"。它是英国资产阶级革命的生力军。骑兵们身着轻便的盔甲，使用单面开刃的长剑，有时用传统的战斧，装备手枪，偶尔有军官扛着一支长长的马枪。在单打独斗中，这些人也许不是正规骑士的对手，但作为一个整体却行动得更有效率。

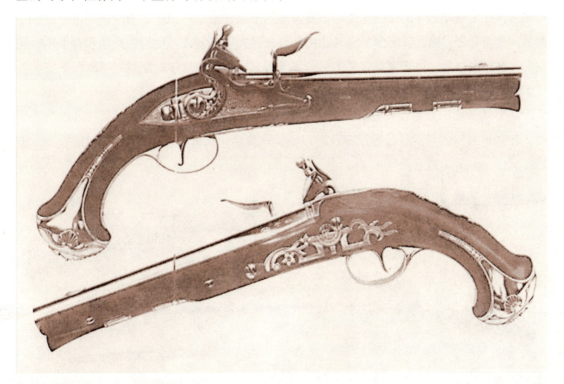

★黑色骑兵利器——骑兵燧发手枪

除欧洲外，还有一支至今仍声名显赫的队伍是美国的王牌骑兵第1师。它是美国陆军中历史最为悠久的部队之一。凶猛剽悍、作战能力很强的骑兵第1师曾参加过二战、朝鲜战争、越南战争以及海湾战争的重大行动。虽然其装备不再是火枪和马刀，但"骑兵第1师"的名称却一直被保留了下来。这也算是对这个古老而伟大兵种的一种纪念吧。

毛瑟枪
——现代步枪

🚫 枪械设计大师的杰作

　　毛瑟兄弟是19世纪德国著名的枪械设计大师，也是毛瑟枪的发明者。哥哥威廉·毛瑟是1834年5月2日出生，1882年逝世的，辞世时年仅48岁，由于他英年早逝，所以他的名气没有他弟弟保罗·毛瑟大。弟弟保罗·毛瑟则是1838年6月27日出生，1914年逝世的。

　　毛瑟兄弟降生在德国南部一个风景秀丽的小镇上。他们的父亲安德斯·毛瑟当时是奥本多夫符腾堡皇家兵工厂一位著名的枪械制造匠，老毛瑟共有13个孩子，威廉是他的第12个孩子，保罗则是最小的。老毛瑟一家有六个孩子在这家工厂工作，所以他们也可以称得上是"出身武器世家"。毛瑟兄弟从小随父母居住在奥本多夫，他们的童年和青少年时代就是在这里度过的。由于家里孩子多，为了维持家计，他们少年时期就在符腾堡皇家兵工厂做过临时工。

　　威廉从学校毕业后，一直在符腾堡皇家兵工厂工作，保罗则应征服了一段短期的兵役，1859年21岁的保罗经过短期服役后回到了符腾堡，从事枪械制造工作。8年后，由于

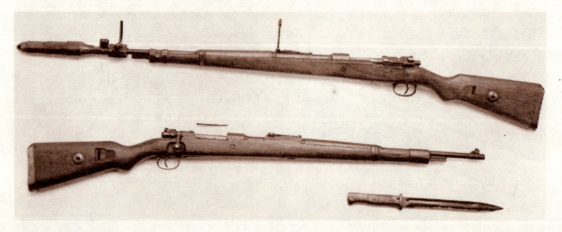

★毛瑟兄弟设计的步枪

符腾堡兵工厂停业，他们兄弟二人便来到了诺里斯的兵工厂工作。诺里斯当时是美国雷明顿公司驻比利时的代表。在这里，他们研制成功了一种新型的旋转后拉式单发步枪，这支步枪以毛瑟兄弟和诺里斯的名义申请了美国专利，并于1868年6月2日获得78603号美国专利。从此，兄弟二人义无反顾地踏上了他们枪械设计的人生路。

毛瑟兄弟二人一生建树颇多，他们在步枪设计、手枪设计、枪械制造和工厂生产管理等方面都取得了辉煌的成就，被称为19世纪德国最著名的枪械设计大师。他们在手枪和步枪两大领域都取得了卓越的成就，他们的努力极大地推动了枪械的发展。他们的勤奋和敬业精神、他们大胆起用优秀人才的卓越胆识、不断发现和培养人才的奉献精神，为许多枪械史学家所称颂。

🚫 现代步枪的鼻祖——毛瑟步枪

1869年，由于诺里斯中断了对毛瑟兄弟的财政资助，毛瑟兄弟又返回了奥本多夫，他们在保罗的岳父家建了一个小手工作坊。不到两年，也就是1871年12月2日，普鲁士政府就采用了毛瑟兄弟研制的单发步枪，定型号为M71式步枪。从此，毛瑟兄弟开始了与德国政府的长期交往。毛瑟兄弟在步枪领域的研究也一步步走向了光辉的顶峰。1872年夏，政府一次就向毛瑟兄弟订购了10万支M71式步枪。

M71式步枪除装备普鲁士军队外，还部分出口中国，大量出口塞尔维亚。因而中国是最早使用毛瑟步枪的国家之一。

由于受战事的启发，德国军队考虑采用一种连发步枪来代替M71式单发步枪，于是保罗·毛瑟就着手设计，给M71式步枪加了一个弹仓。这种改进型的M71式步枪在1884年被德国军队采用，并重新命名为M71/84式步枪。

M71/84式步枪所采用的管状弹仓位于枪管下方，长弹簧向后供弹，能装8发枪弹。保罗·毛瑟最初尝试的设计其实是盒式弹仓，但在试验中出现上双弹故障而无法解决，因此不得不参考了温彻斯特的管状弹仓系统来设计。由于弹仓藏在枪托内，因此在外形上的M71/84式步枪与M71式步枪差异不大。但由于管状弹仓的设计始终是落后了，而且没过多久德国人就研制了新的小口径无烟火药步枪弹，并采用了1888式委员会步枪，所以M71/84式步枪的装备数量少且时间短，不过据说在一战中曾在一些二线部队中发现有人使用这种旧式步枪。

M71/84式步枪之所以采用管状弹仓，是由于保罗·毛瑟设计盒式弹仓时出现了麻烦，他不得已才改成了管状弹仓。当德国军事委员会设计出1888式"委员会步枪"后，保罗·毛瑟很不满意德国军队擅自设计和采用1888式步枪，于是他加快对毛瑟步枪的改进，采用单排排列的盒式弹仓和发射无烟火药步枪弹，此外还参照了英国李-恩菲尔德步枪的

★二战期间士兵所使用的毛瑟步枪

设计，把原本固定在枪机前部的拉机柄改为固定在枪机后部，新设计的枪机比原设计的枪机更容易操作。就这样，保罗·毛瑟很快就推出了毛瑟1889式（卖给比利时）和毛瑟1891式（卖给阿根廷），但仍不算成功。

后来保罗·毛瑟在1892年设计了一个新的拉壳钩，这种被称为"受约束供弹"（controlled round feeding）的技术是毛瑟式枪机最重要的功能之一，由于这个拉壳钩不随枪机一起旋转，从而避免了从盒形弹仓中上双弹的故障。新步枪被命名为92式，其中较短的卡宾枪型有400支卖给了西班牙海军。这几种型号的毛瑟步枪都是按照订单的要求，分别采用不同的口径，例如有些是7.65×53毫米口径，有些是6.5×55毫米口径，还有一些是8×60毫米口径，均为当时各国研制的无烟火药步枪弹。

毛瑟枪与传统步枪相比，在精度、射速、射程和杀伤力上都有巨大的提升。毛瑟步枪的主要特点是：有螺旋形膛线，采用金属壳定装式枪弹，使用无烟火药，弹头为被甲式，提高了弹头强度，由射手操纵枪机机柄，就可实现开锁、退壳、装弹和闭锁的过程。改进后的毛瑟枪安装了可容8发子弹的弹头仓，实现了一次装弹、多次射击。毛瑟枪还缩小了枪械的口径，并提高了弹头的初速、射击精度、射程和杀伤威力。

由于毛瑟式枪机的设计极为经典，它对后来的旋转后拉式枪机的设计产生了巨大的影响，几乎成为衡量任意一种旋转后拉枪机的公认标准。有许多其他国家都生产过毛瑟步枪的仿制品，例如捷克式（捷克仿制的Vz24式毛瑟步枪）还有中国著名的"中正式"。而许多其他步枪的设计也都参考了毛瑟98式。例如美国的M1903式以及英国李-恩菲尔德步枪。毛瑟枪完成了从古代火枪到现代步枪的发展演变过程，具备了现代步枪的基本结构，是现代步枪的鼻祖。

100多年后的今天，毛瑟98式枪机基本结构仍保留在产品中，即便是毛瑟步枪本身，在战后的很长时间内都在被使用，甚至时至今日，在一些非洲战乱的国家，我们还能看到它那老而弥坚的身影。不管是在战争年代还是在更长的和平时期，20世纪没有看到其他任何一种武器比它有更广泛的用途。应该说，毛瑟98式/98K式步枪是手动步枪发展的一个极至，大多数现代手动步枪都是以毛瑟步枪为蓝本，但已经没有改进的余地。由此说来，毛瑟兄弟真正称得上世界枪械史上的"一代宗师"。

大名鼎鼎的小驳壳枪——毛瑟C96手枪

C96式毛瑟手枪，中国称驳壳枪，又称为"盒子炮"或"扫帚把手枪"，是一支闻名于世的手枪，此枪的最早型号（或称第一样枪）不是毛瑟本人研制的，但以后的改进和完善，却饱含了保罗·毛瑟的辛劳。

毛瑟厂在1895年12月11日取得专利，隔年正式生产。由于其枪套是一个木盒，因此在中国也有称为匣枪的。此枪是毛瑟厂中的菲德勒三兄弟（Fidel, FriedricH, and Josef Feederle），利用工作闲暇时设计出来的。当时，半自动手枪刚刚起步，全世界还没有任何一个军队使用半自动手枪作为制式武器。毛瑟深知，若要成功，必须要得到一个主要强权军队的合约，因此他将"盒子炮"命名为毛瑟军用手枪，1896式，希望能取得一个军方

★毛瑟C96式手枪

合约。不过事与愿违，一直到1939年毛瑟厂停产"盒子炮"为止，全世界没有一个国家采用"盒子炮"作为军队的制式武器。

C96式毛瑟手枪的外形独特，方枪身，细长枪管，圆形握把，弹匣位于扳机的前方，从外形上极易辨认。它采用的是管退式自动原理，发射后枪机和枪管一道后坐，运动2.5毫米后，枪机脱离枪管继续后坐，完成拉壳和抛壳，然后在复进簧的作用下复进，推弹入膛，完成一个循环。该枪威力大、故障少，弹匣装10发子弹，性能优于日本"王八盒子"手枪，被中国抗日军民大量装备。

战事回响

燧发枪改写美国历史

在燧发枪纵横战场的200年间，许多政治、军事事件与燧发枪紧密相连，特别是美国独立战争的历史，差点因燧发枪而改写。

在独立战争的第3年，即1777年10月的一天，英美双方军队在相距100～300米的阵地上对峙，英军神枪手福开森少校接到命令，让他干掉一个美国重要人物——北美十三州人民推举的总司令华盛顿。

有一天，美方阵地上出现了一个衣着随便的军官，连一个卫兵都没有带，身旁仅站着一个副官模样的人，当福开森端着燧发枪骂阵时，这个漫不经心的美国人一直盯着英

★美国独立战争（油画）

★美国第一任总统乔治·华盛顿

国阵地，丝毫没有要逃离的样子，福开森认为他不可能是多大的官，不值得他这个神枪手去取他的性命，故没有开枪。后来，福开森得知，此人不仅是大官，而且竟是大名鼎鼎的华盛顿。

试想当时福开森开了枪，华盛顿也许会失去性命，那样，美国的历史真的可能会是另一个模样。

上述事件仅仅是独立战争的一个小插曲，更为主要的是，美国人民自发组成的一支民兵队伍用燧发枪向英国殖民主义者打响了独立战争第一枪，战争期间，英美双方均使用燧发枪较量，从1775年4月19日一直打到1783年9月，英国政府被迫同意美国独立。

因此，可以说燧发枪为美国独立战争作出了不可磨灭的贡献，如果可以给武器授予勋章的话，那么燧发枪当之无愧地应得到美国政府颁发的一枚独立勋章，而且还必须要华盛顿本人亲自授予才更具历史意义且更富戏剧性。

第二章

2 手枪

冷兵器的终结者

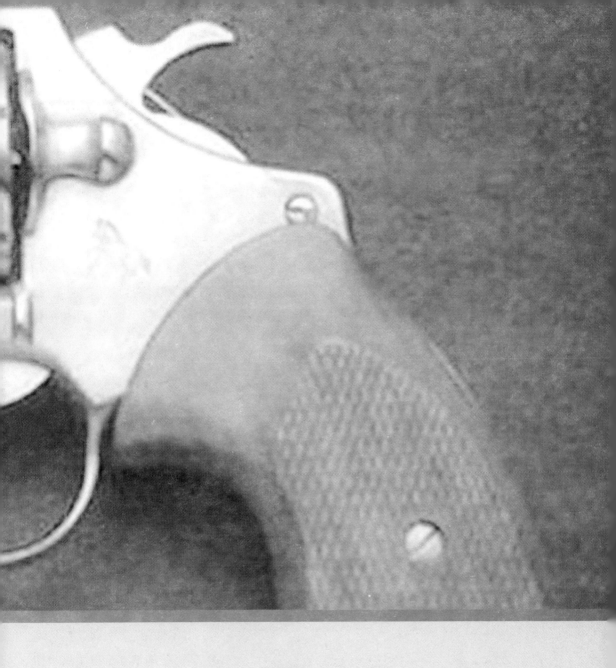

兵典
★★★
THE CLASSIC
WEAPONS

☞ 沙场点兵：手枪大战大刀、长矛

不可否认，手枪是离我们最近的枪，作为一种近身武器，它也是每个男人的梦想。在枪械发展史上，手枪是在各个时代中被应用最广泛的枪种之一。

作为一个单兵武器，手枪自从发明以来就迅速被人疯抢。手枪又是一种身份的象征，通常为指挥员和特种兵随身携带，用在50米近程内自卫和突然袭击敌人。

手枪由于短小轻便，携带安全，能突然开火，一直被世界各国军队和警察，主要是指挥员、特种兵以及执法人员等大量使用。随着技术的进步，手枪经过长期的演变过程，已经发展成为种类繁多的现代手枪家族，并且性能和威力都有大幅度提高。因此，手枪的作用和地位将会得到进一步加强。

☞ 兵器传奇："最"是你眼中那一把手枪

自从柯尔特发明了左轮手枪之后，手枪就开始风靡世界。它是"西部牛仔"的首选用枪，许多士兵也因为能够拥有一支左轮手枪而感到自豪；第二次世界大战的战场上。柯尔特M1911A1手枪所创造的奇迹令人咋舌；如今以色列沙漠之鹰的强大杀伤力更加令人惊叹。在这一漫长的发展过程中，手枪也正在不断改进自身的弱点，向着性能更加可靠、实用，外形更加完美的方向转变。

手枪的最早雏形在14世纪初或更早几乎同时诞生于中国和普鲁士（今德国境内）。在中国，当时出现了一种小型的铜制火铳 —— 手铳。它口径一般为25毫米左右，长约300毫米。使用时，先从铳口填入火药、引线，然后塞装一些细铁丸，射手单手持铳，另一手点燃引线，从铳口射铁丸和火焰杀伤敌人。这可以看做是手枪的最早起源。1331年，普鲁士的黑色骑兵就使用了一种短小的点火枪，骑兵把点火枪吊在脖子上，一手握枪靠在胸前，另一手拿点火绳引燃火药进

★二战中创造奇迹的柯尔特M1911A1式手枪

行射击。这是欧洲最早出现的手枪雏形。14世纪中叶，意大利的几个城市都出现了成批制造的一种名为"希奥皮"的短枪，"希奥皮"一词源于拉丁文，词意即是手枪。这种枪长仅170毫米，因此许多人认为它是世界上第一种手枪。

★韩国的DP-51式9毫米手枪

15世纪，欧洲的手枪由点火枪改进为火绳枪。火绳式手枪克服了点火枪射击时需一手持枪，另一手拿点火绳点火的不便，实现了真正的单手射击。

到17世纪，火绳手枪被燧发式手枪所取代，它已具备现代手枪的某些特点，如击发机构具有击锤、扳机、保险等装置，并且枪膛也由滑膛和直线开线膛发展为螺旋形线膛。

1812年，苏格兰牧师A.福赛斯设计制造出击发点火式手枪。这种手枪还属于由枪口装弹丸的前装式手枪，操作不便，发射速度也较慢，难以适应作战需要。1825年，美国人德林格发明的德林格手枪，采用了雷汞击发火帽装置，提高了手枪的射击性能。1865年，美国第16任总统林肯遇刺身亡，凶手使用的就是这种手枪。

手枪经过了500多年的漫长发展、改进、演变的过程，逐渐具备了现代手枪的结构和原理，现代手枪诞生的标志是左轮手枪和自动手枪的发明。

其发展趋势主要有以下几点：

1.重点发展双动手枪：从安全和减少手枪操作程序的角度出发，大力发展双动手枪，有的手枪甚至是三动，如韩国的DP-51式9毫米手枪。这种手枪开火迅速，手枪意外落地也不会发生走火现象。

2.大力发展进攻型手枪：进攻型手枪的概念是美国特种作战司令部于1990年11月提出的，它的目的是既作为士兵的自卫武器，又在长枪受损时充当进攻性武器使用，而且可用不同的枪弹，对付不同的对象。

3.用冲锋手枪和小口径冲锋枪取代手枪：手枪由于弹匣容量小、射程近、故障率高限制了它的使用，因而有些国家提出用冲锋手枪甚至小口径冲锋枪取而代之。

4.再度发展大口径手枪：美国M1911A1式11.43毫米手枪虽已被9毫米枪取代，但1986年4月迈阿密枪战促使美国再度考虑大口径手枪的发展，如美国联邦调查局准备采用10毫米口径手枪。

5.手枪趋于系列化和弹药通用化：目前手枪除统一弹药口径，使其通用化外，还通过变换枪管、复进簧、弹匣等部件发射多种完全不同的枪弹，以满足不同的需要。

展望未来，无论枪械如何发展，在今后很长的一段时期内，手枪仍会占据应有的位置。

◎ 慧眼鉴兵：手枪带来了恐惧

手枪给人带来的恐惧不小于原子弹，那么手枪到底有什么特点？手枪的基本特点是：变换保险、枪弹上膛、更换弹匣方便，结构紧凑，自动方式简单。

手枪按使用对象可分为军用手枪、警用手枪和运动用手枪；按用途可分为自卫手枪、战斗手枪（大威力手枪和冲锋手枪）和特种手枪（包括微声手枪和各种隐形手枪）；按结构可分为自动手枪、左轮手枪和气动手枪（如运动手枪）。

与其他枪械比，手枪的主要特点是：

1.质量小，体积小，满装枪弹手枪的总质量：军用手枪一般在1千克左右，警用手枪在800克左右，便于随身携带。

2.枪管较短，口径多在7.62～11.43毫米之间，也有采用小口径的，但大多采用9毫米口径，适合于杀伤近距离内的有生目标。

3.弹匣供弹，自动手枪弹匣容量大，多为6～12发，有的可达20发；左轮手枪则容弹量小，一般为5～6发。

4.多采用半自动（单发）射击，但也有少数手枪（如冲锋手枪）采用全自动（连发）射击方式。前者战斗射速为30发/分～40发/分，后者战斗射速可高达120发/分。

手枪的优点是结构简单，操作方便，易于大批量生产，成本低。手枪的不足之处是有效射程近，一般为50米左右，冲锋手枪的有效射程远些，但也不超过150米。

最优雅的火器
——柯尔特左轮手枪

◎ 柯尔特的命运：优雅手枪是这样炼成的

历史上大名鼎鼎的左轮手枪是美国人S.柯尔特于1835年发明的，其背后还有着一段传奇的故事。1830年，一位年仅16岁名叫S.柯尔特的人，在远航的寂寞旅程中，用木头

★以柯尔特名字命名的柯尔特左轮手枪

削制手枪模型以消遣自娱，消磨难耐的寂寞时光，结果他竟然成功地完成了世界上第一把左轮手枪的制作。

1814年6月19日，柯尔特出生于美国康涅狄格州卡特伏德市一个普通家庭，他从小就是一个手枪迷，担任丝绸厂老师的父亲给他买来了各式各样的手枪，小柯尔特总要把每一种枪都拆开，以探究其内部奥妙。

事实证明，兴趣决定命运。柯尔特的兴趣给枪械史带来了革命性的创新。1830年，完成大学预科和阿默斯特学院学业后的柯尔特登上了一艘名叫"科沃"号的双桅船，开始了经好望角到英国和印度的旅行。大海茫茫，水天一色，双桅船在海上静悄悄地行驶着，在漫长的旅途中，柯尔特除了登上甲板，远望海鸟追逐轮船外，还经常跑到驾驶舱。舵手手扶舵轮，时而向左转，时而向右转，引起了他浓厚的兴趣，一直琢磨着如何把新式击发枪原理与旧式转轮枪结合在一起的柯尔特突然爆发出灵感，他高声喊道："成功了，成功了！"把整个驾驶舱里的人弄得莫名其妙。

柯尔特连忙跑回船舱，模仿舵轮的结构绘制出一种全新的手枪图纸，并迫不及待地用木头雕出击发式转轮手枪的模型。

回到美国后，柯尔特一头扑进转轮手枪的研制工作中。1834年，在来自巴尔的摩的机械工约翰·皮尔逊的协助下，柯尔特很快就制造成功了可以发射的样枪。

在柯尔特发明左轮手枪之前，所有的转轮手枪都是手动转轮手枪，而柯尔特的转轮是由待击发的击锤转动，这种自动转轮手枪的诞生使过去所有的手动转轮手枪相形见绌。与过去的转轮手枪相比，柯尔特转轮手枪有如下独特之处：弹仓作为一个带有弹巢的转轮，能绕轴旋转，射击时，每个弹巢依次与枪管相吻合。转轮上可装5发子弹，枪管口径为9毫米。而且它采用当时最先进的撞击式枪机，击发火帽和线膛枪管，尺寸小，重量轻，结构紧凑，功能完善。

◎ 结构简单：可靠是其最大特点

★ 柯尔特左轮手枪性能参数 ★

口径：11.43毫米		枪重：1.16千克	
枪全长：323毫米		容弹量：6发	

与其他枪械不同的是，自动转轮手枪的枪管和枪膛是分离的，转轮手枪通常由以下几部分组成：枪底把、转轮及其回转、制动装置和闭锁、击发、发射机构。枪底与一般

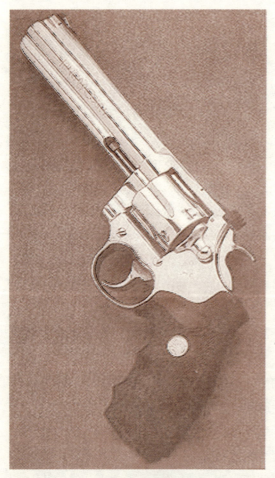

★被称为"六响子"的柯尔特左轮手枪

枪上的机匣相类似，上面开有许多槽孔，以便将所有的机构和零件结合在一起，如枪管、框架、握把等；转轮、回转和制动装置通过回转轴固定在框架上，转轮既是弹膛又是弹仓，其上有5～7个弹巢，最常见的是6个，故人们又把这种转轮手枪叫"六响子"；闭锁、击发、发射机构是转轮手枪最复杂的部分，按动作原理可分为单动式和双动式。单动式在发射时要先用手压倒击锤，使它处于待击状态，然后扣动扳机射击。双动式既可用手压倒击锤使之待击，也可直接扣动扳机进行自动待击的射击。早期的转轮手枪多属单动式，而后期的多属双动式。

转轮手枪是手工装填弹药，子弹打空之后就得退壳或重新装填。有3种方法将转轮推出框架，最常用的是转轮摆出式，就是将转轮甩向左侧或右侧，甩向左侧的叫左轮手枪，甩向右侧的叫右轮手枪，但是，从古至今，右轮手枪基本上没有，所以，左轮手枪

成了转轮手枪的代名词，甚至比转轮手枪这个词用得还响。由于左轮手枪结构简单，操作灵活，很快受到各国官兵的喜爱，19世纪中期以后，这种枪更是风靡全球，许多国家都在研制和生产这种手枪，许多军官都以拥有一支左轮手枪而自豪。

自动手枪出现后，左轮手枪的一些弱点很快暴露出来，左轮手枪容弹量少，枪管与转轮之间有间隙，会漏气和冒烟，初速低，重新装填时间长，威力较小。所以，作为军队的正式装备，左轮手枪逐渐被自动手枪所代替。

但是，由于该枪有一个特殊优点——可靠，特别是对瞎火弹的处理既可靠又简捷，所以，在一些国家的陆军装备中，仍给它保留了一定的地位。而且，美国和西方一些国家的警察对左轮手枪情有独钟，美国警察中90％的人爱用左轮手枪，他们认为，手枪是面对面使用的近距离武器，一定要可靠，左轮手枪一旦瞎火，只要再扣一次扳机，那发"死弹"便会转到一边，立即可以补上一枪。而自动手枪遇到这种情况，要退弹是来不及的。

⊘ 近身武器：曾经最受欢迎的枪种

柯尔特左轮手枪虽然是种近身武器，但它在实战中同样有着辉煌的战果。柯尔特左轮手枪被研制出来以后，美国警察局将它发放给得克萨斯骑警，因为得州当地的土著居民总是为难那些骑警。在佩德纳莱斯的一次战斗中，15名装备这种手枪的得克萨斯骑警，把70多名科曼奇族印第安武士打得落花流水，溃不成军。从此，柯尔特左轮连发手枪在西部

★二战时期的M1911手枪

边疆威名远扬。得克萨斯骑警和牛仔们形象地称柯尔特左轮连发手枪为"六响枪"。1845年，在与墨西哥的战争中，得克萨斯骑警凭借这种犀利的兵器，一举击败了数倍于己的墨西哥军队。自此，"六响枪"在全美国乃至全世界名声大噪，成为美国西部牛仔须臾不离的心爱伙伴。

1861年美国爆发了南北战争，南北双方兵来将挡水来土掩，厮杀得甚是惨烈。战争的规模远远大过美墨战争。柯尔特左轮手枪装备量有20万支左右，在战争的前两年，柯尔特手枪新装备部队的就有11万支。在当时南北士兵的眼中，柯尔特左轮手枪简直是一件完美的艺术品，人人都希望得到一支。

1916年，巴顿被派去得克萨斯州的布立斯要塞担任骑兵少尉，队伍配发给他一支M1911。在使用过程中，他发觉这支枪扳机力过大，使用不大方便。他为了减小枪的扳机力，便自己将扳机和击发机构卸下来进行打磨，但是因为打磨过度，使扳机力变得非常小。有一天，他正在摆弄它的时候，走火了，枪弹射中了他的大腿。从那以后，巴顿将军对M1911的感情便逐渐淡薄了。在他长达三十年的军旅生活中，他很少再使用M1911。

M1911主动走火自伤事故发生后，巴顿将军本人掏了大约50美元从谢尔顿·佩恩武器公司购买了一支接有象牙握把并刻有花纹的M1873柯尔特陆军单动左轮手枪，枪号为332088。有了上一次走火自伤的经历后，巴顿用枪时小心谨慎多了，为了防备枪意外走火，他总是在左轮手枪的弹膛内放一枚空弹壳，射击前先将空弹壳掏出来后再进行射击。

这支非凡的M1873柯尔特陆军单动左轮手枪，与巴顿一同经历过无数次的战斗和奋战。1916年，新墨西哥州的叛匪潘乔·维拉起事后，巴顿随征伐军挺进新墨西哥州，他的

★M1873左轮手枪

摩托化分队认真担负起这地区的巡查任务。有一次，巴顿领导他的小分队驾驶着道奇汽车进攻维拉部属一个名叫卡德拉斯的上校的营地。在奋战中，巴顿用他的柯尔特左轮手枪击毙了卡德拉斯上校和另一名叛匪。为纪念柯尔特左轮手枪的这一功劳，他回到营地就在握把上刻下了两道纹。从那天晚上起，巴顿每击毙一个敌人，就会在握把上刻一道纹。

此外，在民用自卫武器市场上，柯尔特左轮手枪占有的份额也较大，是最受欢迎的枪种，这与左轮手枪外形美观是分不开的。1981年，美国第40任总统里根遭暗杀受伤，凶手欣克利使用的就是从市场上购买的柯尔特左轮手枪。

精确、安全的代名词
——史密斯-韦森转轮手枪

🚫 轮转的世界：M1史密斯-韦森转轮手枪出世

在现代兵器史上，往往一个小小的发明便能催生新的武器，手枪的发展正是得益于铜火帽的发明。19世纪初，铜火帽出现，而美国人S.柯尔特不失时机地利用火帽击发原理发明了转轮手枪，但因火帽转轮手枪也有其不足之处，如重新装填时间长，不能有效地密闭火药燃气等，阻碍了手枪的前进。

在火帽转轮手枪盛行之时，弹药也有了新的发展：金属弹壳枪弹被使用，中心发火式枪弹、自带击针的针发式枪弹和边缘发火式枪弹也都出现了。如果这些枪弹能够应用到转轮手枪上，将是对火帽转轮手枪缺陷的一大弥补，同时这也意味着火帽转轮手枪将渐渐退出历史舞台。

美国枪械工匠和发明家霍勒斯·史密斯和丹尼尔·贝尔德·韦森就是这一

★造型小巧的M1转轮手枪

领域的早期开拓者。他们改革了当时的边缘发火式枪弹，研制出可供使用的边缘发火式金属枪弹，并在1856年8月，成功地研制出发射这种枪弹的转轮手枪——M1史密斯-韦森转轮手枪。

◎ M1史密斯-韦森转轮手枪的基础型

★ M1 转轮手枪性能参数 ★

口径： 5.588毫米（0.22英寸）	**枪重：** 0.34千克
枪全长： 178毫米	**容弹量：** 7发

　　早期的M1史密斯–韦森转轮手枪为7发装弹，价格也很便宜，每支售价只有12美元，另外再加75美分就可购得100发枪弹。因此很受普通家庭和参加内战的联邦军队士兵的欢迎。

　　今天再看这支一个多世纪以前的手枪，也会为它细致的做工、小巧的设计样式而惊叹。M1史密斯–韦森转轮手枪在设计上有许多与众不同之处。它的最大特点是首次在实际意义上使用了可后膛装填边缘发火式枪弹的"通透转轮"，这种转轮的样式一直沿用至今天的各种转轮手枪，没有发生太大变化。其他独具特色之处还有：主体框架（除转轮、扳机、击锤）由两部分组成，即枪管/转轮前框和转轮后框/握把。这两个部分由轴销和卡销连接在一起；扳机外部显露很少，没有扳机护圈；枪管下方设有退壳杆。

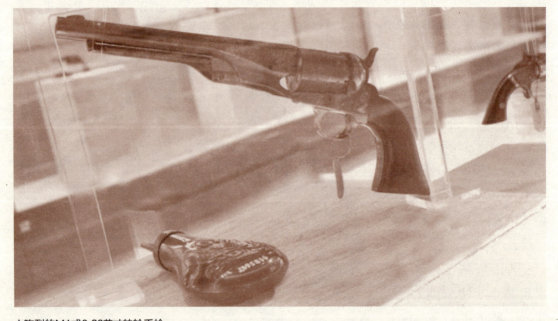

★陈列的M1式0.22英寸转轮手枪

M1转轮手枪的使用操作很方便。向上推动用于连接转轮前框和转轮后框的卡销，并将枪管/转轮前框绕轴销向上旋转，转轮框就被打开，转轮就可以取出。取出的转轮可以从后膛装填枪弹。装好枪弹的转轮按取出时的位置重新放回转轮框内，将枪管/转轮前框绕轴销向下旋转，合上转轮框。这样，枪弹和转轮都被装填到位。向后拉动击锤，击锤前上方有一个圆弧形凸起，与位于击锤和转轮上方的转轮定位销配合，顶起定位销，使之同转轮上的定位缺口脱离，同时，与击锤相连的连杆推动转轮上的棘爪，使转轮转动。当击锤后拉到位时，在定位销簧的作用下，定位销进入下一个定位缺口，保证了弹膛同枪管保持一条直线。这时扣动扳机，枪弹就被击发。当枪弹全部被击发完，从转轮框中将转轮取出，用枪管下方的退壳杆将弹壳从转轮中一一顶出，转轮就可重新装上枪弹发射了。

Ⓢ M629——特种要员转轮手枪

★ M629转轮手枪性能参数 ★

口径： 11.18毫米	**空枪重：** 1.58千克
枪全长： 325毫米	**容弹量：** 6发
枪管长： 190毫米	

M629左轮手枪是美国史密斯–韦森公司生产的另一著名手枪。采用哈夫拉格设计的枪管也是史密斯–韦森公司的典型设计。枪管显得很厚，枪口部加工很精致。它的准星呈斜面形，而且带有红色插片。照门固定板在同类手枪中较短，只延伸至转轮的前端。转轮弹簧设计有改进，更好使用。

★美国史密斯–韦森公司生产的M629左轮手枪

这种口径11.18毫米的左轮手枪具有弹膛大的特点，弹膛内可装6发枪弹。

史密斯–韦森公司第一次展出这支新型转轮手枪是在1950年国际警察协会举办的展览会上。也许是为了开拓警用市场，史密斯–韦森公司召集了所有警察官员来为这支新枪命名，不出所料，这支新枪被命名为"特种要员转轮手枪"，而且这个名字一直沿用到今天。

✪ M500转轮手枪：手枪中的大炮

★ M500转轮手枪性能参数 ★			
口径：12.7毫米		全枪高：165毫米	
枪全长：457毫米		空枪重：2.32千克	
枪管长：266毫米		容弹量：5发	

20世纪50年代初，人们对手枪的杀伤力颇有微词。史密斯–韦森公司根据市场需要推出了手枪中的大炮——M500转轮手枪。要说起M500转轮手枪在手枪世界里的名气，就相当于机枪界的马克沁，无人不知，无人不晓。

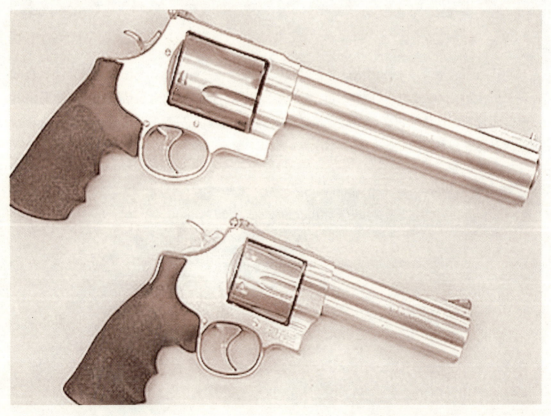

★M500型0.50英寸口径转轮手枪

M500的名气来源于它的大口径，0.50英寸口径，即12.7毫米，发射50马格努姆大威力手枪弹，由于子弹太大，一般的转轮手枪弹膛能装六发弹，而它只能装下五发。

M500转轮手枪所发射的子弹的动能，是大名鼎鼎的0.50英寸口径"沙漠之鹰"的一倍。3517焦耳，已经达到了大威力步枪弹的动能。杀伤威力称其为"大炮"一点也不过分。

这个大威力的手枪并非用于军事用途，而是用于狩猎大型猎物，一枪打死一头非洲象也不在话下。

M500转轮手枪不带子弹的重量是2.32千克，接近一只轻型冲锋枪的重量，握把为聚合物材料，无论从哪方面来说，它的确算是手枪中的大炮了。

⊘ 引领潮流：紧跟时尚，因人而设

★ M36转轮手枪性能参数 ★

口径：9毫米		容弹量：8发
枪重：0.707千克		

★史密斯–韦森公司推出的第一种女士专用的转轮手枪——M36转轮手枪

20世纪90年代，枪械界的焦点开始集中到女用手枪上。跟随这一潮流，史密斯-韦森公司也在1990年向市场推出了著名的9毫米口径女用转轮手枪——M36。

M36是史密斯-韦森公司推出的第一种女士专用的转轮手枪，既然是女士们用，那这种枪肯定要小而轻，以能装进女士们的手提包为宜。

★9毫米口径的M36转轮手枪

首先，该枪采用了"J"形小型握把，枪把很薄，易于持握，特别适合手掌小的女性使用。其次，由于该枪较小，所以整体重量也就较轻，插入空弹匣时，枪重仅为707克，适合于力量柔弱的女士们使用。此外，该枪容弹量较大，可装8发子弹，而且操作简便。虽说M36转轮手枪是又小又轻的女士专用枪，但是男士们绝对不能以为此枪小而轻，就断定它的威力不大。此枪的口径是9毫米的，威力之大是任何6.35毫米和7.65毫米口径的手枪无法比拟的。

为了迎合女性的心理，该枪在外观设计上也是用心良苦。该枪柔和的银白色外表散发出一种高雅而洁净的气息，再加上漂亮的枪盒，令所有的女士都爱不释手。

由于M36转轮手枪深受女士们的欢迎，史密斯-韦森公司还曾推出24K纯金造工艺版的M36转轮手枪，这支枪精细的做工、完美的性能为史密斯-韦森公司的产品录上又增添了一道耀眼的光芒。

手枪中的贵族
——鲁格P08

🚫 枪史上不灭的功勋：鲁格的发明

手枪有时代表一种身份，一种尊严。在一战、二战中，并不是所有士兵都有资格佩带手枪。在这些手枪贵族中，鲁格P08是一战、二战最具有代表性的，它作为德国军人的一种荣耀，影响着那个特殊的年代。

★7.65毫米口径的鲁格P08手枪

　　鲁格P08由美籍德国人雨果·博查特于1893年发明，该枪外形笨拙且不实用，但却是世界上第一种自动手枪——7.65毫米C93式博查特手枪。不久，同厂的乔治·鲁格又对这种手枪的结构进行了改进设计，在1898年定型，1900年即获得瑞士采用为制式手枪，是世界上第一把制式军用半自动手枪，口径为7.65毫米。

　　在1902年，鲁格先生开始对他自己设计的但并不被当时世界强国军队所接受的7.65毫米帕拉贝鲁姆手枪子弹进行了改装。这种子弹后来被广泛应用，世界著名枪械评论家罗伯特·施米特就曾说："从第一次世界大战到沙漠风暴，9毫米手枪子弹证明了自己永远是战场上的胜利者。"而这句话正好确立了乔治·鲁格在枪械发展史上不可磨灭的功勋。

　　鲁格继续对该枪进行改良，1904年，新式的鲁格手枪，包括新式的9×19毫米子弹，被德国海军采用，随即在1908年被陆军采用并命名为P08，作为制式自卫武器，在德军服役达30年之久。

　　乔治·鲁格是20世纪最杰出的轻武器设计家之一。鲁格从小受父亲影响爱好枪械与射击。从美国北卡罗来纳大学毕业后，曾在萨维奇公司及柯尔特公司工作过。1939年在斯普林菲尔德兵工厂从事枪械设计，后来在雷明顿公司及史密斯-韦森公司工作，1941年进入美国军械部就职。二战中出版的《美国步枪手》（1943年12月版），报道了他将萨维奇M99杠杆枪机式步枪改造成导气式半自动步枪的消息，这是乔治·鲁格先生的名字首次见诸媒体。由于乔治·鲁格是德国籍的移民，所以在其设计的作品中，很明显地流露出德国式的风范。

⊘ 高贵典雅：枪械史上的经典设计

★ 鲁格P08性能参数 ★

口径： 7.65毫米	**空枪重：** 0.89千克
枪全长： 220毫米	**容弹量：** 8发
枪管长： 102毫米	**瞄准基线长：** 196毫米

　　鲁格P08在枪械史上是非常重要的一个经典设计，除了不寻常的外形外，一般人往往会对鲁格P08手枪特殊的枪机动作方式感到印象深刻。鲁格P08手枪射击时枪机上方的闭锁连杆会弓起，就像一种昆虫"尺蠖蛾"爬行的动作，十分独特。

　　毫无疑问，鲁格系列中被德国陆军采用的P08是最受欢迎的，也曾装备过德国海军、空军、炮兵等部队，在二次大战中扮演极其重要的角色。鲁格P08同时也是法西斯统治的象征之一，正是这支鲁格P08，让数以万计的军人、百姓倒在它的枪口之下。

　　1946年，比尔·鲁格成功研制出了使其名声大振的鲁格5.6毫米自动手枪，最初该枪使用木制弹匣，后来改用军用手枪的弹匣，1950年该枪定名为MK5.6毫米自动手枪，为比赛型用枪。同年开始批量生产，现总产量已达300万支，这一数字实在惊人。

　　鲁格5.6毫米自动手枪的握把上有一个圆形徽章，徽章中有一只白色的老鹰，底色为红色或黑色。早期采用塑料握把时，徽章只刻在握把的左侧，后来改为握把护板两侧均有徽章。鲁格5.6毫米自动手枪的销量之所以这么大，枪本身加工精细当然是主要的原因，其次还因为这种自动装填枪取代了过去的连珠枪。

★鲁格5.6毫米口径的P08手枪

鲁格P08式自动手枪外形高贵典雅，制造工艺精湛，体现了德国一贯的工业传统。这支手枪从诞生之日起就成为世界上最著名的手枪，如今它带着一个多世纪的辉煌，成为全世界枪械收藏家的最爱。

◎ 德军的荣耀：鲁格P08成为德国士兵的梦想

一战后的一段时期内，德国政府禁止生产鲁格P08，但后来为了出口，DWM公司重新生产，1933年纳粹党执政，大部分生产转到毛瑟公司直到1945年。此枪发明后，于1908年被德军采用，因为它很出名，曾经有不少军部仿造，从而还闹出不少笑话。鲁格P08的特点之一是可以单手退出弹夹，仿造的自然也有这种功能，遗憾的是，仿造枪退出弹夹时使用的弹夹扣位置比鲁格稍微向下。这就使射击时很容易错误按到该弹夹扣，造成意外的弹夹脱落。后期虽然也使用诸如防止弹夹脱落的弹簧，在一定程度上解决了这个问题，但是又使得使用者无法单手退出弹夹。

该枪在一战及二战全期通用于机铳手、战车兵、伞兵、下士官等军方战斗人员以及境内保安警政等单位。但很可惜，这把枪在战场上的表现并不理想，主要是因为本体使用了过多容易遗失的细小零件，战场上的泥巴、沙土杂物之类的东西更是这把"精密瑞士钟表枪"的头号敌人，论制造成本价格，则为后来生产的P38的两倍，当军方有了P38这支好枪后，P08并没有被立即打入冷宫，P08仍继续装备部队，直到战后。

★二战期间遗留下来的鲁格P08手枪

鲁格P08式手枪采用枪管短后坐式工作原理，是一种性能可靠、质地优良的武器。该枪配有V形缺口式照门表尺，片状准星，发射9毫米帕拉贝鲁姆手枪弹，这支手枪从诞生之日起便成为世界上著名的手枪，1945年以后该枪停止生产，军队也不再装备，现在只有警察中还有人使用，由于该枪的知名度颇高，至今仍是世界著名手枪之一。

同时，鲁格P08式手枪也掀起了新一轮的仿造浪潮。

⊘ 转战亚洲："撸子"大战"王八盒子"

在抗日战场上，曾多次出现"撸子"大战"王八盒子"的情景。从广义上来看，"撸子"就是鲁格P08式手枪，而"王八盒子"就是南部十四年式手枪。在《平原游击队》、《地道战》等影片中，汉奸特务伪军拿着五花八门的各种手枪，但是日本军官却是清一色地装备一种外形很像德国鲁格枪的手枪，这就是臭名昭著的"王八盒子"。"王八盒子"是二战中日本装备的制式手枪，也是日本各级军官普遍装备的一款手枪。而南部十四年式手枪，其实是鲁格P08式手枪的仿制品。1903年（明治三十六年），日本军官南部麒次郎大佐研制成功了日本历史上第一款自动手枪，命名为南部式手枪。它的设计理念完全来自于鲁格P08式手枪，该枪口径为8毫米，弹夹装弹8发，有效射程为50米，枪重大约1千克，枪管长120毫米。

但是该枪设计并不成功，日本陆军将其小批量投入部队使用后，很快发现枪的设计有严重的缺陷。主要问题在于故障率奇高，据说最早使用的一批南部式手枪，很少能有一把

★日本丑陋的"王八盒子"

能够连续射完三四个弹夹的。如此严重的问题实在无法容忍，日本军方表示该枪性能是无法装备部队的，所以这种南部式手枪并没有装备日军。

南部式手枪研制成功大约十年后，一战很快爆发。在一战的残酷战斗中，德国人装备的40多万支鲁格P08式自动手枪表现得非常出色。它从各方面都毫不客气地压倒了英、俄等国装备的大量转轮手枪。在重机枪和大口径火炮唱主角的一战中，起了相当大的作用。

日本军方在1920年提出新的标准，要求日本的轻武器设计师在鲁格P08式手枪的基础上研究出一种新型手枪。日本当时顶尖的设计师很快组成了一个设计小组，研究的地点是当时日本著名的东京小仓兵工厂，小组的负责人仍然是设计南部式手枪的南部麒次郎大佐。

最后定型的南部十四年式手枪，也就是我们常说的"王八盒子"，从外形上来看很像大名鼎鼎的鲁格P08。南部十四年式的枪把和枪管夹角为120度，枪管单独突出在外，这使得整枪的重心基本处于掌心的位置，非常稳定和利于迅速改变枪口的指向。简单来说，该枪的反应速度很快，射击时可以直接用枪口指向敌人概略瞄准后迅速射击。

这种设计对于近战中使用的手枪是非常重要的。在之后的实战中，虽然南部十四年式手枪问题多多，但是仍然在白刃战和肉搏战中发挥了一定的作用。在太平洋岛屿的争夺战中，手持南部十四年式手枪的日本军官在紧张的激战中往往一次能打死三四个美军士兵。

肉搏战或者夜战期间，由于战斗激烈紧张，双方又近在咫尺，拿手枪的人一般不可能精确瞄准，而是概瞄射击。南部在这方面表现还是不错的，基本可以做到指哪儿打哪儿，

★战场上的鲁格P08手枪

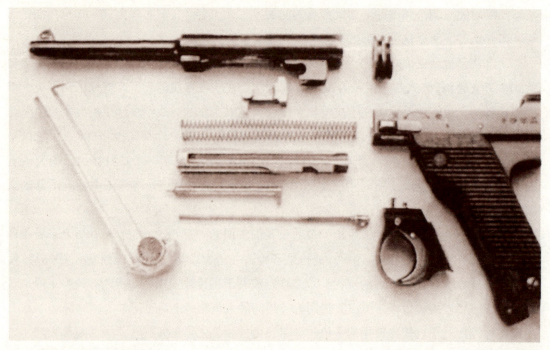

★日本南部十四年式手枪结构图

深受美军喜爱。遗憾的是日本人自己却领会不多。更多的时候日本军官宁可使用更有所谓武士风度的军刀，代价就是：迎接他们的往往是美军手枪的密集子弹。

同时，由于南部十四年式传承鲁格P08的设计，它的枪管长120毫米，而瞄准基线更有200毫米的长度。这使得南部十四年式的射击准确度较高，和世界其他优秀手枪基本相当。

这主要是源自于该枪使用的南部式8毫米手枪弹。这种口径的手枪弹在世界军事历史中也是很难见的。该手枪弹由于射击的独特性，在近距离内有着相当的杀伤力。子弹射中身体会产生类似现代达姆弹一样的变形和翻转，造成对人体的严重伤害。

但是，该子弹仍有致命的缺点。主要是在稍远距离上的准确度较差，超过了有效射程子弹就会乱飞，根本无法射中目标。同时该枪射出的子弹初速仅有320米/秒，动能更是只有338焦耳，所以该子弹的穿透力非常弱。

而日本在重武器和机枪火力上相对"国军"又有绝对压倒的优势，所以"王八盒子"的劣势才没有多么明显地暴露出来。但是在淞沪会战等一些激烈的巷战中，装备鲁格P08式手枪和驳壳枪的"国军"士兵仍然重创了使用南部十四年式手枪的日军士兵。有一段时期，很多"国军"的便衣部队携带鲁格P08式手枪袭击日本散兵和小股日军。

他们多使用全自动射击的方式，在短时间内就把子弹迅速扫射到一个个日军身上。在日军还没有反应的情况下就撤退，这种方法是南部十四年式手枪无法做到的，结果是造成日军很大的恐慌。虽然"王八盒子"在对中国国民党军队使用时没有起到作用。但是，在和"八路军"的游击部队等的战斗中，"王八盒子"却表现了一定的作用。

"八路军"由于装备数量少和质量差等问题，作战多以近距离的肉搏战为主。他们不打没有准备的战斗。在能够确保胜利的情况下，他们利用地形地物，集中士兵数量的优势，从100～200米的距离上冲锋。这种方法有效地在近战中削弱日军远程火力的优势，也

★日本南部十四年式手枪

可以发挥"八路军"手榴弹的优势。在肉搏战中，日军因为三八式步枪穿透力过强，容易误伤友军等原因，日军步枪手一般是不开枪的。而肉搏战中如果"八路军"数量占优势，比如二对一或者三对一，数量较少的那方即使拼刺技术再好也是很难取胜的。

但是"王八盒子"就不怕有这种情况，它的枪弹威力大但是穿透力又弱，指向性好，精度也不错。如果射手的技术不错，在"八路军"从50米外到冲到面前的几秒内也可以击中数名"八路军"战士，之后又可以迅速更换弹夹，继续作战。而同样缺乏连射武器的"八路军"是难有相应武器还击的。

总之，鲁格P08式手枪是二战中最实用的手枪，就连它的仿制者"王八盒子"也是那么威力十足。

军用手枪之王
——勃朗宁M1911

枪王出世：伤亡换来的发明

在"一战"之前，柯尔特左轮手枪便已风靡世界。1899年至1902年期间，美国军队在菲律宾与当地的土著发生武装冲突。美军在镇压菲律宾民族起义时就发现9.65毫米口径的柯尔特左轮手枪缺乏足够的打击力，致使美军伤亡惨重。所以，美国陆军军械理事会的主

管约翰·汤姆逊上校和路易斯·拉贾德上校认为美国陆军需要一种新型的11.43毫米口径的枪弹才能提供足够大的火力。

枪械设计师约翰·摩西·勃朗宁接下了这个艰巨的任务。1889年，勃朗宁开始试验自动装填技术。在1895年发明了一种枪管后坐式工作原理的新手枪结构。之后，勃朗宁和他的兄弟与柯尔特专利武器制造公司建立了合作关系。勃朗宁利用新发明的手枪结构为柯尔特公司设计了一种发射0.38英寸柯尔特手枪弹的自动装填手枪。此枪交给美国军方进行测试。结果军方对该枪的表现并不满意，认为半自动手枪可靠性较左轮手枪差，没有采用。

为了监督生产，勃朗宁亲自去了哈特福德的工厂。最严酷的试验在1911年3月3日开始。试验中每支枪都要射击6000发，每射击100发后手枪会被冷却5分钟，每射击1000发后手枪会进行简单的维护和上油。在打完这6000发后，这些手枪再用一些装配不良的枪弹进行测试。然后又把这些枪浸在掺有酸液或沙子和污泥的水中直至表面生锈，然后再进行更多的射击试验。这是枪械有史以来第一次经受如此严格的试验，尤其是射击6000发的耐久性试验，这个纪录直到1917年才被打破。

勃朗宁手枪通过了一系列的试验，凭借其出色的性能，赢得了军用制式手枪合同。评审委员会在1911年3月20日发表的报告中写道："这些手枪中，理事会认为勃朗宁是最好的，因为它更可靠、更耐用，当有零件损坏时更容易分解并更换，而且更准确。"

★伤亡换来的发明——勃朗宁M1911手枪

1911年3月29日，由勃朗宁设计、柯尔特公司生产的0.45英寸口径自动手枪被选为美军制式武器，并正式命名为"M1911自动手枪"。

🚫 经受耐久：完美无缺的手枪

★ 勃朗宁M1911手枪性能参数 ★

口径：11.43毫米（0.45英寸）	**枪口初速**：250米/秒
枪长：219毫米	**有效射程**：50米
枪管长：127.8毫米	**瞄准基线长**：164.4毫米
枪重：1.13千克	**容弹量**：7发

　　勃朗宁M1911手枪于1912年4月开始装备部队，成为美军装备的第一支半自动手枪。

　　第一次世界大战结束后，在文职军官马西勒斯·朗布的建议下，由斯普林菲尔德兵工厂对M1911手枪进行了部分改进：减小了线膛部分的内径，增加了膛线的高度；在扳机后方增加了拇指槽；握把背部拱起，表面增加了刻纹；为了便于在射击过程中有效地控制住枪并更好地瞄准，增加了准星的宽度，降低了枪尾部的凸出部分。值得一提的是，此次改进对M1911手枪的自动机构没进行任何改动，这完全证明勃朗宁的设计是绝对完美的。改进设计工作于1923年完成，1926年6月25日该枪被美军正式采用，命名为M1911A1式军用手枪，1935年投入批量生产，并开始大量装备部队，是第二次世界大战期间美军装备的一种主要的单兵自卫武器。到战争结束时，仅美国陆军就有270万支M1911和M1911A1。

★二战期间美军的单兵自卫武器——勃朗宁M1911手枪

后来，尽管美国军队的制式手枪已经更换为M9手枪，但各种M1911手枪仍然被许多公司生产，由于其大口径弹药在实战中无可比拟的绝对杀伤威力和精准且迅速的单动射击模式，美国一些精锐军警部队一直将其列为特战成员制式手枪。例如，曾在伊拉克和阿富汗作战的美国特种部队还是采用了几乎和20世纪设计上一模一样的M1911手枪。

20世纪末，M1911手枪经历了一次戏剧性的复兴，美国特种部队和警察部门纷纷放弃20世纪80年代到90年代间大量装备的9毫米口径的手枪，转而重新采用了一度被认为落后于时代的口径为0.45英寸的M1911手枪。如今世界最大的M1911手枪生产商——金伯（KIMBER）公司生产的"沙漠勇士"M1911手枪就是为美国特种作战司令部下属的海军特遣队专门制作的。

🚭 一夫当关，万夫莫开：二战中彰显威武的利器

巨大的威力、稳定的性能，这些优点让勃朗宁续写了一段又一段的传奇。

1942年10月的一个晚上，在瓜达卡纳尔岛的丛林里，美国海军陆战队员约翰·巴锡龙军士用一支M1911手枪和两挺机枪交替射击，独自一人阻止了日军一个连的自杀式冲锋。直到破晓，增援来到他的阵地时，发现周围趴着近一百具日军尸体，巴锡龙因此成为"二战"中被授予荣誉勋章的第二个美国海军陆战队队员。

1942年，当德军开始撤出挪威时，美国第8航空队的两名文职人员在一座废弃的小镇上被一名德军狙击手困住了，这个狙击手第一枪没打中他们，但马上就转移目标打中了吉

★作为士兵基本装备之一的勃朗宁M1911手枪

普车的车胎。这两名美军除了各自身上的一支M1911A1手枪和3个弹匣外没有其他武器，他们在乱石堆后躲了半天也没等到援军，于是就用手枪向吉普车座位下面汽油箱的位置射击，两个人各打光了两个弹匣，弹头撕破了汽车的金属外壳，油箱散发出汽油的味道。他们马上把地图做成火把扔出去焚烧吉普车。吉普车轮胎焚烧产生的烟给予他们足够的掩护，使他们跑到最近的建筑物里隐蔽起来。后来狙击手没有再开枪，这两个美军才沿着他们来的道路撤退，与自己人汇合了。

除了在地面上发挥作用，M1911手枪在第二次世界大战的空战史上演绎了一个更为神奇的故事。这件事发生在美军驻印度的第10航空队中。这支陆军航空队负责协助防御从印度到中国的补给线，并破坏日军从仰光、缅甸到印度北部的补给网，它的重型轰炸机部队——第7轰炸大队由数量不多的B-24轰炸机组成。

1943年3月31日，第7轰炸大队第9中队被派遣去破坏缅甸中部城市彬文那附近的一座铁路桥，机队在抵达目标前遭到日军战斗机拦截。其中一架B-24轰炸机由劳伊德·简森中尉驾驶，副驾驶是欧文·伯格特少尉。在与日军战斗机的交战中，这架B-24的氧气瓶被打碎，机身后部燃起大火。后来飞机继续受到攻击，机身被打穿许多洞。机上人员不得不跳伞逃生，但日军飞行员立刻开始扫射这些跳伞逃生的人，并打伤了伯格特的手臂。那架打伤伯格特的"零"式战斗机飞近伯格特，也许是想看看他打死的人是什么样子吧。伯格特干脆装死，于是"零"式飞机就从伯格特的脚下飞过

并继续向降落伞扫射，此时伯格特掏出他的M1911手枪对着刚从他脚下经过并打开了驾驶舱的"零"式战斗机打了4枪。这架"零"式战斗机马上停止射击并开始旋转坠落。后来伯格特被缅甸人抓住并被转送给日本人。在战俘营中，他慢慢回忆起当时半空中的情境。他起先不相信能够在摇摇晃晃的空中击落敌机，但许多记忆碎片逐渐堆砌起来，使他越来越相信自己的确打下了那架"零"式战斗机。

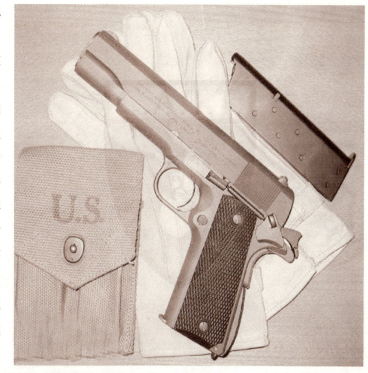

★二战时期的勃朗宁M1911手枪

★勃朗宁M1911手枪与所配备的子弹

伯格特在战俘营中生活了两年多，二战后回到军中服役，以上校身份退役，住在得克萨斯州的圣安东尼奥。尽管没有其他证据证明他确实用手枪在半空中击落了日军飞机，但就像有人买一辈子彩票都中不了大奖，而另一些人却只买一次却中头奖一样，当一个运气好到极点的飞行员与一个运气坏到极点的飞行员碰在一起时，的确有可能出现奇迹。二战结束后，M1911A1仍被广泛采用，并出现了一些其他形式的改型，例如缩短的M15指挥官型，不同长度、握把及其他配件的MKIV系列政府型手枪等等，此外还有多种不同的比赛型手枪。1985年，美军决定以意大利伯莱塔公司生产的9毫米口径M9自动手枪代替M1911A1，使众多M1911手枪的爱好者感到惊愕。当国会的命令颁布时，美国海军陆战队甚至激烈反对，而海陆空三军内许多特种部队仍然继续使用M1911手枪作为辅助武器，甚至仍然有许多人相信M1911手枪是最好的战斗手枪。现在，各种M1911手枪仍然被许多公司生产，提供给军队、执法机构、保安人员和民间爱好者。

⊘ 领袖之枪：领导人的贴身侍卫

除了在军中的突出表现，勃朗宁手枪还受到一些国家领导人的青睐。

南斯拉夫总统铁托最信任的武器是他随身携带的勃朗宁手枪。这把钢印为"245PZ99088"的镀金手枪来源也很曲折：起初它是南斯拉夫王国警察的佩枪。1941年德国占领南斯拉夫后，它被转交给塞尔维亚伪军使用。1941年铁托领导了夏季南斯拉夫的全国性大起义。他的战友伏克曼诺维奇率领游击队夺取了乌日策。那里有装满钞票的银行和能够日产400支枪械的兵工厂。铁托由此成立了世界上第一个"游击队共和国"。为了庆祝胜利，伏克曼诺维奇将一把勃朗宁大威力手枪赠送给铁托。

在随后的日子里，这把勃朗宁手枪伴随铁托度过最危险的日子。1944年5月25日，德国

★新型的勃朗宁M1911手枪

伞兵发动"跳马"行动，包围铁托的指挥部。危急时刻，铁托只能躲在山洞里进行抵抗。尽管他的勃朗宁手枪射速很慢，但其沉闷的枪声跟德国人的枪声很相似，这迷惑了德军很长时间，使铁托得到了最关键的10分钟。最终游击队击溃了德军伞兵，铁托也转危为安。遗憾的是，因为操作过于猛烈，手枪的击锤被弄坏了。幸好游击队里有投诚的意大利枪匠，经过一番"大修"，这把救命的枪终于又回到铁托元帅的身边，一直陪伴他到生命的最后一刻。

1899年，英国人与布尔人为了争夺南非殖民地爆发战争。为了解情况，丘吉尔装扮成旅游者前往南非。谁知，当丘吉尔所乘坐的装甲列车经过布尔人控制的地区时，他被布尔人的军队俘虏了。庆幸的是，当地一个英国矿主约翰·霍华德最终帮助丘吉尔逃出了虎口，使他安全地到达了中立国家。这期间约翰·霍华德将一把勃朗宁手枪送给了丘吉尔。丘吉尔就是带着它，逃过了人生中的劫难。

2005年年初，美国总统布什收到一份特殊的礼物：美国手枪制造同业工会属下的10家成员生产厂联合起来制造了一把柯尔特M1911型手枪送给他。这把枪看上去制作十分精良，可惜所有的新闻报道都没有提及这把枪的性能及规格。

现知的、制作最精良的M1911型手枪是美国第27任总统塔夫脱所用的一把。这把枪镶有象牙枪柄，枪管是纯银的，连子弹也是银质的，其命中率已经达到了百发百中的程度。将近一个世纪过去了，以今天的手枪制造工艺，我们可以想象，赠送给布什的那一把手枪应该是如何豪华、精良啊。

那么美国手枪制造同业工会为什么要送这么一把豪华手枪给布什呢？原来，根据美国宪法第二条修正案，"管理良好的民兵是保障自由安全所必需的，因此人民持有和携带武器的权利不得侵犯"。美国的军火商们一直靠着这一条宪法修正案大发其财。但近几年来有人要求对这一条宪法修正案进行修改，禁止所有攻击性武器在市场上公开流通，这等于要断军火商的财路。幸亏有了布什总统的支持，这条修正案才未更动，手枪制造商们自然要拿出点像样的礼品来慰劳大恩人了。

世纪之枪
——格洛克手枪

🚫 爆发手枪：格洛克和手榴弹的神秘关系

如果让全世界的士兵评出手枪之王，那么格洛克17式9毫米口径手枪无疑是最有希望获此殊荣的。而它的设计者就是素有"枪王"之称的格洛克。他是奥地利人，被许多美国人称为"枪王"，这并非浪得虚名。1963年，身为工程师的加斯顿·格洛克，在奥地利首都维也纳附近的多茨威格姆成立了格洛克公司。后来，格洛克接下了一宗军火订单，开始为奥地利军队制造塑胶手榴弹。

1981年的一天，听到两名军官抱怨说现有手枪不太好用，格洛克便说，他可以造一支令他们满意的手枪。两位军官哈哈大笑："一个造手榴弹的人造枪？还要造出让我们满意的手枪？"

★素有"枪王"之称的格洛克手枪

在此之前，格洛克的确对如何制造手枪一无所知。但他从不怀疑自己有能力研制出一种性能超群的手枪。说干就干，格洛克马上钻进了自己的地下室……3个月后，一支名为"格洛克17"的手枪问世了。1983年，奥地利陆军组织了一次新枪性能大比武，"格洛克17"一举夺魁。不久，格洛克就从奥地利陆军那里拿到了一张令其他枪商垂涎的大订单——2.5万支"格洛克17"供货合同。天才的格洛克带来天才的格洛克手枪，该枪的诞生被认为是现代手枪发展史上的一场革命。格洛克手枪彻底颠覆了传统枪械设计师们一向遵循的"手枪是一种精美的武器，是一种能杀人的艺术品"这一观念，该枪在结构上大量采用工程塑料，外观看上去加工粗糙，但却以"实用、实战"的设计特点迅速风靡全球。

⊘ 超强稳定——创射击精度惊人纪录

★ 格洛克17手枪性能参数 ★

口径：9毫米	枪口初速：360米/秒
枪全长：223毫米	枪口动能：530焦耳
枪管长：114毫米	瞄准基线长：250毫米
空枪重：0.636千克	容弹量：17发

　　格洛克手枪的主要特点是广泛采用塑料零部件，质量小，而且机构动作可靠，容弹量也大。在可靠性测验中曾创下连续发射20000发而射击精度无明显变化的惊人纪录。

　　格洛克手枪广泛采用了塑料件，如套筒座、弹匣体、托弹板、发射机座、复进簧导杆、前后瞄准器、扳机、抛壳挺顶杆及发射机座销等，这些塑料件基本由聚甲醛制成，使手枪质量显著地减小到636克。它采用勃朗宁式手枪的枪管偏移式开闭锁结构，借助枪管外面的矩形断面螺纹与套筒啮合连接。

　　格洛克手枪另一个显著特点是扳机保险装置和击发装置。该枪的扳机机构类似双动扳机，预扣扳机5毫米行程后，锁定的击针被解脱，呈待击发状态；再扣2.5毫米行程就能释放击针打击底火，而且扳机力可根据需要在19.6～39.2牛之间调

★广泛采用塑料零部件的格洛克17手枪

整。由于有击针锁定保险，所以枪外部没有常规的手动保险机柄。格洛克手枪扳机保险装置的优点很多。首先是它的使用简便性：扣压扳机就能击发，手指离开扳机就能自动处于保险状态。第二是每次击发的扳机力都是一样的。第三，假如手枪掉在地上或者从射手手中脱落，扳机保险装置能自动地处于保险状态，以避免走火事故的发生。该枪勤务性也很好，全枪包括弹匣只有32个零部件，用一个销子可在1分钟内将枪分解。由于套筒座用合成材料制成，它的外形光滑，手感好。

格洛克18式手枪结构与17式基本相同，主要改变了击发组件，可以连发射击，成为一支冲锋手枪，它的弹匣容量也增大至17发、19发或33发。尤其是特制的33发弹夹，已经超过了一些冲锋枪的容弹量。基于安全方面的考虑，格洛克18式手枪的零部件不能与格洛克17式手枪互换。

🚫 警察专用：风靡全球的手枪

我们去观察一个人的时候，千万不要以貌取人，同理，观察一把枪也是一个道理。格洛克手枪笨拙的外表却挡不住人们崇拜的目光，它在世界手枪市场上频获赞誉，获得非比寻常的回头率。它是欧洲政要保镖们的最爱，如英国前首相布莱尔的女保镖视它如宝，就连美国华盛顿、纽约的警察也以佩带它为傲。它就是产自奥地利格洛克公司的格洛克手枪。

★风靡全球的格洛克手枪

在世界各国的警用手枪中，奥地利格洛克公司研制的格洛克系列手枪占了相当大的比例。自1983年至今，格洛克系列手枪已经被100多个国家的8000多个军队、警察单位陆续装备使用，尤其是在美国，各州警方拥有格洛克手枪的数量占全美警用手枪的40%左右，名列美国五大警用手枪之首。而属于同一家族的格洛克18因性能太过"突出"，考虑到那些没有装备防弹衣的治安警察的生命安全，一般只供给特种部队、特种武器突击分队以及军事人员使用。早在1985年，埃维特便在美国开了一家公司，向美国警方推销格洛克手枪。当时，美国犯罪率不断上升，警方迫切希望用半自动手枪替换六连发左轮手枪，以强大的火力来压制犯罪分子。格洛克17和格洛克18很快便获得警方青睐。因为这两种手枪都可以填装18发子弹，而且造价低廉、性能良好。更重要的是，这两种枪构造简单，使用起来非常方便。慢慢地，格洛克手枪成了纽约警察、美国特种部队和联邦调查局的标准用枪。

为了进一步扩大市场，格洛克公司将新款格洛克19手枪送到了美国枪支爱好者面前。如今，格洛克手枪每年的销售额在1亿美元左右，其中将近7000万美元来自美国。

美军军官专用手枪
——意大利伯莱塔92F式手枪

伯莱塔92F式手枪是由意大利伯莱塔公司制造的一款世界名枪。

1934年，意大利伯莱塔公司在技术上采用与德国瓦尔特P38手枪同样的设计（全开放式退弹壳口、枪套固定销与枪管分离、枪管底部的垂体设计等），推出了伯莱塔1934型手枪，该枪已具有伯莱塔92F式手枪的风格。

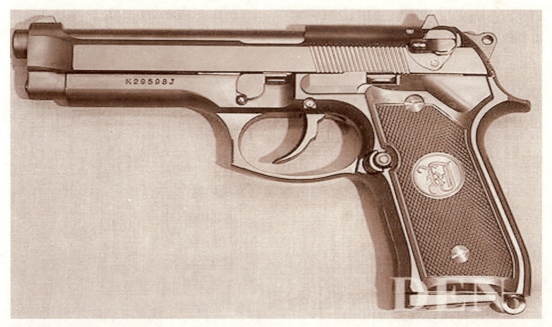

★世界名枪——伯莱塔92F式手枪

★伯莱塔公司推出的M84型手枪

1945年，意大利军队采用伯莱塔手枪作为制式配枪，从此，伯莱塔公司的业务突飞猛进。第二次世界大战快结束时，轴心国之一的日本被盟军轰炸成一片废墟，苏联占领德国后，瓦尔特厂整个被搬到苏联，原厂只留下一片残垣断壁。而伯莱塔工厂由于位处深山，不但躲过了盟军的轰炸，也因意大利最早投降而保持了工厂的完整性，使其能继续研发手枪，并推出了深获好评的运动枪支。1976年，伯莱塔公司推出M84型手枪，此时，伯莱塔手枪的风格早已完全呈现出来——符合人体结构学的握把、击针保险、节套卡榫与节套固定销采用分离式设计、单片式扳机及战斗表尺、双排弹匣、左右手皆可用的保险等。

到了20世纪80年代，伯莱塔公司终于推出新一代手枪——伯莱塔92F式手枪，这款新式手枪在美国1985年第一次手枪换代选型试验时被选中，定名为M9。1989年第二次选型又选中该枪，更名为M10。至今美军已全部装备，替换了装备近半个世纪之久的11.43毫米口径的柯尔特M1911A1手枪。在海湾战争中，美军尉官以上军官包括总司令，腰间别的都是这种伯莱塔92F式手枪。

🚫 射击精度高：整体性能无与伦比

★ 伯莱塔92F式手枪性能参数 ★

口径：9毫米	枪口初速：333.7米/秒
枪全长：217毫米	有效射程：50米
枪管长：125毫米	膛线：6条，右旋
枪重：1.145千克	弹药：9毫米帕拉贝鲁姆弹
空枪重：0.96千克	容弹量：15发

伯莱塔92F式手枪最大的特点就是射击精度高。伯莱塔92F式手枪的维修性好、故障率低，据试验，枪在风沙、尘土、泥浆及水中等恶劣战斗条件下适应性强，其枪管的使用寿命高达10000发。枪自1.2米高处落在坚硬的地面上不会出现偶发，一旦在战斗中损坏，较大故障的平均修理时间不超过半小时，小故障不超过10分钟。

◎ 服役美军：伯莱塔从众多优秀手枪中脱颖而出

1978年，美国空军提出需要采用一种新的9毫米口径半自动手枪，用以取代老旧的0.45英寸口径的柯尔特M1911A1半自动手枪。

美国三军轻武器规划委员会代表空军向几家著名的枪械公司发出邀请。对比试验是1979年进行的，由美国三军轻武器规划委员会主持。意大利伯莱塔公司最初提交的是92S型，但美国空军需要像M1911A1那样的拇指操作式弹匣卡榫，因此伯莱塔公司重新设计了可以用拇指卸下弹匣的92S型，改称为92S-1，弹匣卡榫左右边都可以操作，左撇子也能使用。

除此之外，伯莱塔公司还在握把上增加了凹槽防滑纹，并增大了瞄准具以方便快速瞄准。伯莱塔92S-1在1979年提交给美国空军进行测试，而其他的竞争对手包括：柯尔特公司的SSP，史密斯-韦森公司的M459A，FN公司的DA、FA，西班牙的StarM28，HK公司的P9S和VP70，此外FNM1935Hi-Power和柯尔特M1911A1也一起参加了对比试验，目的是作

★伯莱塔92F-C式手枪

★正式更名的M9式手枪

为性能参照。在1980年底，美国空军官方正式宣布了试验的结果，伯莱塔92S-1被评定为比其他型号稍好。

当时美军当中有许多人认为减小口径是一个错误的方向，所以当一开始宣布新的辅助武器采用9毫米标准口径时就已经陷入一片反对声音当中；另一种占多数的质疑是有没有必要全部更换成新手枪，美国审计总署建议购买更多0.38英寸口径转轮手枪或把现有的M1911手枪转换成发射9毫米口径弹，他们认为在这两种方法中任选其一，都会比采用一种新武器的方式省钱得多。

在反对声音下，美国国防部受美国陆军要求，开始进行一系列新的更极端的试验，这次试验计划非常严格，以致在对比试验结束后，所有参加对比试验的手枪都不合格。但即使在这样的结果下，伯莱塔手枪仍然是表现最好的一组。

1982年5月，美国军方又设立了一个新的试验计划，这个新计划修订了可靠性的标准，使之降低到接近现实环境的程度，但是仍然没有任何手枪能通过试验。1983年，由于美国国会施压的作用，由陆军进行一次新的手枪试验计划，命名为"XM9制式手枪试验"（Service Pistol Trials——SPT）。陆军在1983年11月正式向美国国内外的轻武器厂商提出XM9-SPT的招标请求，要求每个制造商在1984年1月底的截标日期前提供30把样枪、备用零件和使用手册以及培训测试人员的厂方代表、10把用于培训测试人员的手枪。共有8家制造商投标，分别为：S&W459A，伯莱塔92SB-F，SIG-Sauer P226，HK P7M13，沃尔特P88，斯太尔GB型和F型，勃朗宁FN-DA，柯尔特SSP。

★伯莱塔92SB-F式手枪

伯莱塔92SB-F是92SB的改进型，主要特点是扳机护圈前端形状改为内凹的设计，以便能够双手握持射击，在生产工艺上采用了枪膛内镀铬和"Bruniton"处理。后来伯莱塔公司觉得92SB-F这个名字太长，重新更名为92F。XM9制式手枪试验在1984年初正式开始，测试项目包括了恶劣环境下的可靠性、弹道性能、耐用性、射击精度等等。这次试验在1984年8月完成，8家厂商所提交的测试样品中，有四家技术达不到要求，另外两家刚开始就被取消资格，结果引起S&W和HK这两个厂家对被取消资格感到不满。剩下的两家分别是SACO防务（在当时SIG-Sauer的手枪是由SACO防务公司进口到美国的）和伯莱塔公司。在经过价格对比后，陆军在1984年9月选择了伯莱塔92SB-F。

1985年1月14日美国陆军正式宣布伯莱塔92SB-F是这次比试的优胜者，伯莱塔92SB-F被美军正式命名为M9。作为合同条款之一，M9手枪的生产在美国进行。先由意大利伯莱塔公司负责生产M9。1987年，一些新交付的伯莱塔手枪出现了问题，使反对者有了可乘之机。1988年M9发生了套筒断裂的事故。伯莱塔公司按照陆军的要求，改变了M9手枪的设计，按这种标准生产的92F被改称为92FS。伯莱塔公司在美国的生产线已经全部建好，1988年4月后，所有的M9/92F套筒都在美国生产，以后再也没有发生过套筒断裂的事故。随后军队再次招标和测试也就不了了之了。

伯莱塔公司成功地获得一系列美国国防部的其他合同，为美国的五大军事部门：陆军、海军、空军、海军陆战队和海岸警卫队生产了共约500 000把手枪。

手枪中的王者
——"沙漠之鹰"

⊘ 大胆行动："沙漠之鹰"出笼

在手枪界有这样一个共识：一旦枪弹上标有"马格努姆"的字样，那就意味着巨大的威力。马格努姆公司历来生产大威力枪弹，如果他们生产一把半自动、导气式的大口径手枪来发射他们的大威力手枪弹，结果会怎样？在这种思路下，世界上威力最大的手枪——"沙漠之鹰"诞生了。

"沙漠之鹰"来源于美国"马格努姆之鹰"。1981年，刚组建不久的马格努姆研究公司的枪械工程师B.怀特造出了一把新奇手枪，这把手枪以其漂亮的外形和巨大的威力而受到枪械爱好者推崇，它被命名为"马格努姆之鹰"。但"马格努姆之鹰"技术还不完善，供弹系统还存在许多问题。

由于马格努姆研究公司刚刚组建，资金限制和技术实力太弱，无力弥补供弹系统的缺陷，便将"马格努姆之鹰"推向市场，以寻求与国内外大公司合作。耳目灵通的以色列军事工业公司（IMI）发现了"马格努姆之鹰"的长处，决定接过"马格努姆之鹰"继续开发。

★源自于美国"马格努姆之鹰"手枪的"沙漠之鹰"手枪

1983年，经过反复试验和不断改进，以色列军事工业公司研制出了口径为9.068毫米的"马格努姆之鹰"改进型手枪，并更名为"沙漠之鹰"手枪，之后相继推出10.41毫米和11.18毫米两种口径的"沙漠之鹰"。

1986年，"沙漠之鹰"的枪膛线被改成多边形，以提高精度。

1991年，以色列军事工业公司推出了一把口径12.7毫米的最新型"沙漠之鹰"手枪，被业界称做终极口径的"沙漠之鹰"手枪终于出世了。它一经问世就引起了世界各国的关注。

🚫 重量成就质量：最先进的手枪

★ "沙漠之鹰"手枪性能参数 ★

口径：12.7毫米	瞄准基线长：217毫米
枪全长：270毫米	准星：片状
枪管长：154毫米	照门：缺口式
枪重：1.99千克	容弹量：7发
枪口初速：402米/秒	

"沙漠之鹰"彪悍的外形，以及巨大的发射力量是任何小巧玲珑的战斗手枪所不能替代的。

"沙漠之鹰"的设计目的是作为靶枪和狩猎手枪，所以是支大而重的手枪。多边形枪管是精锻而成，标准枪为6英寸长（154毫米），另外也有10英寸（254毫米）的长枪管供选用。由于枪管是固定的，并在顶部设有瞄准镜安装导轨，因此可以方便地加上各类瞄

★标准枪长为6英寸的"沙漠之鹰"手枪

准镜。套筒两侧均有保险机柄，左右手都可操作，弹匣是单排式的，不同口径型号的容弹量不同。握把是硬橡胶制成，但在马格努姆公司也可特别订制其他的握把。

"沙漠之鹰"与其他自动手枪相比的一个最大特点就是采用导气式开锁原理和枪机回转式闭锁，这是因为它发射的马格努姆左轮手枪弹的威力太大，一般大威力自动手枪所用的刚性闭锁原理根本无法承受。

★"沙漠之鹰"手枪的部分分解图

"沙漠之鹰"最优越的一点就是它非常精确，设计比较精密。枪管固定和枪机的回转方式，给沙漠之鹰带来了良好的精度。当然，还有更重要的一点，那就是可靠性。在手枪对手枪这样的近距离战斗情形中，手上武器的可靠性还是相当重要的。当然在任何一种手枪上都可能发生故障，但是沙漠之鹰排除故障的操作却不是那么便捷，因为沙漠之鹰发射的子弹比较长，因此它的套筒行程也比其他手枪长，而且它的握把大，手掌稍微小一点的人都不能快速地按下弹匣卡榫，再加上它的尺寸过大，操作起来也不那么敏捷。

🚫 绿柳成荫：业外人士推广

"沙漠之鹰"是军械专家设计制造的，供给专业人士使用的手枪。但是，对"沙漠之鹰"起到推广作用的并非军械业内人士，而是作为外行的电影界。这在枪械中，或许是一个神话，谁会想到竟然会在娱乐中将它推广呢？

在1984年的动作电影《龙年》（THe Year of the Dragon）中，"沙漠之鹰"初登荧幕。从此以后，"沙漠之鹰"成为美国电影电视的特色道具。它外形硕大，造型怪异，发射的时候枪口焰惊人，显示出巨大的震撼力。1993年，美国电影《最后的动作英雄》（The Last Action Hero）中，著名影星阿诺德·施瓦辛格扮演的主人公一边驾驶敞蓬车一边单手用"沙漠之鹰"将歹徒打得落花流水的形象，把英雄配猛枪的组合完美地展现在观众面前，给观众以强悍的冲击力。

电影界把"沙漠之鹰"展现给观众，而游戏界则让普通人能够使用上"沙漠之鹰"。2001年，游戏CS（Counter-Strike）反恐精英一时间成为最热游戏。

从童年起，男孩子们就懂得分成两拨在街头巷尾对抗，玩枪战游戏。长大以后已经不好意思这么玩，CS的出现，让男游戏玩家们找到了梦寐以求的快乐。一时间所有网吧几乎都是CS枪战。CS游戏中威力最大的手枪——沙漠之鹰，受到了狂热的追捧。玩家们在游戏上见识了"沙漠之鹰"的威力后，这款在军界不受好评的枪，居然成为大多数网民眼中的神奇武器：精度高、威力大、容易爆头，深受特种部队喜爱。

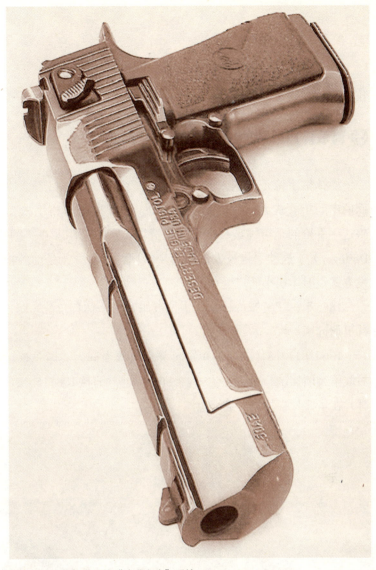

★深受特种部队喜爱的"沙漠之鹰"手枪

1991年，"沙漠之鹰"在德国纽伦堡召开的国际机枪展览会上首次亮相，并大获成功。"沙漠之鹰"除了独占欧洲市场之外，还将未经表面处理的半成品送往美国，由马格努姆公司进行组装和最后的加工。马格努姆公司的产品独占美洲和亚洲市场，销路一直很好。对于普通平民百姓来说，"沙漠之鹰"用来自卫是不适合的，而对于特种部队来说，他们也不愿用这款手枪做进攻型武器。

"沙漠之鹰"最初设计就是用来打靶和打猎的，所以上市以来一直受到了运动员和猎人的欢迎。为此，马格努姆公司与以色列军事工业公司还特别推出了不同版本的"沙漠之鹰"，有金版、银版和铜版等，尤其是镀金版的"沙漠之鹰"，尽管每支售价高达500美元，还是很快被众多的枪械收藏者抢购一空。

战事回响

◎ 刺杀林肯总统的枪

　　德林格手枪是美国人非常熟悉的。要说"德林格"，通常是指可随意隐藏在大衣里面的中间折叠式大口径短筒小型手枪。最早的德林格手枪初次登场是1825年，生产和销售这一手枪的是美国宾夕法尼亚州费城（费拉德尔菲亚）的枪械匠亨利·德林格（Henry Deringer）。这种手枪被人们称为"费城德林格"，是前膛枪（前装式），单一枪管，燧发方式，因体积小而广受欢迎。

　　1865年，"费城德林格"手枪被用于暗杀林肯总统。暗杀事件后，"德林格"这一名称更加远扬。

　　1864年11月8日，亚伯拉罕·林肯再次当选为美国总统。然而，还没等林肯把他的战后政策付诸实施，悲剧发生了。1865年4月14日晚10时15分，就在南方军队投降后第5天，林肯在华盛顿福特剧院遇刺。

★刺杀林肯总统的"费城德林格"手枪

凶手名叫约翰·威尔克斯·布斯。布斯出身于美国戏剧界名门，他凭借高超的演技成为女性戏迷追逐的对象。但是布斯人在戏行，心忧国家，他在政见上毫不含糊，是一个坚定的南部联邦的支持者。内战期间，布斯就纠合了一群人暗中活动，这些人包括他的儿时好友米切尔·奥劳夫林和萨姆·阿诺德；马里兰州一个制造马车的乔治·阿茨罗德；23岁的药店员工大卫·赫罗尔德；前南部联邦战士路易斯·鲍威尔；还有一个曾经为叛军提供过情报的约翰·萨拉特。这个组织曾经在华盛顿的一所公寓密谋了绑架林肯以交换南部被俘战士的计划，但这些计划都像其他许多阴谋一样，毫无结果。林肯被刺的前两三天，布斯几乎天天酩酊大醉，他以前的那个阴谋组织支离破碎，

★林肯总统

只剩下赫罗尔德和阿茨罗德了。4月14日中午时分，他去福特剧院取邮件，无意中看到海报上说，林肯和格兰特将出席晚上的节目，布斯一阵狂喜，立即召集死党实施他们的最后计划：阿茨罗德去刺杀副总统约翰逊，赫罗尔德去刺杀日渐康复的国务卿西华德，布斯自己去刺杀总统。临行前，布斯给每个人发了一把最新的"费城德林格"手枪。

事情进展得并不顺利：阿茨罗德喝醉了临阵退缩，根本没有去刺杀约翰逊。佩因和赫罗尔德倒进行得不错，他们摸到了西华德家外面，由赫罗尔德守在马车上接应，佩因直接进了西华德家，他拿着一包药，这也是早就策划好的。西华德的儿子告诉佩因，他的父亲正在睡觉，现在还不能吃药。但是佩因坚持要送药进去，小西华德感到此人不可理喻，命令他立即滚蛋。由于害怕被看穿阴谋，佩因立即掏出了"费城德林格"手枪，对准小西华德的头部就是一下，可惜子弹不知怎么回事，竟然瞎火。佩因赶紧握紧枪，用枪托猛砸小西华德的头，可怜的小西华德头骨被打裂了。扫除了门外的障碍，佩因从包裹里抽出一把大刀冲进了西华德黑暗的卧室，这时他才发现卧室里除了西华德还有西华德的女儿和一个男护士。男护士见势不妙，立即跳起来冲向佩因，佩因抡起大刀就把他的前额砍破了，而西华德的女儿在惊吓之余也被佩因打晕了过去。

佩因冲到西华德的床边，一刀一刀地猛刺国务卿。这时，西华德的另一个儿子听到声响也冲了进来，不料被手持凶器的佩因在前额划了一刀，并且砍伤了手。佩因感到此地不宜久留，于是迅速离开卧室，跳下楼梯，在楼梯上他又撞见了一个倒霉的国务院信使，佩因一不做，二不休，又把这个信使砍伤了。直到逃到大门前，狂奔的佩因不停地尖叫：

"我疯了！我疯了！"令人不可思议的是，所有遭到佩因袭击的人最后都康复了，而且西华德在林肯死后的约翰逊总统任期里还继续做他的国务卿。

话题转到布斯那边，布斯于晚上10点平静地进入了总统的包厢。本来包厢是有个锁的，但这锁在几天前就坏了，也没有人报告此事。由于布斯本来是个演员，所以总统的警卫人员都没有为难他。警察约翰·派克本来应该是守在大厅通往包厢的必经之路上的，但是他对看戏毫无兴趣，所以躲到另一个房间去喝酒去了。

当布斯进入包厢后，他平静地把"费城德林格"手枪瞄准了林肯的左耳和背脊之间……共开枪8次，林肯被击中6次，其中5次击中要害。然而1675名观众中，只有很少人听见枪声，甚至坐在旁边的林肯夫人和几个陪同看戏的人都没有对枪声太震惊。因为布斯选择了在戏剧的高潮处开枪，演员的大笑和枪声混杂在一起是很难听清的。

就这样，林肯遇刺，随之而来的是，"费城德林格"手枪——最小巧的手枪武器杀害了美国历史上最优雅、最受人民尊敬的总统，"德林格"也随之被写进了屈辱的历史。

◎ 世界著名手枪补遗

1. 苏联托卡列夫手枪

20世纪前期，苏联托卡列夫手枪是世界上最有影响力的手枪之一，除中国进行仿制外（中国命名为54式手枪），还遍布于原华沙条约组织各国、朝鲜、越南及非洲许多国家。

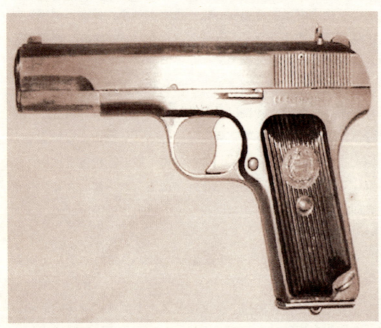

该枪发射7.62毫米托卡列夫手枪弹，全长196毫米，空枪重0.85千克，枪管长116毫米，初速为420米／秒，使用8发弹匣供弹，有效射程达到50米。

托卡列夫手枪的最大特点是结构紧凑。该枪在吸收勃朗宁手枪优点的基础上，创新了一套近似模块化的内部设计，包括击锤、阻铁、击锤簧、阻铁簧等，使枪的整体结构更

★苏联托卡列夫手枪

加紧凑。此外，托卡列夫手枪的威力巨大，托卡列夫7.62毫米口径手枪弹是世界上同口径枪弹中威力最大的，射弹威力大是该枪被众多国家仿制的主要原因之一。

2. 德国HKP7型手枪

冷战之后，德国的华尔特公司已成为世界顶级半自动手枪的代名词，在其众多产品中，20世纪70年代生产的HKP7型手枪非常具有代表性。该枪使用9毫米帕拉贝鲁姆弹，全长171毫米，全重0.78千克，枪管长105毫米，初速351米/秒，配用8发弹匣供弹，有效射程50米。

HKP7型手枪的最大特点是后坐力小。该枪采用气体延迟式开闭锁机构，击发后，部分火药燃气从枪管弹膛前方的小孔进入枪管下方的气室内，当套筒开始后坐时，作用在与套筒前端相连的活塞上的火药燃气给套筒一个向前的力，这样就延迟了套筒的后坐，从而减轻了后坐震动，使工作更加平稳。

HKP7型手枪安全性极好。该枪在弹膛有弹的情况下也可以安全携带，在需要快速出枪时又可以立即解除保险进行射击。

此外，HKP7型手枪精度非常高。试验表明：与华尔特公司生产的其他型号手枪相比，HKP7型手枪快速射击时的精度和射程都是最优的。

3. 捷克斯洛伐克CZ83型手枪

捷克斯洛伐克人对枪的钟爱，造就了一对枪械设计天才，他们便是库斯基兄弟。20世纪70年代，库斯基兄弟推出了一支集其他世界名枪优点于一身的CZ75型9毫米口径双动手枪。CZ75型手枪精巧的布局，合理的人机工效及能够实施转换套件的设计思想，令其一发而不可收，此后又出现了CZ85、CZ97B、CZ85B、CZ83、CZ100等各种型号，而其中的CZ83是最具有代表性的产品。CZ83手枪采用的是转换套件，这让CZ83既可使用7.65毫米勃朗宁枪弹，又可使用9毫米勃朗宁短弹，还可使用苏联马卡洛夫枪弹。CZ83手枪全长172毫米，枪管长97毫米，发射7.65毫米枪弹时空枪重0.75千克，发射9毫米枪弹时空

★德国HKP7型手枪

★捷克CZ83手枪

枪重0.8千克。采用10发双排弹匣供弹机构，有效射程50米。

CZ75型9毫米口径双动手枪的最大特点是人机工效好。该枪的握把设计以人体工程学为基础，发射机构采用的是双动原理，使用简便快捷。另外，CZ75型9毫米口径双动手枪弹药通用性良好。转换套件的设计思想，使该枪能够发射多种型号的枪弹，简化了后勤保障及武器对枪弹口径的依赖性。

4. 德国P229型手枪

★德国P229型手枪

　　1991年，德国SIG公司（此前为SIG瑞士工业公司，现被德国收购）将P220型手枪的碳钢冲压套筒改用不锈钢切削加工，并将原P228型手枪的口径改为0.45英寸（11.43毫米），制成了P229型手枪，这种看似简单的改进，却使P229型手枪在原枪基础上性能大增，并成为一代名枪。该枪发射0.45英寸史密斯－韦森手枪弹，枪全长180毫米，全重0.905千克，枪管长98毫米，初速309米／秒，弹匣容量12发，有效射程50米。

　　P229型手枪最大特点是结构紧凑。该枪的解脱杆安装在套筒座上，精巧的布局，使之操作简单，再配备有精良的瞄具，使人机工效更加合理。另外，P229型手枪精度非常好。试验表明，在14米距离上发射10发弹的散布仅为28～35毫米。在与美国史密斯－韦森公司制造的世界名枪M4006对比射击中，命中率要优于M4006。

3 普通步枪

轻兵器之王

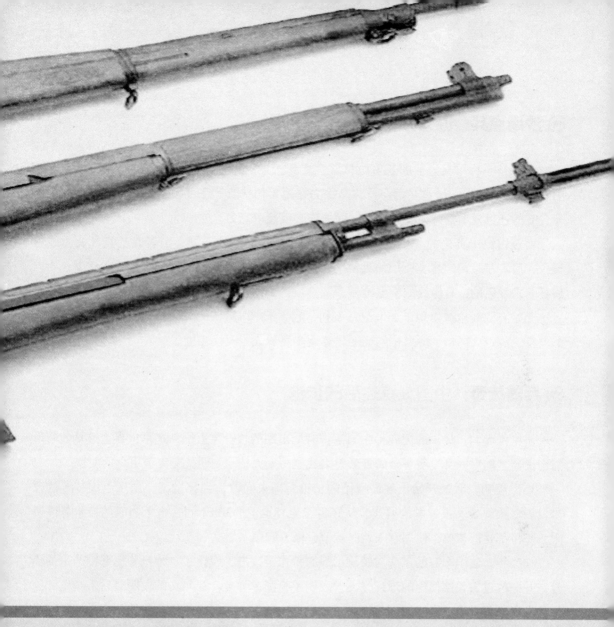

◉ 沙场点兵：亦刀亦枪的兵器之王

步枪是一种单兵肩射的长管枪械，主要用于发射枪弹，杀伤暴露的有生目标，有效射程一般为400米。说它亦刀亦枪，是因为在短兵相接时，也可用刺刀和枪托进行白刃格斗，有的还可发射榴弹，并具有点、面杀伤和反装甲能力。

而在古语中英语的"步枪"和中文"步枪"概念有所不同，前者是泛指"有膛线枪械"，后者是指由"步卒所用的火铳"。但现在习惯来说两者都是指：步兵所使用，要以肩托着来发射的，有膛线的中型枪械。

原始有膛线枪械出现于16世纪意大利，起源于中国发明的突火枪和火铳等无膛线枪械的改良，经过火绳枪、燧发枪的演变，才逐步发展成为现代步枪。

◉ 兵器传奇：中国火铳之后的步枪

步枪的起源，最早的记载是中国南宋时期出现的竹管突火枪，这是世界上最早的管形射击火器。随后，又发明了金属管形射击武器——火铳，到明代又有了更大的发展。

15世纪初，欧洲开始出现最原始的步枪，即火绳枪。到16世纪，由于点火装置的改进发展，火绳枪又被燧发枪取代。从16世纪至18世纪的300年间，由于当时的技术条件所限，步枪都是前装枪，使用起来费时费事，极为麻烦。

1825年，法国军官德尔文对螺旋形线膛枪作了改进，设计了一种枪管尾部带药室的步枪，并一改过去长期使用的球形弹丸，发明了长圆形弹丸。德尔文的发明对后来步枪和枪弹的发展都具有重大影响，明显提高了射击精度和射程，所以恩格斯称德尔文为"现代步枪之父"。但德尔文步枪仍是从枪口中装弹的前装式枪。

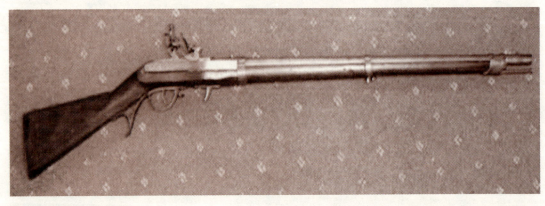

★德国德莱赛击针后装枪

到19世纪40年代，德国研制成功德莱赛击针后装枪，这是最早的机柄式步枪。这种枪的弹药即开始从枪管的后端装入并用击针发火，因此比以前的枪射速快4～5倍。但步枪的口径仍保持在15～18毫米之间。到19世纪60年代，大多数军队使用的步枪口径已经减小到11毫米。19世纪80年代，由于无烟火药在枪弹上的应用，以及加工技术的发展，步枪的口径大多减小，一般为6.5～8毫米，弹头的初速和密度也有提高和增加。因此步枪的射程和精度得到了提高。

第二次世界大战后，随着中间型枪弹和小口径枪弹的发展，自动步枪、狙击步枪、突击步枪和短突击步枪等现代步枪也得到更广泛的发展。

在当代，随着步枪的不断改进和发展，特别是它已经显示了的优越性：结构简单、质量小、使用和携带方便、适于大量生产和大量装备，使得步枪在未来的高技术战争中，仍将成为军队中最普遍使用的近战武器。

🔘 慧眼鉴兵：勇士之枪

步枪是步兵单人使用的基本武器，不同类型的步枪可以执行不同的战术使命。但步枪的主要作用是以其火力、枪刺和枪托杀伤有生目标。因此，在近战中，解决战斗的最后阶段，步枪起着重要的作用。

步枪按照自动化程度可以分为非自动步枪、半自动步枪和自动步枪。按照用途可以分为民用步枪、军用步枪、警用步枪、突击步枪、卡宾枪和狙击步枪。

非自动步枪是最古老的一种传统兵器，自13世纪出现射击火器后，经过约600年的发展，基本趋于完善。这种步枪一般为单发装填。半自动步枪是能够自动完成退壳和送弹的一种单发步枪，它是19世纪初开始研制，并在两次大战中广泛应用和发展的一种步枪，其战

★卡宾枪家族系列

斗射速一般为35发/分～40发/分，扣动一次扳机只能发射一发子弹。自动步枪是能够进行连发射击的步枪，它的战斗射速单发时为40发/分，连发时为300发/分～650发/分。这种步枪能够自动装填子弹和退壳。

卡宾枪又称骑枪，或者马枪，它的结构与步枪相同，只是枪身稍短，便于骑乘射击。卡宾枪是15世纪末开始研制的一种步枪，当时主要用于骑兵和炮兵，实际上它是一种缩短的轻型步枪，现代卡宾枪和自动步枪已无大区别。

狙击步枪是带有光学瞄准具，用于对单个目标进行远距离精确射击的点杀伤步枪，一般有效作用距离在600～800米，夜间射击还装有夜视瞄准具。

步枪的口径一般分三种：6毫米以下为小口径，12毫米以上（不超过20毫米）为大口径，介于二者之间为普通口径。目前使用较多的是5～6毫米的小口径步枪，其特点是初速大，弹道低伸、后坐力小，连发精度好，体积小，重量轻。近年来英、美、德等国也在发展5毫米以下口径的步枪。

最顽强的武器
——莫辛-纳甘步枪

🚫 顽强的诞生：莫辛-纳甘步枪出世

莫辛-纳甘步枪是以设计者俄国陆军上校莫辛和比利时枪械设计师纳甘两人的名字命名的手动步枪，在1904年的日俄战争至后来的阿富汗战争皆有出现。

1890年，沙皇俄国开始更换军方装备的大口径伯丹单发枪，但该枪早在俄土战争中就已经显示出太落后，因此有必要推出一种新式步枪。莫辛-纳甘步枪应需而生。

俄国陆军上校莫辛出生于1849年5月5日，12岁时进入一家军事学院并在那里参了军，在1867年他进入莫斯科军事中学，在1870年离开军事中学时，他为了能够调去炮兵部门而转入开依洛夫斯科伊炮兵学院。他在1875年毕业后被调到图拉兵工厂。莫辛当上武器设计师后的第一个工作就是对伯丹II步枪的改进，莫辛-纳甘步枪算是他的第二个设计，虽然定型的莫辛-纳甘步枪并没有完全采用他的设计。

莫辛是在1883年开始连发步枪的设计工作。他在1884年和1885年分别提供了几种内置弹仓供弹的步枪设计给负责招标的委员会，最初的设计是10.6毫米口径。但莫辛的努力成果没有受到俄国军队的重视。

在1886年法国采用8毫米口径M1886勒贝尔步枪后，在世界各国引起了一场使用无烟

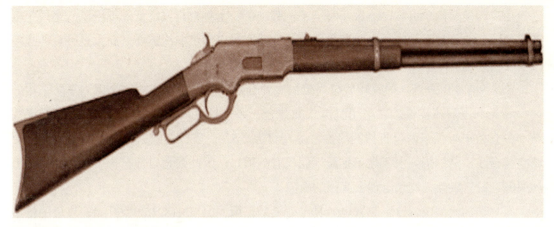

★法国8毫米口径的M1886勒贝尔步枪

发射药小口径枪弹（相对之前的弹药）的轻武器军备变革，在1887年至1889年间，大多数欧洲国家的军队都采用了类似的武器，俄国政府也决定采用一种类似的新型连发步枪，代替现役的伯丹步枪（类似于英国马蒂尼·享利步枪的黑火药枪弹单发后装枪）。为此俄国政府组织了一个委员会，从现有的毛瑟、勒贝尔、李·梅特福、曼利夏、施密特·鲁宾和克拉格·约根森等设计中进行选择。莫辛也接受委托设计了一种5发单排弹仓的7.62毫米口径步枪参与招标。

由于测试中出现分歧，俄国军队偏爱纳甘的设计，原本对纳甘的设计有利。但政府对莫辛的步枪很感兴趣。由于政府和军队互不相让，最后委员会用了折中的方法：把这两种设计合并在一种步枪上，结果是把纳甘兄弟设计的供弹系统装在莫辛设计的步枪上，因此这种步枪系列被统一称为莫辛-纳甘步枪。

◎ 简单可靠：莫辛-纳甘步枪发出清脆的枪声

★ 莫辛-纳甘M1891步兵步枪性能参数 ★	
口径：7.62毫米	枪管长：800毫米
枪全长：1308毫米	空枪重：4.22千克
带刺刀全长：1738毫米	枪口初速：615米/秒

莫辛-纳甘步枪的枪托通常用桦木制造，是世界上最早的无烟发射药军用步枪之一，枪声清脆，有如水珠溅落，因此又得名"水连珠"。莫辛-纳甘系列步枪与毛瑟步枪系列、李-恩菲尔德步枪系列等其他同时代同类军用步枪相比，其枪机设计显得较为复杂，它的设计粗糙而且过时，整体的操作感觉也比这些步枪笨拙。但莫辛-纳甘步枪的优点是

易于生产和使用简单可靠——这相对于工业基础低、士兵教育程度低的苏俄军队来说是极其重要的，尤其是恶劣的战争时期必须提高武器产量以满足前线需要，而大量补充的战斗人员往往训练时间不足。

莫辛-纳甘步枪是一种旋转后拉式枪机、弹仓式供弹的手动步枪，是俄国军队采用的第一种无烟发射药步枪。它采用整体式的弹仓，通过机匣顶部的抛壳口单发或用弹夹装填。弹仓位于枪托下的扳机护圈前方，弹仓容弹量5发，有铰链式底盖，可打开底盖以便清空弹仓或清洁维护。由于是单排设计而没有抱弹口，因此弹仓口部有一个隔断面器，上膛时隔开第二发弹，避免出现上双弹的故障。

在早期的枪型中，这个装置也兼具抛壳挺的作用，但自M1891/30型开始，以后的枪型都增加了一个独立的抛壳挺。枪膛内有4条右旋转膛线。当枪机闭锁时，回转式枪机前面的两个闭锁凸榫呈水平状态。步枪是击针式击发，击针在打开枪机的过程中进入待发状态。手动保险装置是在枪机尾部凸出的一个"小帽"，向后拉时会锁住击针，而向前推时会解脱保险状态，操作时不太方便而且费力。水平伸出的拉机柄力臂较短，因此操作时需要花较大的力气，而且比起下弯式拉机柄在携行方面时较不方便，而下弯式拉机柄只有狙击型才有。从步枪上分解出枪机时不需要专门工具，只要拉开枪机，然后扣下扳机就能取出枪机。在没有工具的条件下还可以进一步分解其他几个主要部件。早期的棱形刺刀的截面为矩形，后改为一字螺丝起子形，并在分解步枪时充当分解工具。早期的刺刀是可拆卸的四棱刺刀通过用管状插座套在枪口上，后期为不可卸的折叠式，而且刺刀座兼做准星座。

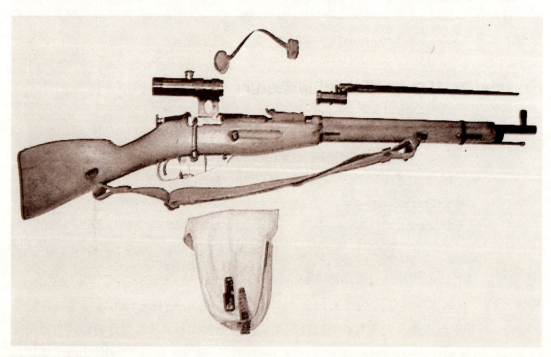

★结构精致的莫辛-纳甘M1891步枪

　　随着1955年AK-47突击步枪的服役，莫辛-纳甘步枪才从苏联军队中退役。中国在1953年仿制了41/43式步骑枪，命名为1953式步枪，一直到80年代有些民兵部队还在使用。值得一提的是M1908式7.62毫米口径步枪弹直到现在还在使用，如果不出意外的话，M1908式步枪弹还将服役十几年甚至几十年。

◎ 走南闯北："水连珠"成为王牌武器

　　1904年，日俄战争爆发，刚出世的莫辛-纳甘步枪便参加了这场战斗。接着"一战"爆发，它就成了俄国的主要武器。

　　在中国，莫辛-纳甘步枪又叫"水连珠"。1900年的义和团时期，当时俄国派出20万大军占领了中国东北，中国国内外志士纷纷抗俄，在日本的留学生也组织了抗俄义勇军。然后1904年在中国东北爆发的日俄战争，是中国人大范围接触这种步枪的开始。这场战争的规模很大，俄军出动了近百万人，不管是旅顺口、沙河还是规模最大的奉天会战，都有大量的枪支遗失在战场上，中国人捡到的"水连珠"不能算少了。

　　1917年俄国发生革命，大量的俄国人跑到中国，数量极大，张宗昌都组建了1万多人的白俄骑兵军，这些人带来了两件重要武器，一个是毛瑟手枪（之前中国很少用这种手枪），也就是"盒子炮"，一个就是"水连珠"步枪。这些俄国人中的少数在中国留下来，大多数都转往欧美，而且美国居多。当时，从俄国跑出来的人很

★二战期间士兵所使用的"水连珠"步枪

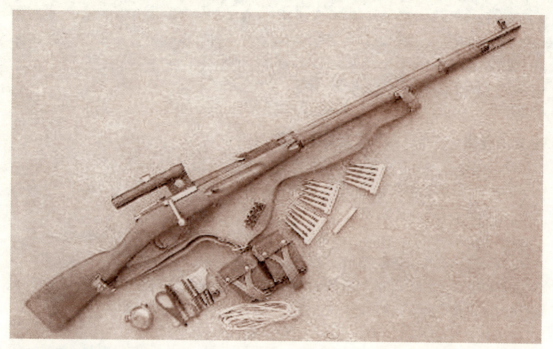

★ "水连珠"步枪以及配套装备

多都是贵族跟精英知识分子，其中不乏以后的诺贝尔奖得主，这是俄国人才的一次很重要的流失。

1924年广东的孙中山跟苏联代表越飞签订了《孙越协定》，苏联支持广东政府，随即运来大量枪支弹药，包括黄埔军校的全部武器都是苏联运来的，其中就包括大量的"水连珠"步枪。同时，在中国北方，退出北京的冯玉祥到苏联考察，斯大林决定也大力援助冯玉祥的国民军，随后苏联军火（可以装备10万人）从蒙古运到五原，经过苏械装备的冯玉祥国民军重新在五原誓师，参加北伐，这些苏械中，"水连珠"也有不少。

以后的"水连珠"大批进入是在抗战前期，1939年根据中苏军火订货，中国订购了5万支步枪，国民党军连同其他订购的苏联装备，装备了20个苏械师，其中就有第74军。所以说抗战前期，中国因各种原因存留的"水连珠"，数量不少，范围也很广：从东北到西南，中南，华北，西北，几乎哪个地方都有。新疆的盛世才更是全部苏联装备，青宁的马家军跟盛世才激战多次，缴获的"水连珠"也不能算少了。

莫辛-纳甘步枪型号较多，但使用的国家也比较多。除了中国外，芬兰、匈牙利、波兰、朝鲜和其他一些国家都使用过，而且在很多次战争中都有它的身影，在20世纪上半叶，几乎每一场战争中都能看得到它或者它的衍生品。

德国在"一战"期间缴获了大量莫辛-纳甘步枪，他们把这批步枪改装为8毫米毛瑟口径（7.92×57毫米）、配德国制毛瑟剑式刺刀，并装备二线部队及海军。德意志国防军在二战期间缴获了大量莫辛-纳甘步枪，部分卖给了芬兰作为卫兵用武器。土耳其与奥匈帝国及德国相同，土耳其在"一战"期间缴获大量莫辛-纳甘步枪，当中大部分在俄国内战后送交德国作为军事援助，土耳其亦有在希腊土耳其战争中用于对抗希腊军队。

更值得一提的是，它是俄国军队和苏联红军的制式武器，服役期长达60年。在巴尔干战争、一战、二战及冷战中，东欧地区如保加利亚、捷克斯洛伐克、爱沙尼亚、匈牙利、波兰、罗马尼亚、塞尔维亚等都有采用莫辛-纳甘步枪。

可以说，莫辛-纳甘步枪是20世纪一个时代的战争符号。

纳粹的屠刀
——毛瑟98步枪

◎ 屠刀出鞘：改造出的一代"宗师"

1935年，一种在原毛瑟卡尔98步枪基础上缩短了枪管的毛瑟步枪——毛瑟98K被德国国防军采用，这也是德国国防军使用的最后一种毛瑟步枪。

"98K"的意思是毛瑟1898式短步枪，K是"Kurz"，也就是德文"短"的意思。因此，它的长度要比德军在第一次世界大战中使用的毛瑟98式步枪短。

第一次世界大战结束后，凡尔赛条约严格限制了德国军用武器的研制和生产，但是德国人在1920年以后就秘密地发展军用武器，毛瑟98K就是那个时候开始研制的。

1898年，毛瑟7.92毫米口径1898式步枪成为德国陆军制式步枪，德国陆军命名为GeweHr98（简称：Gew.98）。从此开始了98系列毛瑟步枪在近50年的时间里作为德军的制

★战争中遗留下来的毛瑟98K式步枪

★二战期间德国产量最多的轻武器之一——毛瑟98K式步枪

式装备的历史。在第一次和第二次世界大战中被配发给大部分德国步兵，在两次大战中证明了它的高可靠性，是枪械历史上的经典之作。世界各国仿造的更是不计其数，大部分手动步枪几乎都是根据它的闭锁机构设计改进而来。

在两次世界大战期间，Gew.98步枪进行了多次改进，包括在比利时、捷克斯洛伐克斯洛伐克等国家特许生产长度缩短的多种变型枪。1924年，毛瑟公司推出了一种标准型毛瑟步枪，在Gew.98步枪的基础上将枪管缩短为600毫米，枪全长由Gew.98的1.25米缩短为1.11米，采用新的瞄准具，事实上这种标准型步枪采购数量有限，鲜为人知。中国在20世纪30年代采购了一批该型步枪，并进行仿造，称为"中正式步枪"。后来，在Gew.98步枪的改进型毛瑟98b（98b虽被称为卡宾枪，但长度与Gew.98步枪相同）的基础上，改进的标准型毛瑟步枪被德国邮政部、海关、铁路局等准军事组织采用。这种改进的标准型毛瑟步枪与后来定型的毛瑟98K式步枪基本相同。

20世纪30年代，纳粹德国重整军备，在毛瑟98b的基础上结合标准型毛瑟步枪经过改进的步枪被命名为Karabiner 98K（简称：Kar98K或者98K），被德国国防军选作为制式步枪，于1935年正式投产。

毛瑟98K是第二次世界大战时期纳粹德国军队装备的制式步枪。从1935年开始服役，直到二战结束前都是纳粹德军的制式步枪。毛瑟98K成为二战期间产量最多的轻武器之一。

可以说，毛瑟98K步枪是手动步枪发展的一个极致，大多数现代手动步枪都以毛瑟步枪为蓝本，但已经没有改进的余地。由此说来，毛瑟98K步枪称得上是世界枪械史上的一个里程碑。

⊘ 威力巨大：毛瑟家族的经典

★ 毛瑟98K式步枪性能参数 ★

口径：7.92毫米	有效射程：800米
枪全长：1107毫米	弹药：7.92×57毫米步枪弹
枪管长：600毫米	枪机：旋转后拉式
枪重：3.9千克	瞄准具：弧形表尺，V形缺口式照门
射速：约15发/分	容弹量：5发
枪口初速：755米/秒	

　　毛瑟98K步枪有一个与枪身整体化的木制枪托。胡桃木的材质，加上其经典的外形，使得整支枪成为一件伟大的艺术品。

　　毛瑟98K步枪继承了98系列毛瑟步枪经典的毛瑟式旋转后拉枪机，枪机尾部是保险装置。子弹呈双排交错排列的内置式弹仓，使用5发弹夹装填子弹，子弹通过机匣上方压入弹仓，也可以单发装填。采用了下弯式的拉机柄，便于携行和安装瞄准镜，采用弧形表尺，"V"形缺口式照门，倒"V"形准星，准星带有圆形护罩。毛瑟98K步枪成为纳粹德国军队在第二次世界大战期间使用最广泛的步枪，是一种可靠而精准的步枪，被认为是第二次世界大战中最好的旋转后拉式枪机步枪之一。

　　毛瑟98K步枪射击精度高，经加装4倍、6倍光学瞄准镜后，作为一种优秀的狙击步枪投入使用。共生产了近13万支毛瑟98K狙击步枪装备部队，还有相当多的精度较好的毛瑟98K步枪被挑选出来改造成狙击步枪。毛瑟98K步枪还可以加装榴弹发射装置发射枪榴弹。多功能性是毛瑟98K步枪服役如此之广泛的原因之一。

★毛瑟98K式步枪及配套装备

🚫 德国王牌：毛瑟98式步枪大战莫辛-纳甘步枪

毛瑟98式步枪是德国在一战、二战期间最主要的单兵装备，其火力让人望而生畏。毛瑟98式步枪1898年成为德国陆军的制式装备，这以后，毛瑟98式步枪装备了德军达半个世纪之久。1914年一战爆发，毛瑟98式步枪成为德军的标准装备，在这期间装备的毛瑟枪有很大数量是98a型。

就像当年每个苏联红军士兵都想拥有一把莫辛-纳甘步枪一样，拥有一把毛瑟98式步枪也是德军士兵的梦想。一战期间，有些德军士兵在战壕里睡得香甜，因为他们心里有底，毛瑟98式步枪给他们足够的信心，他们经常称赞他们的98式步枪十分精准，整个98式步枪系列都靠一种简单的运作来保证其精确性。

二战开始时，参战的德国国防军就已经使用了2 769 533支毛瑟98K步枪。此后直到战争结束，又有7 540 085支交付军队（包括了12万支狙击型步枪）。

在为德国国防军效力的日子中，毛瑟98式步枪的表现十分之好，因此被大量生产和装备。平均每支步枪需要70德国马克，而平均一分钟就有十五次射击。在它生产的十年之中经历了数次改进。众多的改进目的在于缩减制造成本。但是因为原料不足，时间紧迫以及技术缺乏，随着战争的进行，这种堪称艺术品的步枪在制作工艺上越来越简陋。1944年之后生产的毛瑟步枪都成了"缩水版"，质量每况愈下。例如，昂贵的木制枪托以及其他木料部分被非常薄的木头代替，枪托底部改为罩杯式冲压组件，前护箍由切削件改为点焊，弹仓底部及护弓也改成了钢制冲压件。而在第三帝国垮台前夕生产的一些Kar98K步枪甚至连刺刀座都省略了。

尽管它性能与战绩都十分优异，但是很快人们发现主要的问题在于其射速太低。战争初期，面对波兰及其他欧洲国家微弱的抵抗，毛瑟步枪的射速已经足以应付。加之战术使用得当，更是显得绰绰有余。即使面对苏联军队，由于当时苏军使用的莫辛-纳甘步枪也是手动发射，毛瑟步枪也是不吃亏。但是战局在发展，同盟国凭借其强大的经济与技术实力不断更新军事装备。苏军很快将

★二战期间德军士兵手中的莫辛-纳甘步枪

SVT40半自动步枪投入使用。德军往往在火力上吃亏。特别是面对美军，与之进行的狙击战中，使用毛瑟98K步枪的德军士兵在射击完成后必须手动上弹，拉动枪栓发出的声音在寂静的林中格外清晰。美军士兵很容易就能确定德军士兵的位置，从而给他们致命的打击。而美军使用M1步枪不用手动上弹，这样德军就吃了大亏。

毛瑟98K步枪自1934年开始就作为标准产品进行有限生产，在二战期间更是以惊人的数量被投放到战场，一直生产到1945年德国法西斯战败。

毛瑟枪的中国版："中正式"步枪成为抗倭利器

一个优秀武器诞生后，势必会影响很多武器，甚至会被模仿或仿制，但这恰恰从另一个层面说明这种武器的优秀，毛瑟98式步枪亦是如此。毛瑟98式步枪是中国"中正式"步枪的原型，可以这么说，"中正式"步枪就是中国版的毛瑟步枪。

中国的清朝末年，大臣张之洞主张师夷长技以制夷，清朝兵工厂开始不断地引进、仿制毛瑟系列步枪。20世纪30年代，中国实现了在分裂近二十年以后的政治统一，军队开始尝试统一制式武器。当时国民政府在德国顾问的帮助下，开始军事整编计划。在1932年，国民政府军事委员会召开全国制式武器会议，决定以德国1924式毛瑟步枪及其所使用的弹药为原型进行仿制，选用该步枪作为中国军队的制式步枪。

1934年时，财政部向德国毛瑟厂订购了一万支1924式毛瑟步枪装备武装税警总团（著名的新编第三十八师的前身），并得到该厂提供的图纸技术资料，由巩县兵工厂负责筹备制造1924式步枪。1935年由巩县兵工厂最早生产，从1935年初就开始小量试产，因造于民国二十四年原定名称为"二四式"。1935年8月国民政府将新枪定名为"中正式"步骑枪，得名于当时的

★"中正式"步骑枪是中国版的毛瑟步枪

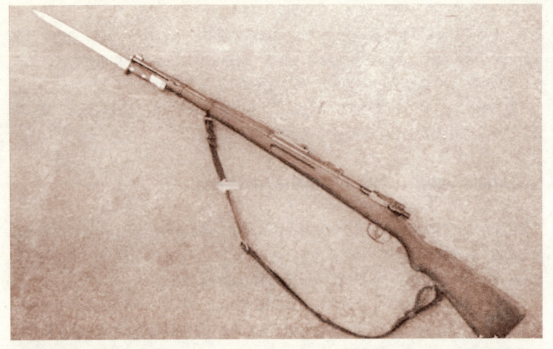

★装备了刺刀的"中正式"步枪

国民党政府最高领导人蒋介石。1935年10月，该枪正式开始大量生产。"中正式"步枪使用7.92×57毫米毛瑟枪弹，比日本三八式步枪使用的6.5×50毫米步枪弹威力明显要大。

"中正式"采用的刺刀与毛瑟式步枪不同，因"中正式"枪身较短，为了与枪身较长的三八式步枪在格斗时相抗衡，其刺刀较长，仅刀身部分就比1924式毛瑟步枪的刺刀的全长还长，刺刀与枪管的连接也更为牢固。现存的某些早期生产的枪采用了二段式的枪托，但没有接榫，只是用胶粘住，然后在枪托底板再用螺丝锁住。这种做法是日本人发明的，据说原因是节省木料，而且增加枪托底部的强度，但是时日一久，接合处必定裂开。

1937年抗日战争爆发后，巩县兵工厂奉命将全部机器拆卸运往湖北汉阳。1939年，改名为第十一厂的巩县兵工厂将枪厂交给已改名为第一兵工厂的汉阳兵工厂，从此第一厂开始生产"中正式"步枪，其实还是巩县兵工厂的原班人马。1940年，内迁重庆的第二十一厂（金陵兵工厂）开始筹备生产"中正式"步枪，对"中正式"步枪制造工艺进行了改造，于1943年开始批量生产。

"中正式"步枪是近代中国军队武器制式化的一次成功的尝试。1937年兵工署参照了德国工业准则，制定了《中正式步枪应用材料之规范》，统一规定了枪件名称、材料名称、各组件的机械性能。到了1943年，第一厂、第二十一厂、第四十一厂三个生产步枪的工厂，都采用同样的图纸、同样的检测标准。"中正式"步枪是近代中国不断尝试将步枪制式化第一次得到的一些成就。当然，很重要的一个因素是军队国家化，随着中央军的建立，慢慢地有了些成果。由于当时中国工业基础过于薄弱，国内的制造工艺差，除了汉阳兵工厂和金陵兵工厂生产的"中正式"步枪质量相当不错以外，其他兵工厂生产的"中正式"步枪质量差别很大，有一些粗制滥造的该枪在实战中有效射程只能够打300~400米。

中正式步枪是抗日战争期间民国政府军装备的制式武器。从抗日战争期间到1949年，中国一共生产了60万~70万支中正式步枪，其中第二十一厂共生产40余万支。由于日军的进攻，各地兵工厂一再搬迁，也影响了中正式步枪的产量。抗日战争结束以后开始逐渐被美式步枪所取代。直到1950年~1960年间，中国的大陆与台湾还装备大量中正式步枪，主要用于民兵训练。

拯救大兵瑞恩所用的枪
——M1903式斯普林菲尔德步枪

◎ 斯普林菲尔德步枪出世：M1903式步枪成为主力军

M1903式步枪，1903年被美国军队采用，直到1936年，它一直是美军标准配置的步枪。二战期间，仍有许多军队在使用。

M1903式步枪，因其生产厂商斯普林菲尔德兵工厂而得名斯普林菲尔德步枪（也有译成春田步枪）。它是一种手动枪机弹仓式步枪，1903年命名作为美军制式步枪，是美国在第一次世界大战中的制式装备。

1898年美西战争期间，西班牙士兵使用毛瑟步枪。西班牙军队使用的7毫米口径毛瑟枪给美国人留下深刻印象，于是美国斯普林菲尔德兵工厂在毛瑟1888步枪的基础上改良制造出自己的斯普林菲尔德步枪。M1903式步枪是斯普林菲尔德兵工厂研制的，在德国毛瑟兵工厂的特许下生产。这种枪于1903年正式列装部队，并被赋予军队编号M1903。

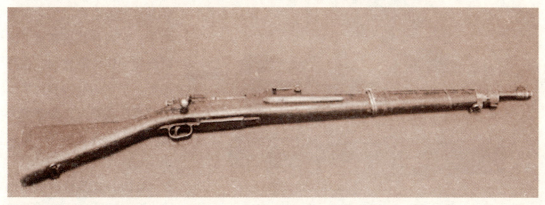

★二战中遗留下来的M1903式步枪

第一次世界大战期间，当美国参战时，美军装备的M1903式步枪数量不足，美国将同样仿自德国毛瑟式步枪枪机的一种恩菲尔德步枪P-14命名为M1917式步枪用来补充短缺，甚至在前线美国军队使用的M1917式比M1903式还多。战争结束后，M1917式步枪撤装，美军只保留了M1903式步枪作为制式步枪。

⊘ 堪比毛瑟：恶劣环境中可靠的精度

★ M1903式步枪性能参数 ★

口径：7.62毫米		枪口初速：813米/秒	
枪全长：1097毫米		有效射程：2000米	
枪管长：610毫米		弹药：7.62毫米 × 63毫米步枪弹	
空枪重：3.94千克		容弹量：5发	

M1903式步枪的旋转后拉式枪机仿自德意志帝国98系列毛瑟步枪，可以认为是毛瑟步枪的变型枪。

外观上，M1903式步枪整枪长度比98式毛瑟步枪短，枪管长度缩短为610毫米，拉机柄向下弯曲。由容量5发子弹的弹仓供弹，用5发分离式弹夹装弹，也可直接往弹仓里填装子弹。M1903式步枪最初发射7.62毫米弹药，1906年改为配用的M1906式步枪弹是在毛瑟式无底缘弹的基础上改进的，成为美国军队以后50年间的标准步枪弹药。M1903式步枪加工工艺堪称精良，在各种恶劣环境下，精度和动作可靠性均能保持良好。早期的M1903式步枪还配有杆式刺刀，在中等力度的撞击下容易损坏，后改用了匕首式刺刀。

M1903式步枪的单发供弹装置位于机匣左侧面，操

★M1903式步枪结构图

作块两侧分别有"ON"、"OFF"的标志，操作块向上扳，露出"ON"时为通常使用状态。操作块置于中间位置时为枪机解脱状态，可沿后方卸下枪机，往弹仓装弹。操作块向下扳，露出"OFF"时为弹仓供弹截断状态。此时，枪机只能后退约12.7毫米，弹仓托弹板未到达枪机前面。在此状态下，每打一发须重新供弹，以此保存弹仓内的枪弹。当与敌人遭遇时，射手将操作块置于上方"ON"位置，就得以实现快速射击。该枪也可用弹夹装填，每个弹夹装5发弹，弹夹由弹带携带。M1903式步枪的扳机使用典型的两道火扳机，扳机力约22.6牛，大小适中。

M1903式斯普林菲尔德步枪总共生产了15万支，还曾援助过中国抗战。该枪大放异彩的瞬间发生在"一战"最后的岁月。

1938年，取代M1903式步枪的M1式加兰德步枪产量不足，M1903式步枪仍然是美国军队的主要步兵武器，剩余的M1903式斯普林菲尔德步枪被赋予了新的使命，包括狙击步枪，称为斯普林菲尔德狙击步枪。该枪加装光学瞄准镜，为不妨碍瞄准镜的使用拆除了机械瞄具。M1903式步枪成为美军制式装备100年后，它还在美国军队中少量服役。其枪身金属处理，配白色背带，供训练与检阅使用。

🚫 经典战例：约克单枪匹马大放异彩

M1903式步枪是因为一个人叫约克的人而声名鹊起。

第一次世界大战期间，美军第82步兵师的约克中士——来自田纳西的猎手，使该枪大放异彩。1918年10月8日，他所属的部队遭到德军阻击。约克使用一支M1903式步枪进行射击，总共射击了20发子弹，击毙了21名敌人。敌人被约克吓到，迅速投降，约克俘虏了132名德国兵，成为一名传奇的战斗英雄。

当时约克属于第328步兵团，在马斯河的阿尔贡地区被德军机枪的火力所压制。17名士兵被派遣到机枪的侧翼进行侦察，负责指挥的是约克的好朋友兼上司伯纳德·厄尔利（Bernard Early）军士。

这支17人的巡逻队由于看错了地图而走错了路，碰巧的是德军的战线上居然有

★二战期间美国士兵手中的M1903式步枪

个薄弱部位，被他们正好绕了过去进入到敌人的战线后面，结果他们看到一名德国军官和一些德军士兵在吃早餐。这些德国人认为他们已被包围了，便迅速投降。然而当厄尔利军士打算押解俘虏回自己阵地时，另一边机枪阵地上的德国人一边用德语呼唤自己人趴下，一边用猛烈的机枪火力横扫了这支巡逻队，当场射倒9人，包括伯纳德·厄尔利也被17发子弹打成重伤，他临死前委托阿尔文·约克中士指挥这支巡逻队。

约克看到德军机枪的位置大约有30码远。能清楚看到戴着"煤桶"钢盔的敌人，于是他用他的M1903步枪开火了。在约克看不到的地方，另一些德国兵利用地形掩护向前推进，接近到约克的位置。当他们跳出来扑向约克的时候，迎接他们的是意想不到的持续枪声。

约克继续射击和前进，在他的鼓舞下，另外几个同伴也起来战斗。此役后，约克被提升为军士并获得国会荣誉勋章。

传说中的"三八大盖"
——三八式步枪

🚫 三八大盖：气候促使名枪诞生

三八式步枪，在中国俗称"三八大盖"，是一种手动枪机步枪，是因其枪机上有一个拱形防尘盖犹如盖子般而得名。防尘盖在开栓抛壳和推弹关栓时，能随枪机一起后退或前进，起到防尘作用。

三八式步枪是在日本有坂成章大佐领导下，在东京小石川的炮兵工厂，由南部麒次郎设计完成。其设计改良自毛瑟步枪，但是其枪栓及节套均大为简化。其正式名称为"三十八年式步兵铳"。

日本明治二十二年（公元1889年）以后，随着工业技术的进步和无烟火药的广泛运用，为枪械的生产创造

★博物馆中陈列的三八式步枪

了更为有利的条件，使步枪技术的进步成为可能。这个时期，东京炮兵工厂在一个名叫有坂成章的日军大佐主持之下，对当时一些7毫米、6.5毫米、6毫米口径的步枪进行了分析研究。鉴于欧美各国普遍认为在当时盛行的"阵地战"中，步枪以使用口径较小、初速较高的枪弹最为有利，同时又受到当时较为优良的M1888毛瑟步枪的影响，最终确定日本第一代制式步枪口径折中采用6.5毫米，并决定该枪采用回转闭锁后拉式枪机及5发固定弹仓，于是诞生了日本明治三十年式6.5毫米步枪。

该型步枪的一个显著标志，是为了便于操作保险装置，在枪机机尾后端设有一个钩状部件，因此在中国照例地被冠以一个形象的俗名——"金钩步枪"。

由于三十年式步枪具有现代步枪的各种特征，比以往日军中各种杂牌步枪都要轻巧灵便，特别是还按照统一制式，同时设计制造和配装了三十年式刺刀，因此很快取代了日本军队中各种杂式步枪，并作为日军一线部队标准的单兵武器，投入了日俄战争。经过日俄战争的检验，日本立即根据三十年式步枪在实际作战中暴露出来的问题，制订了一个旨在全面提高步枪的战斗使用可靠性、分解结合简便性以及生产制造简易性的一系列改进计划。其中，在提高步枪战斗使用可靠性这一方面，还特别针对"满洲"自然环境气候特点，要求改进后的步枪必须确保在中国北部黄沙和严寒条件下使用不出故障，并由南部麒次郎——"王八盒子"（日本十四年式手枪）和"歪把子"（日本十一年式轻机枪）的设计者来主持设计。于是，就有了"三八大盖"。

🚫 性能一流：弹速高、射程远是其最大特点

★ 三八式步枪性能参数 ★

口径：6.5毫米	**弹头初速**：765米/秒
枪全长：1280毫米	**有效射程**：460米
枪管长：797毫米	**弹药**：6.5×50毫米步枪弹
枪重：3.95千克	**容弹量**：5发

"三八大盖"的最大特点就是射程远、射击比较准，这两大特点让中国军队吃尽了苦头。

"三八大盖"全枪由枪管、瞄具、枪机、机匣、弹仓、枪托、枪刺等七大部分组成。该枪全面秉承和实现了日本军方"可靠、便捷、简易"的宗旨，充分集中和发挥了当时日本机械工业的先进技术成果，可以说是第一次世界大战以来、第二次世界大战期间的一支加工制造品质相当精良且战斗使用性能相当优良的步枪。

★6.5毫米口径的三八式步枪

三八式步枪结构简单，采用改进的毛瑟步枪的毛瑟式旋转后拉式枪机，枪机回转式闭锁机构，发射6.5毫米口径枪弹，射击时后坐力小、易于控制，具有高可靠性和高准确度。但是6.5×50毫米枪弹杀伤威力不足，弹头飞行稳定，虽然侵彻效果好，但是高稳定特性，使得杀伤力反而不高。

三八式步枪的枪身较长，三八式马枪是三八式步枪中短枪管的型号。在日本，它也被称为三十八年式骑铳（卡宾枪）。它不仅用于骑兵，也同样用于工兵，后勤部队和其他非前线部队。三八式马枪是同时投入军队使用的，它的枪管缩短为487毫米，枪全长966毫米，重量3.3千克。

后经改进的枪，继承了原有步枪的特点，那就是弹丸初速高、瞄准基线长、枪身长。这样的特点使三八式步枪射程远，打得准，也适合白刃战，不但日军喜欢用，中国军队缴获后也喜欢用，战前还从日本进口过一批。但是它也有缺点，因为弹丸初速高、质量好，因此命中之后往往易于贯通，创口光滑，一打两个眼，对周边组织破坏不大，在杀伤力上不如中国的中正式步枪。

白刃战中，这个缺点更为突出，因为白刃战中双方人员往往互相重叠，使用三八式步枪，贯通（子弹打穿敌人的身体）后经常杀伤自己人。而且，由于贯通后弹丸速度降低，二次击中后弹丸会翻滚、变形，造成的创伤更为严重，而仅受贯通伤的对手未必当场失去战斗力，仍然能够反击。

在二战中国战场，因为装备和训练的优势，日军人员损失与中国军队相比，达到1∶4甚至1∶6的水平，而且日军处于人员劣势。因此，使用三八式步枪在肉搏战中开枪射击，会因为误伤造成己方大量非战斗减员，这便是日军士兵在使用此枪进行肉搏战前会退出枪内子弹的主要原因之一。

🚫 勇敌三军："三八大盖"对决盟军步枪

"三八大盖"确实好用，通过战争实践，日军开始大规模装备部队。日军在二战中，分别和中国、苏联、美国，还有东南亚的英国、荷兰、美国等的殖民地军队交过手。其中中国装备最差，殖民地军队比中国稍强，最强的就是后期的苏联和美国。

抗日战争中，装备三八式步枪的日军在和装备汉阳造步枪以及中正式步枪的国民党军队的交手中，颇占优势。这和日军的战术有关系。由于双方军力的巨大差异，日军抗战前6年派往中国和国军交手的都是国内受过严格训练的一流部队，装备精良。而和国军作战多以阵地争夺战为主，日军在阵地战中，首先以重炮或者空中优势摧毁国军的工事和重武器、大量杀害中国士兵以后，再用步兵进攻。

★八路军战士在抗战中缴获的三八式步枪

当时日军手中的三八式，加工非常精良，加上日军素以武士道精神训练部队。而武士道精神其中一条就是注重个人的苦练，最大程度地提高自身的技能，所以日军射击技术普遍都很不错。武士道精神还强调精确和勇敢，所以日军很喜欢这种可以精确射击，同时还可以在近战拼刺中占优的步枪。在实战中，日军一般可以在600～800米距离准确杀伤对手。

而国民党军手中的步枪不但五花八门，而且各地兵工厂选材和制造工艺差别巨大，相当一部分步枪都是粗制滥造的产物。"汉阳造"就不提了，就算是最好的中正式，虽然有效射程是600米，但是实际上由于加工技术不到位（战时制造的就更差了），加工材料较次，一般能打个400~500米就不错了。至于地方军阀，如川军、黔军装备的自制步枪，都是接近垃圾一样的劣质货，连缺乏武器的"红军"缴获以后，都将其烧毁，不屑使用，更别说打日本了。

所以在阵地对抗中，中国士兵往往被日军在自己步枪的射程外杀伤。而在近战中，日军三八式的刺刀长度又超过国民党军中正式，所谓一寸长一寸强，肉搏战中一寸都是致命的，它造成国民党军拼刺的劣势。另外，国民党军士兵中基本都是农民，还有很多是抓壮丁的产物，虽然抗日热情很高，但是战斗素质是没法和日军士兵相比的。

国民党军老兵回忆录上写，他第一次打仗的时候，由于害怕，蹲在战壕里，用双手举着步枪朝外面胡乱打，被班长打了一个耳光，喝令他站起来打。而这类的新兵国民党军中是很多的。这也是为什么抗战前两年，中国士兵伤亡极多的原因之一。

到了抗战中期，由于国民党军逐步摸清楚了日军的战术，伤亡就少得多了。在后期，全美式装备的中国远征军面对日军已经有绝对的火力优势，他们经常用手中的汤姆逊冲锋枪成片地扫倒冲锋来的日军，在缅北的战斗中他们战无不胜，横扫了日军两个精锐丛林野战师团，全歼了他们，解放了缅北和滇西。

在和殖民地军队的交手中，三八式对付这些二流部队的杂牌步枪，还是很占优势的。在香港和马来半岛，英军与日军作战多是以惨败收场，除了拼凑的印度兵和马来兵战斗力极差，一触而溃以外，英军自己的英国士兵的战斗素质也是让人不敢恭维。在和日军作战中，火力、战术、战斗意志都是完全处于下风。在缅甸的战斗中，英军虽然有数量和装备的优势，居然还被一股数量不多的日军围困，最终由孙立人将军带领的中国军队将他们救出。三八式在和英国引以为豪的李—恩菲尔德步枪的交火中，丝毫不落下风，在马来西亚和新加坡的战斗中杀伤了大量英国士兵，一直把英军打到狼狈不堪地逃回了印度。

在于菲律宾的美军交手时就不同了。虽然这支美军殖民地士兵也是国内二流水平，装备和人员都很差劲，且没有外援，但是日军的三八式在和美军当时只有很少装备的M1加兰德的交手中，明显占了下风。实战中，往往两支M1就可以压制住日军一个步兵班十多人。M1八发铿锵有力的射击声曾经是日军的噩梦。不过由于实力相差太远，菲律宾的美军还是完败了。

★装备了刺刀的美国M1式加德兰步枪

日军在蒙古东北和苏军、在太平洋和美军一流陆战部队的交手中就完全不同了。日军和苏联在张鼓峰、哈桑湖的交战中，日军士兵和苏联士兵主要都是以传统的步兵作战（虽然也动用了坦克，但是总体以步兵作战为主），结果日军士兵凭借出色的个人战斗素质，虽然在这些战斗中失败，但是仍然重创了人海战术的苏军，

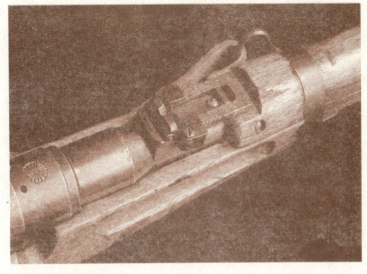

★三八式步枪的枪膛

造成其数倍的伤亡。还使得关东军得出苏军战斗力低于关东军的错误观点，这些观点在之后让日军吃了大亏。三八式在战斗中也突出体现了射击的精确性，很多苏军士兵都是头部中弹，当场死亡。

但是在之后的外蒙古的交手就完全不同了，当时日军的总体战术仍然是和张鼓峰期间差不多，以步兵为主的老式战略。而苏联已经出现了新的战略，以装甲为核心的现代战术。在外蒙古的战斗中，虽然日军兵力和作战力都占有很大优势，但是对手是苏联的轻型装甲部队，日军的三八式步枪和闪亮的刺刀对付苏联的装甲车简单是笑料。挥舞着刺刀集团冲锋的日军士兵，被苏军装甲车轻松地一排排扫倒。最终日军只能用类似于人体炸弹的方式来对付苏军装甲车。

但是，在少数三八式和苏军的莫辛-纳甘步枪的交手中，双方也基本相当。苏军最后围困了日军主力，但是也不能迅速吃掉他，日军三八式步枪也起了不小的作用。

在和美军在太平洋的交手中，除了少数拿三八式的狙击手，日军的"三八大盖"在和美军的M1对战中都是占绝对劣势。美军的M1各方面性能都高于三八式，其高射速"三八大盖"更是无法比拟。在太平洋群岛的复杂环境中，三八式的射程优势也发挥不了。

在塞班岛和冲绳的激战中，日军用手拉的三八式步枪射击一枪，都要遭到美军步枪至少十枪的还击。日军士兵常常一枪打出就立即被乱枪打成了筛子。至于三八式的近战优势，在装备大量冲锋枪和轻重机枪的美军面前也是自杀行为。后期大批日军作自杀式的冲锋，他们挺着刺刀冲锋到美军阵地前几百米，就被密集的火力打成马蜂窝，一个人也冲不过去。

但是三八式作为狙击枪使用，还是在战斗中起到很大作用的，加上各国狙击手为了保护自己都要不断转移阵地，而日军狙击手往往以自杀的形式，只求消灭更多的敌人，不管

自己的死活。所以手持三八式的日军狙击手经常能在同一个地方隐藏很久，直到被击毙。三八式在狙击中，由于射击精确，大多数是一枪击中敌军头部，威力小的缺点就不存在了，成为了美军的噩梦！

步枪传奇："三八大盖"打飞机

　　历史上，一种武器只能有一种价值，比如说手枪，它只是近射武器；比如步枪，它适合战壕战和巷战，在1000米的距离内有着良好的表现。但用步枪去打飞机，这就可能变成这个武器的传奇了。因为打飞机的武器是高射炮。历史上，"三八大盖"就曾打下过飞机，这足以说明它的火力之强悍了。

　　1943年，宋岭春用"三八大盖"步枪击毙了日军的飞行员，打落了日军的飞机，受到了时任胶东军区司令员许世友的接见。

　　1942年初，宋岭春参加八路军，他打枪很准，多次用步枪狙杀在太阳旗下站岗放哨的日本鬼子。宋岭春当时可算是所在部队小有名气的神枪手，在他参军之前，就经常用家里的猎枪打猎，而且常常弹无虚发。

　　1942年9月，在山东省栖霞县驻扎的八路军是64团的205连。一天早晨，在村边山头放哨的战士突然向村里发出紧急防空信号。当时年仅18岁的战士宋岭春，正拿着饭盆准备去打饭。看到信号他和其他战士一样，迅速放下饭盆，拿上武器，快速向村边的山坡地疏散隐蔽，因为在那儿有许多灌木和沟壑。

　　宋岭春的眼睛一直随着飞机的飞行而转动。突然，宋岭春发现敌机在上空仅有一百多米，地面上稍有风吹草动都将引来狂轰滥炸。看着在一百多米高的上空飞来飞去的敌机，宋岭春不由得看了看自己身边的那支"三八大盖"步枪。

　　宋岭春一边盯着飞机，一边把子弹压进弹仓，准备向飞机进行射击。但就在宋岭春把枪管伸出草丛准备瞄准时，他忽然想到了什么，又慢慢地把已伸出去的枪收了回来。

　　当时，部队有规定，凡是遇到敌机轰炸时，都要作好隐蔽，不能擅自暴露目标，以免给我方带来更大的伤亡。除了规定以外，宋岭春其实心里也没底，自己拿的毕竟是支步枪，用这步枪打

★打下日军飞机的八路军英雄——宋岭春

敌人一点问题没有，但要用它来打飞机，是不是有点异想天开了？但那时的宋岭春对飞机的结构真是一无所知。光知道在天上飞，油箱在哪儿都不知道。飞机依然在宋岭春的眼前转来转去，似乎在有意向他挑衅。窝着火的宋岭春紧紧地盯着这架绕着他飞来飞去的飞机。突然，就在飞机转弯的时候，宋岭春眼睛一亮，因为他清楚地看到了驾驶飞机的飞行员。

看着飞机从他眼前横着飞行过去，他举起步枪快速起身，一边瞄准一边根据飞机的速度盘算着开枪的提前量。就在宋岭春屏住呼吸，准星紧紧咬住飞行员的前方时，没想到敌机突然转弯，径直朝着宋岭春飞了过来。宋岭春急忙调整枪口，直接瞄准飞行员的头部，屏住呼吸，手指轻扣扳机。日军飞机摇晃了两下，立即失控。

用步枪击落敌机的传奇经历，激励着年轻的宋岭春。1943年2月，宋岭春被送到山东抗大分校学习军事技术半年。在学校里，宋岭春非常刻苦地练习每一个科目，尤其是他所喜爱的射击。从击落飞机到1945年，他先后被授予"战斗大功奖"2次、"战斗模范奖"1次。

横扫德日的利器
——M1式加兰德步枪

◇ 加兰德出世：不断改进出来的单兵利器

M1式加兰德步枪因其设计师约翰·坎特厄斯·加兰德而得名，它是美国军队在第二次世界大战期间装备的制式步枪。

美国军队历来重视单兵步枪火力。在第一次世界大战时美国就开始研究自动步枪。当时使用的普通步枪子弹使自动步枪连射时后坐力很大，很难控制精度，而且重量大，携带困难。1925年美国军方提出要研究一种重量轻于4千克的半自动步枪。

1925年，设计师加兰德在斯普林菲尔德兵工厂（也译为春田兵工厂）开始设计半自动步枪（子弹自动装填上膛）。1929年样枪送交阿伯丁试验场参加美国军方新式步枪选型试验，通过对比试验，1932年，加兰德设计的自动装填步枪被选中。其间，美国军械委员会要求更改样枪的口径为7毫米（.276口径），中选后又遭到军方否决，仍然被要求采用7.62毫米口径（.30口径）。经过进一步改进，1936年正式定型命名为"美国.30口径M1式步枪"，简称为M1步枪，一般加上设计师的姓氏而称为"M1式加兰德步枪"。1937年投产，成为美国军队制式装备，用以取代美国陆军的M1903式斯普林菲尔德步枪（手动后拉式枪机）。

M1式加兰德步枪是枪械历史上第一种大量生产进入现役的半自动（自动装填子弹）步枪。

◎ 特色工艺：完美的供弹方式

★ M1式加兰德步枪性能参数 ★

口径： 7.62毫米	**枪口动能：** 3597焦耳
枪全长： 1100毫米	**瞄准工具：** 片状准星，觇孔式照门
枪管长： 610毫米	**弹药：** 7.62×63毫米步枪弹
空枪重： 4.37千克	**枪机：** 导气式，回转闭锁式枪机
有效射程： 730米	**容弹量：** 8发
弹头初速： 865米/秒	

最初的M1步枪采用的导气装置在枪管上并无导气孔而是在枪口装一个套筒式的枪口罩，当弹头被推出膛口时，部分火药燃气通过枪管端面与枪口罩之间的空隙进入活塞筒，推动活塞向后运动。这种导气方式的缺点是活塞筒与枪口罩连接不牢固，刺刀装配不稳，准星移动影响精度。

★M1加兰德步枪系列

1939年，加兰德重新设计了步枪的导气装置，改为在枪管下方开导气孔的导气装置。从1940年秋天开始，所有新生产的M1步枪均采用新的导气装置。之前已经生产且已经装备部队的5万支M1步枪多被改装成新的导气装置。美国士兵不知道，他们所熟悉的M1步枪并不是最初定型的M1步枪。

M1式加兰德步枪采用导气式工作原理，枪机回转式闭锁方式。导气管位于枪管下方。

★二战期间正在手持M1式加兰德步枪进行射击训练的士兵

击锤打击击针使枪弹击发后，部分火药气体由枪管下方靠近末端处一导气孔进入一个小活塞筒内，推动活塞和机框向后运动。枪机上的导向凸起沿机框导槽滑动，机框后坐时带动枪机上的两个闭锁凸榫从机匣的闭锁槽中解脱出来，回转实现解锁，枪机后坐过程中完成抛弹壳动作的同时压倒击锤成待击状态。枪机框尾端撞击机匣后端面，由复进簧驱使开始复进。机框导槽导引枪机上的导向凸起带动枪机转动，直至两个闭锁凸榫进入闭锁位置。复进过程中完成子弹上膛，枪机闭锁。机框继续复进到位，枪又成待击状态。相对于同时代的后拉式枪机步枪（手动装填子弹），M1加兰德步枪的射击速度有了质的提高。在战场上其火力优势可以有效压制手动装填子弹的步枪。

M1步枪供弹方式比较有特色，装双排8发子弹的钢制漏弹夹由机匣上方压入弹仓，最后一发子弹射击完毕时，枪空仓挂机，弹夹会被退夹器自动弹出弹仓，会发出声响，提醒士兵重新装子弹。弹夹有双园开口和单开口两种，双园开口的不论上下都可以装入弹仓，单开口只能开口向上装入弹仓。每发子弹的弹底抵在漏弹夹后壁上，弹壳底部的拉壳沟槽卡入漏夹的内筋中，假如有一发子弹的弹头伸出则其他子弹无法装入，由于弹夹子弹外露，有时子弹不一定对齐双园开口，为了使子弹对齐开口，士兵装弹的时候往往在钢盔上磕几下，才能使之对齐。在子弹打光之前，如果想要再次弹出弹夹，重新装弹是一件很困难的事情。

⊘ 横扫德日：加兰德成为德日士兵的噩梦

20世纪30年代，养尊处优的美国人认为他们的国家是不可能受到攻击的，于是对于装备的更新并不急迫。直到1941年珍珠港事件爆发，多数美军部队装备的还是斯普林菲尔德M1903步枪，

半自动的加兰德M1只换装了1/3。不过驻扎在菲律宾的美军手中的少量M1步枪还是给日军留下了深刻印象。二战中的日军轻武器没有一件算得上好用，在武器设计上都带有岛国因资源贫乏而留下的痕迹。美军的加兰德M1虽然工艺粗糙，但射击既准又远。日本兵手里加工精细的友坂三八式步枪在火力和威力上都远不是加兰德M1步枪的对手。

1942年，M1步枪取代M1903步枪大量装备美军，这使美军成了整个战争中自动武器最普及的军队。大量的自动武器在战斗中很快就体现了巨大的优势。那些一直使用手动枪机步枪的日本兵在战斗中平均射击一次要遭到美军60发子弹的回击。在太平洋植被茂密的岛屿上，往往难以直接看见对方。日军精确射击的战术原则此时已经不起什么作用，而美军只要听见动静，就朝树丛中猛扫。加兰德M1节奏分明的射击声让日军心惊胆战，很多日军还没有看到对手就被撂倒。美军两支加兰德M1的火力相当于日军的一个步兵班，所以美军步兵班常常分成两人一组轮流射击，可以形成连续不断的火力，甚至能够压制日军射击时还要不断涂油的大正十一年式轻机枪。

日军自以为夜战能力出色，喜欢利用黑夜掩护发动夜袭。他们从多个方向靠近敌方，然后同时发动冲锋，使美军旁顾不及。这种战术最初有一定效果。不久美军步兵班采取一种所谓"疯狂时刻"的夜间反击战术，使日军在夜战中饱受自动武器之苦。美军在夜战中只要听见事先约定的"疯狂时刻"的口令或信号，所有人立即隐蔽，然后用所有的武器向站着的或移动的目标同时持续开火。不吸取教训的日军，在战争后期，更加崇尚体现武士道精神的夜间"敢死"冲锋，加上美军开始在M1步枪上试用早期的夜间瞄准装置，使日军在夜战中伤亡人数更是直线上升。

加兰德M1步枪伴随美军转战各地，法国等盟军部队也大量装备加兰德M1。美军还将M1空投到各国反法西斯游击队手中。纳粹军队开始

★二战时期遗留下来的德国G43步枪

尝到了加兰德M1的苦头。由于德军部队装备冲锋枪比例大，使用手枪子弹的冲锋枪需要接近到100米以内才能形成有效的压制。对于自动武器装备数量庞大的美军，德军要接近到那种距离是非常艰难的，因为德军的步兵机枪手常常被加兰德M1准确的远距离密集火力杀伤，使失去火力掩护的冲锋枪手难以发动有效冲击。

　　整个二战欧洲战场，除了德军拼死一搏的阿登反击

★正在作战的美国士兵与手中的M1步枪

战和利用意大利特殊地形的山地防御战，号称欧洲第一的德国陆军基本没有还手之力，一路溃败至柏林。德军主要装备的毛瑟98K步枪，虽然杀伤威力巨大，射程远，精度高，但是射速很低，根本无法和可以连射八发的加兰德M1相比。两三个美军士兵如果距离合适、配合得当，顶住半个德军二类步兵班难度不大，如果二人交替射击甚至可以作为轻机枪使用。吃到了大苦头的德国人绞尽脑汁地发明了G43半自动步枪来和美军抗衡，但是G43性能平平，而且整个二战期间才生产了20多万支，如何能够和400万支加兰德M1相对抗。

　　在欧洲战场，很多加兰德M1还被当成狙击步枪，可见这种外形粗糙的步枪精度非常不错。

战事回响

◎ 开国第一枪：汉阳造的故事

　　汉阳造步枪主要生产于武汉汉阳的汉阳兵工厂，因此一般称之为汉阳造。从1895年开始，湖北枪炮厂开始生产汉阳造步枪。一直到1944年中正式步枪出世，本型步枪在中国前后生产了将近50年。

汉阳造步枪与88式不同之处，最重要的是去除了枪管的套筒，以上护木取代，刺刀庭改在前护箍下方，其他则参考了98式步枪，改进了照门，通条改放在护木之中等。

在清末的革命枪声中，基本都是汉阳造的声音，辛亥革命的第一枪就是汉阳造打响的。

1907年，清政府决定全面编练新军，全国分成三十六镇（师）。湖北应编两镇，至1911年，仅编成第八镇及二十一混成协（旅），由原张之洞所在的自强军改编，除火炮外，轻武器多由汉阳兵工厂制造并配发使用。

1911年10月10日晚8时许，坐落于武昌城南的新军第八镇工程营房里，革命党人打响了锋锐直指清王朝的武昌首义第一枪。新军第八镇工程营后队正目（班长）、革命党人代表熊秉坤在武昌领导新军起义，拉开了武昌首义的序幕。在里应外合、未受抵抗的情况下，当晚轻取楚望台军械库，得到所存储的德、日及汉阳造步枪近两万支及弹药无数。经一夜浴血激战，攻克湖广总督署和湖北藩署。革命军与清军在汉口及武昌均发生激战，兵工厂所在的汉阳尚为稳定，驻汉阳的新军四十二标第一营党代表胡玉珍于11日起义，推举右队队官宋锡全为指挥官，占领兵工厂，以王金山为工厂总理。接收工众3000余人，步枪7000支，子弹5百万发，山炮150门，炮弹6000发。并全力赶造枪械以助革命，每昼夜可出步枪60支，子弹3万发，炮弹1千～2千枚。

工程营宿舍是砖木结构的两层营楼，上面为士兵寝室，底下为马厩，营楼之间有一公尺半宽的通道连接。工程八营后队的三个排驻在同一座营楼上，一共有9个棚（班）。

★汉阳兵工厂旧址

10日晚，后队二排排长陶启胜带了两个枪兵巡营，来到第5棚时看到该棚正目金兆龙正武装整齐地半躺在床上擦枪，便厉声问道："你为何现在擦枪？"金兆龙回答："以防不测。"陶启胜大怒："你想造反？给我绑起来。"两个手下上前扭住金兆龙。一旁的棚兵程定国举起汉阳步枪射击，击中陶启胜的腹部，陶带伤逃跑，后来在家中因伤重死亡。

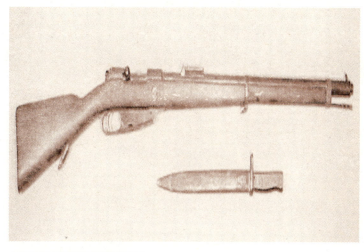

★汉阳兵工厂所造的88式步枪

程定国虽有开国第一枪之功，后因支持袁世凯，被国民党人沉杀于长江中。熊秉坤则因孙中山在革命成功之后，曾有一次介绍他说："他就是开第一枪的人"，因此在多数史料中记载他为辛亥革命发射了第一枪。

★汉阳兵工厂生产的10响驳壳枪

1938年2月，汉阳兵工厂改称第一兵工厂，后因日军逼近武汉，奉令迁往湖南辰溪，将制炮厂交给炮兵技术处，后成立五十厂忠恕分厂。并将制枪厂并入民国军政部兵工署第二十一厂（当时在四川重庆，原南京金陵兵工厂），继续生产88式毛瑟步枪。

1946年，因抗战胜利，兵工复员，该厂于9月奉令结束。

在军阀混战的时代，一直到抗战结束，汉阳造在中国一直是主力武器之一，由清朝新军开始，北洋军、北伐军、中央军、红军，汉阳造武装了无数的中国部队。到了八年抗战，抵御外侮，可算是老树开花又逢春。直到朝鲜战争，中国人民志愿军仍有许多部队持着汉阳造，在冰天雪地中与十六国联军拼杀。

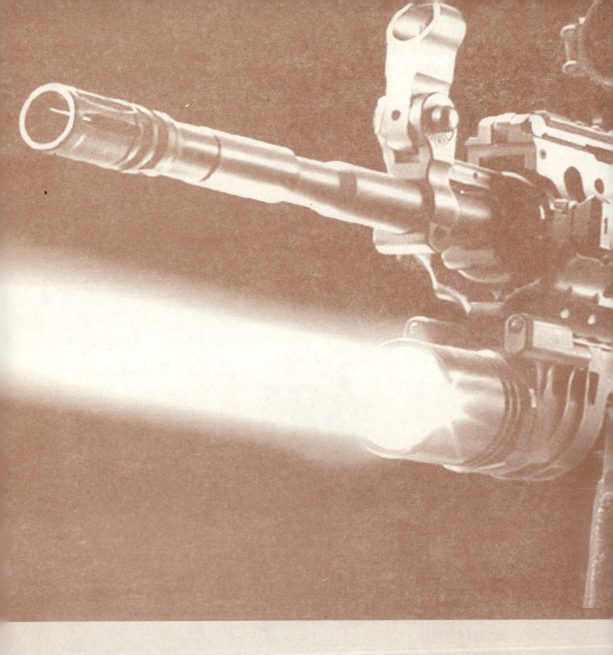

第四章

狙击步枪

冷血战魂

4

⊙ 沙场点兵：万军之中取上将首级

狙击步枪指在普通步枪中挑选或专门设计制造，射击精度高、射程远、可靠性好的专用步枪。狙击步枪的结构与普通步枪基本一致，区别在狙击步枪多装有精确瞄准用的瞄准镜；枪管经过特别加工；射击时多以半自动方式或手动单发射击。

狙击步枪的学名叫"高精度战术步枪"，最初的狙击步枪并非专门制造，而是在普通步枪中挑选精度相对较高的作为狙击使用，并且最早的狙击步枪没有光学和其他辅助瞄准器具。普通步枪的射程一般在400米以内，而狙击步枪的射程一般在800米以上。

狙击步枪以其特别高的射击精度，被人称为"一枪夺命"的武器。

⊙ 兵器传奇：躲在暗处的幽灵

狙击步枪与狙击手的历史，要从第一次世界大战开始说起。第一次世界大战初期，德军狙击手横行堑壕战场，联军完全处于挨打状态。

其实，在开战之时，德军并未有狙击手的配备。在1914年10月后，德军高级统帅部即刻进行狙击手的编组与训练，单单1915年一年就订购了20 000支狙击枪及附属的瞄准镜配发到前线部队，前线每个步兵连都分配到至少6支狙击枪。及早的行动让德军狙击手主宰了战场。德军狙击手都是从有狩猎经验的人中挑出，再加上特训，效果自然卓著。同时他们虽然配备在连级单位，却有战场上来去自如的特权，可以自由选择自己能发挥最大效用的位置。德国光学产品的品质和数量都胜过其他国家。当英军想配发瞄准镜时，发现根本就没有国货供应，只有战前流入的蔡斯或莱卡可用，不得不设厂自制，这样一来初期装备数量自然不足。

当英军认识到德国狙击手是极大的威胁之后，发现唯一的对抗手段是自己也有狙击手。不过英国自19世纪开始已经对民用枪支进行管制，绝大部分的英国人都没有射击或狩猎经验，因此配发到前线的少数狙击枪10支中有6支没有发挥作用，无法有效对抗德军狙击手。这时候，英军才逐渐认识到需要设立专门的训练课程，系统化地教授狙击的技巧。1915年开始，英军举办了许多狙击手速成训练班，培养出了一批专业狙击人才。

从1914年到1915年接近一年半的时间里，德国狙击手在西线几乎可以说是横行无阻。而1916年之后英军开始有了比较有效的反击策略。在狙击战术上，英国人有了许多重要的发展，一是使用两人狙击小组的编组，加强了狙击手观测侦察能力，缓解了狙击手的战场心理压力；二是使用装扮得惟妙惟肖的半身假人，诱引德军狙击手射击暴露位置。这种假

★二战期间的德军狙击手

人战术的成功可以从英军第一军团的战果看出，在数个月的测试期间，共有71名德军狙击手被狙杀，其中有67名是因为射击了假人才暴露了位置。

正是由于第一次世界大战中狙击步枪与狙击手的出色战绩，狙击手与狙击步枪走上了专业化的进程。

第二次世界大战时期，德军办有专门的狙击学校，不论是伪装掩体的构筑、穿甲弹的引进、防护装甲板等等，都是德国军队的发明；只是因为留下的文件资料比较少，所以不如英军方面知名。初期德军狙击手大部分都是有狩猎经验的农家子弟，训练起来也比较容易。德国中、南部一带林地遍布，农家子弟闲暇时带支配有瞄准镜的小口径猎枪到森林去打兔子，是很平常的事，也因此造就了不少天生的射手。

二战时期，德军方面的狙击枪以改进过的7.9毫米毛瑟步枪为主，配备3或4倍的瞄准镜，倍率虽然不是很高，但是在双方距离相当近的堑壕战场上使用起来绰绰有余。英军方面的7.7毫米李-恩菲尔德步枪的准确性稍显不足，因此英国狙击兵后来改用以毛瑟枪为模本设计的P-14型步枪作为狙击枪。另外加拿大军使用罗斯步枪的狙击手也很出色，美国在一战著名的狙击手哈伯·麦克布雷德上尉就是在加拿大志愿军中服役时开始学习狙击的。美军、法军和比军在这一方面则乏善可陈；在东线，俄军根本没有专门的狙击手，在德军狙击手的枪下亡魂不知凡几。

二战后一直到朝鲜战争结束，狙击步枪获得了长足的进步。

20世纪发生的几场影响较大的局部战争，大都以高技术的面貌出现。但即使在这样的条件下，依然能见到狙击手活跃的身影。马岛战争时，英国皇家陆战队和伞兵的狙击手在压制阿根廷部队火力及反狙击方面非常有效，协助数量上居劣势的英军击败了人数众多的阿军。不过阿根廷方面的狙击手也不是毫无作为，英军第2伞兵营营长琼斯中校的阵亡，据说就是丧命在一名阿军狙击手的枪下。

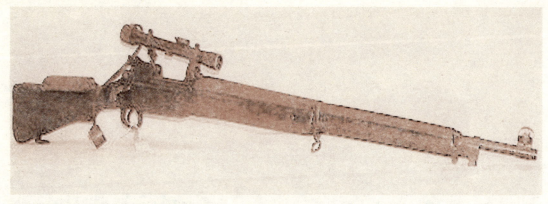

★以毛瑟枪为模本设计出来的P-14型狙击步枪

在拥有世界上最庞大的高技术武器库的美国，1977年，海军陆战队把狙击手学校以及狙击手纳入正式编制，主要的课程内容来自英国陆战队的狙击学校，以及越战的经验。到1987年，美国陆军也成立了自己的狙击学校。

近年来，许多国家发现在各种低强度冲突的地区，使用狙击手要比使用正规部队能更有效地应付各种状况，特别是在执行维和任务的时候，使用的武器受到限制，狙击手尤其重要。同时，国际恐怖主义高涨，反恐怖的特种部队对于精确狙击的需求也很高。因此，从贝鲁特、巴拿马、索马里，一直到最近的科索沃、车臣，狙击手都扮演了相当重要的角色。

⊙ 慧眼鉴兵：死神装上了瞄准镜

现代战争中，停机坪上的飞机、雷达、通信设备、弹药库、导弹阵地和轻型装甲车都已经成为狙击步枪的作战对象，使原有的狙击步枪在射程和威力方面感到不足，于是出现了一些大口径和远射程的狙击步枪。

大口径狙击步枪主要用于反器材，能够摧毁1~2千米远距离上的轻型防护目标，不是以人员杀伤为主要用途，而主要用于打击高价值军事目标。战场上高技术武器增多，对狙击步枪战术的使用也提出了新要求，高新技术的发展也为狙击步枪的发展创造了条件。

21世纪，狙击步枪是轻兵器中可采用高技术较多的一种轻武器。用于狙击步枪上的新开发的火控系统，将减小射手的瞄准误差，尤其是远距离上侧风的影响。狙击步枪的技术含量使其成为21世纪轻兵器中的"精确制导"单兵武器。

在百年狙击史上，到底出现过哪些令人望而生畏的狙击枪呢？

德拉贡诺夫狙击步枪（缩写SVD狙击步枪），是由苏联制造的一种半自动狙击步枪。苏联军队在1963年选中了由德拉贡诺夫设计的SVD狙击步枪代替莫辛-纳甘狙击步枪，通过进一步的改进后，在1967年开始装备部队。中国仿制的SVD为1979年定型的79式狙击步枪及改进型85式。

　　M21狙击步枪是一支半自动狙击步枪，是在M14自动步枪的基础上改进研制的。美国陆军从1969年开始装备。M14本身是一支相当不错的步枪，因此精确化后的M14即M21狙击步枪便受到使用部队的欢迎，1969年M21装备部队，但直到越战后期才成为美国陆军、海军和海军陆战队的通用狙击步枪。M21狙击步枪的改进型，由美国陆军和海军联合研制，1991年，美军把这种新的M21命名为M25狙击步枪。

　　M40狙击步枪是1966年越战时开始装备美国海军陆战队的制式狙击步枪。由著名的雷明顿M700系列警用狙击枪衍生而来。M40A1是由美国海军陆战队的兵工厂制造。M40A1是一种很精确的武器，浮动式枪管，发射7.62×51毫米弹，最大有效射程为800米，不过海军陆战队称其最大有效射程为1000码（约915米）。美国人认为M40A1是现代狙击步枪的先驱。美国海军陆战队的M40A1以更换枪管、枪托及其他零件的方式，陆续换装成新型的M40A3。

　　G3/SG1狙击步枪是G3自动步枪的一种变型枪，结构与G3A3基本相同。它是在标准型G3步枪的验收过程中，将那些平均弹着点完全符合规定要求、而散布又最小的枪挑选出来，配上两脚架、枪托贴腮板和望远瞄准镜，再略加改装而成的。

　　巴雷特M82A1是当今使用最广泛的大口径狙击步枪（反器材步枪）之一，至少已装备30多个国家的军队或警察部队。M82A1半自动狙击步枪，采用枪管短后坐原理，枪管短后坐原理是著名枪械设计师勃朗宁提出并实践的。

　　瑞士SIG公司在SG550突击步枪的基础上研制出SG550狙击步枪。SG550狙击步枪实际上是使用重型枪管的单发型SG550突击步枪，但SIG公司强调SG550狙击步枪是在警察和特种部队的密切合作下研制成功的。经过严格彻底的功能和精度试验，军方便大量采购作为战术狙击步枪。

★美国M40狙击步枪

斯太尔SSG狙击步枪是斯太尔·曼利夏公司研制的新型狙击步枪，1969年被奥地利军方正式采用，SSG69在1970年正式交付作为奥地利陆军制式狙击步枪。到现在已经有超过50个国家的军队或警察采用这种武器。SSG69改用木枪托和觇孔式照门后也可以作为运动枪，有些运动员就使用过SSG69参加比赛。

FR-F1狙击步枪是法国在MAS1936步枪的基础上开发的狙击步枪。FR-F1有两脚架，木制枪托并附加腮贴与手枪型枪机握把，前护手（木制）不与枪管直接结合，以减少射击时手部震动的不适与偏差。

功勋之枪
——莫辛-纳甘狙击步枪

⊘ 血的教训：莫辛-纳甘步枪安上了瞄准镜

第一次世界大战期间，作为大国的俄国根本看不上背后打冷枪这样的战争伎俩，所以，他们压根儿就没想到世上还有狙击枪。一战结束后，俄国红军似乎对狙击也并不怎么热衷。这个情形一直持续到1939年底的苏芬冬季战后才改变：进攻的苏联红军遇上了芬兰军中担任狙击手的职业猎人，死伤惨重，经过血的教训后才开始重视狙击战术。

★配备了PE瞄准具的莫辛-纳甘狙击步枪

在二战期间，他们也仿效芬兰的策略，征募各地的职业猎人作为狙击手的骨干，使用加上瞄准镜的莫辛-纳甘M1891/30步枪作为狙击枪之用，并且首倡两人或三人的狙击组，跟德军的狙击手分庭抗礼，毫不逊色。不过这种高端的狙击手，只占少数，大部分苏军中的狙击手跟其他士兵一样只受过很短的训练，充其量不过是射击较佳的步兵罢了。在刚开展狙击手计划时，由于国内没有合适的瞄准镜，苏联通过军事合作接收了纳粹政权提供的蔡斯Dia1ytHan瞄准镜，安装在龙骑兵步枪上。而苏联第一种狙击步枪瞄准镜是4倍的PE瞄准镜，这正是蔡斯Dia1ytHan瞄准镜的仿制品，安装在M1891/30步枪上。PE瞄准镜可调高低、风偏和焦距，第一种镜架系统是安装在六角形机匣顶部对正枪膛中线的位置上，但这种中线型镜架不适用于圆形机匣，所以在1938年后的镜架改为安装在机匣左侧的形式，此外侧式镜架系统也便于装填和使用机械瞄具。

由于PE瞄准镜的生产较为复杂，而且苏联的生产水平有限，导致PE瞄准镜的密封性能差，因此苏联取消了PE瞄准镜的调焦环以简化生产工序和改善镜体的密封性能，这种新的瞄准镜被命名为PEM瞄准镜。M1891/30 PEM狙击步枪是在1937年至1939年间开始服役的，一开始也是使用中线镜架，但在1938年也改用侧式镜架。

⊘ 威能倍增：枪王身上的瞄准镜

★ 莫辛-纳甘狙击枪性能参数 ★

口径：7.62毫米		**射程**：2000米	
枪重：4.27千克		**射击方式**：手动	
射速：10发/分～20发/分		**容弹量**：5发	

莫辛-纳甘狙击步枪以1931年投产的7.62毫米M1891/30型莫辛-纳甘步枪为基型枪，将拉机柄加长并改成了弧形，以便在枪的左侧安装瞄具座。

20世纪30年代中期，将基型枪的六边形机匣改成了圆形，使延长的瞄具座更加结实。望远瞄准镜是德国埃米尔·布赫公司研制的，在苏联也有从德国引进的生产线。莫辛-纳甘狙击步枪上的PE型瞄准镜目镜焦距80毫米，视场5度，分划为1～14，每个分划100米，对应于100～1400米的瞄准距离。瞄准镜的放大倍率为4倍，物镜直径30毫米。配用PE型瞄准镜的莫辛-纳甘狙击步枪重4.6千克，而配用结构较简单、体积较小、重量较轻的PU型瞄准镜时，全枪重4.27千克。

1936年至1937年，VP型被PE型瞄准具取代。该型瞄准具重0.62千克，装在可靠的Seso支架的一侧。PE瞄准具对提高命中率起了很大的作用，使用它可对1400米距离上的目标进行射击。一旦瞄准具在行动中受损，可依靠瞄准导轨进行射击。

⊘ 兵临城下：瓦西里让莫辛-纳甘狙击枪称王

二战期间，莫辛-纳甘狙击步枪被视为苏联红军手中最顽强的武器。

1942年7月，战火烧到了伏尔加河畔。成千上万辆德军坦克轰鸣着向前奔驰，不设防的斯大林格勒一夜间变成了前线城市。到9月底，德军已占据了市中心的大部分地区并前进到中心码头的伏尔加河岸。

苏联前沿阵地的第62集团军为了扭转战局、打击入侵德军，把兵力分成了"战斗小组"和"突击组"，与敌军展开了周旋。我们这里要讲的就是第62集团军狙击手运动的发起人瓦西里·扎伊采夫和他的狙击手小组，也就是苏联电影《兵临城下》的男主角瓦西里·索涅夫的原型。瓦西里·扎伊采夫使用的枪就是莫辛-纳甘狙击枪。

瓦西里·扎伊采夫出生于普里乌拉利耶，经常跟随父亲和哥哥一起进山打猎，12岁时便练就了一手好枪法。1942年，瓦西里跟随部队来到了伏尔加河畔。

1942年10月，马马耶夫岗被切割成两半，苏军占领着东部的斜坡，西部则被德军占据。德军控制着一个被称做鬼领的高地，上面有一水塔。德军在那里安置了一个观察所，指挥炮兵向苏军射击。可以说，水塔至关重要。谁控制了水塔，谁就掌握了马马耶夫岗。

有一天，德军一名通信兵出现在水塔附近。瓦西里·扎伊采夫发现后，端起步枪就把他撂倒了。接着水塔里钻出来一个德国人。他猫着腰一溜儿小跑，向他倒下的同伙奔去。扎伊采夫毫不犹豫又把他击倒了。第3名德军吓得赶紧趴在地上，等了有半个小时，见没有动静，探头瞧瞧又马上缩了回去。扎伊采夫非常沉着，一直没有动作。又过了一会儿，那家伙再次探出头，慢慢地朝两具尸体爬去。等到那家伙一不留神，上半身稍微露了一下，只一刹那，扎伊采夫的枪响了。那个德国人也瘫倒在地。

★二战期间手持莫辛-纳甘狙击步枪的苏军士兵

★正在埋伏的苏军狙击手

　　扎伊采夫弹无虚发的射击绝活引起了团长梅捷廖夫中校的注意。他亲自授予扎伊采夫一支带瞄准镜的狙击步枪，并要他挑选10个战士组成狙击手小组，专门负责射杀单独或零星出没的德军。他们经常在德军的伙房、厕所附近打埋伏，有时也潜伏到德军阵地前，专打德军炮兵的观察仪、坦克的瞭望镜和德军军官，有时一天竟能消灭几十名敌人。

　　这可彻底把德军惹怒了。他们发誓一定要铲除扎伊采夫。于是，德军从国内召来了神枪手考宁斯少校。他是柏林狙击学校校长，出身于射击世家，从小就学得一手好枪法。考宁斯一到马马耶夫岗，就射杀了几名苏军官兵，然后写了一封挑战书，派人送给扎伊采夫。

　　扎伊采夫毫不示弱，也让人回了一封信，欣然应战，并连夜带着他的小组出发了。他们在距敌阵地前百十米处埋伏起来。但他们等了4天4夜也未见有任何风吹草动。到了第5天晚上，阵地上还是毫无动静。就在天快亮时，突然从敌人阵地传来一声枪响，一名苏军战士嘴巴上挨了一枪。

　　"萨福诺夫，你怎么搞的？是不是打瞌睡枪走火了？"萨福诺夫痛得直咧嘴。他强忍着疼痛用笔写道："我想抽根烟，刚划亮火柴就中了一枪。"几名战士赶紧替他包扎。扎伊采夫知道：碰上了强劲对手，这个人肯定是考宁斯。

　　第二天，德军阵地前一片忙碌，战壕里的人跑来跑去，这正是狙击手理想的猎物。没等扎伊采夫细想，报仇心切的萨福诺夫瞅准机会就要开枪。这时，"吧"的一声，萨福诺夫头往后一仰，就倒在地上不动了，原来是中了考宁斯的诱敌之计。

扎伊采夫非常内疚，是自己指挥不当致使战友牺牲的。他在心中暗暗发誓：一定要向德军讨还血债，为战友报仇。随后接连几天，扎伊采夫都在密切观察着德军阵地，搜寻考宁斯。一天黄昏时分，在敌人的掩体里突然露出了一个钢盔，并慢慢地沿堑壕移动。射击？不行，这是诡计。肯定是考宁斯的助手拿着钢盔移动，而他本人在等待扎伊采夫射击时暴露自己。他会藏在哪里呢？扎伊采夫和他的助手小心地搜索着。"那不是他吗？"扎伊采夫的助手丹尼洛夫激动地用手指着前沿阵地……也就在说话的同时，考宁斯的枪响了。丹尼洛夫身负重伤，应声而倒。

扎伊采夫循声望去，并没有发现目标。但是他根据射速判断，考宁斯肯定就在附近。是在左边那辆损坏的坦克里吗？不可能，目标过于暴露；是在右边的土木碉堡里吗？也不可能，射孔已经堵上了。那一定是在它们之间的铁板下面了！但是，扎伊采夫并没有贸然行动，而是在仔细地寻找着蛛丝马迹，耐心地等待战机。

又过了几个小时，天亮了。德军阵地在阳光的照射下，铁板边有个东西闪了一下。扎伊采夫根据以往的经验判断：这一定是狙击手的光学瞄准镜在发亮。于是，扎伊采夫让助手先盲目射击，吸引敌人注意，然后也学着考宁斯的办法让助手举着钢盔引诱敌人。考宁斯终于没有沉住气，开火了。他还以为他把神枪手扎伊采夫打死了呢，就悄悄地从铁板下露出半个头来想看个究竟。扎伊采夫哪能轻易放过这一大好时机，手指轻扣扳机。只听"吧"的一声，考宁斯眼睛睁得大大的、带着惊讶的表情向后倒去。

此后，狙击手运动在苏军中蓬勃开展起来。据统计，仅第62集团军就涌现出340名著名狙击手，至11月底，共消灭德军6250人。苏军狙击手准确歼敌，袭扰德军，为苏军完成部署调整并最终战胜德军创造了有利条件，而苏联的红色狙击手所用的枪全部是清一色的莫辛-纳甘狙击枪。

🚫 争雄世界——莫辛-纳甘狙击枪朝鲜战场显威

二战末期，苏军进攻驻扎在中国东北的日本关东军时，日军有不少机枪手和步兵死在苏军狙击手的莫辛-纳甘M1891/30狙击步枪下。

二战以后，本以为莫辛-纳甘狙击枪即将退出历史舞台，但朝鲜战场烽火再起，莫辛-纳甘狙击枪又被送到中国狙击手的手里。

1953年，朝鲜，一个年仅22岁的年轻战士——中国人民志愿军214团8连狙击手张桃芳，在金化郡上甘岭狙击战中，用442发子弹，歼敌214名，创造了朝鲜前线中国人民志愿军冷枪杀敌的最高纪录。而他用的，正是莫辛-纳甘狙击步枪。

当时，恼羞成怒的敌人组织疯狂的轰击，在张桃芳的隐蔽处，是一块100多米高的石头，敌人对着这块石头猛轰，石头被弹片削得矮了一大截，然而他仍顽强地坚守在阵地上。

敌人的反扑，一次次失败。尽管如此，敌人还在继续要花样，为了侦察我狙击手的准确位置，狡猾的敌人扎了四个草人，在草人的掩护下用望远镜观察我们。张桃芳从阳光照射下的望远镜的反光中发现了敌人，"吧""吧""吧"枪声响了，敌人一个个倒下去，新花样又失败了。

一天清晨，张桃芳像往常一样在1号狙击台上观察

★朝鲜战争中的人民英雄——张桃芳

美军阵地。突然，一串子弹"嗖嗖"地射来，他的大衣和棉衣上顿时穿了7个洞。幸运的是，子弹只是"穿衣而过"，并未伤人。突如其来的冷枪让张桃芳惊出了一身冷汗。狙击手的直觉让他意识到：这次遇见对手了。他刚要抬头看看子弹射来的方向，"嗒嗒嗒……"又一串子弹射来，溅起的泥土洒在张桃芳的帽子上。他放弃了再次观察的打算，顺着交通沟撤回了坑道，那个幽灵般的美军狙击手绝非等闲之辈，消灭这样的顶尖高手，张桃芳需要等待有利的战机。虽然被"幽灵"盯上，但张桃芳打心眼儿里就不害怕。他要和美军狙击手较量一下，看看到底谁是好汉。然而，"幽灵"似乎猜到了他的意图，再也没出现。"也许是换防了吧。"张桃芳感到有些失望。又是一个清晨，他提着枪向4号狙击台走去。4号狙击台是一个5米多宽的射击阵地，与阵地间有一段狭窄的坑道相连，狙击台对面是美军的青石山阵地。突然，张桃芳听见头顶上"嗖"的一声，感觉有颗子弹呼啸着飞了过去。他知道，这种声音说明子弹是贴着头皮飞过的。

危急时刻，张桃芳奋力甩掉大衣，敏捷地钻进连接狙击台的坑道。敌人的子弹尾随而至，激起的烟土封住了整个坑道口。张桃芳算好时机，突然从坑道中跃出，向狙击台扑去。"嗒嗒嗒……"20多发子弹追着张桃芳扫了过来。他身体一歪，佯装中弹倒进了狙击台。

美军狙击手停止了射击，隐蔽在掩体后面的张桃芳清楚，对手肯定正在观察战果，不能贸然出击。他爬到了狙击台的另一侧，悄悄地探出头，顺着子弹来袭的方向仔细搜索对手的位置。突然，青石山阵地上的两块巨石引起了张桃芳的注意。很快，他那鹰一样敏锐的眼睛就找到了隐蔽在石缝间的敌军狙击枪，那是一挺装备了瞄准镜专门用来狙击的M2重机枪。就在张桃芳发现对手的同时，"幽灵"也从瞄准镜中看到了他，M2机枪瞬间

★正在接受采访的人民英雄——张桃芳老人

喷出一道火舌。张桃芳就势一滚，躲回了掩体。张桃芳抓住美军机枪射击的间隙，突然起身出枪，在令人难以置信的时间内一气呵成完成了举枪、瞄准，随即果断扣动扳机。"幽灵"几乎也在同一时间内，发现了张桃芳，迅速瞄准击发。就这样，中美两名顶尖狙击高手在刹那间完成了交锋。张桃芳射出的子弹击碎了"幽灵"的脑袋。张桃芳在前沿阵地打了3个月的狙击，自己却毫发未损。

就是这样，莫辛-纳甘狙击枪转战南北，一直沿用到20世纪60年代。在后来的越战时，有不少侵越美军也被手持莫辛-纳甘狙击步枪的越军狙击手击毙。不过由于苏联的战术思想一直把狙击手当成直属于连排的支援火力，并且不是很注重长距离狙击，因此他们在1963年开始改用半自动的SVD。

中国人民解放军在1979年～1989年的两次对越自卫反击战中就与手持莫辛-纳甘1944/30型狙击步枪的越军狙击手交战，并从被击毙的越军狙击手身上缴获了莫辛-纳甘1944/30型和SVD型狙击步枪。

二战最经典的狙击枪
——德国毛瑟98K狙击步枪

🚫 经典重现："毛瑟"戴上了瞄准镜

德国毛瑟98K狙击步枪是顺应时代发展，通过不断改装和完善的精益求精之作。第一次世界大战结束后，《凡尔赛条约》严格限制了德国军用武器的研制和生产，但是德国人在1920年以后就秘密地发展军用武器了。

在这期间，与之长期合作的人就包括威廉·毛瑟与保罗·毛瑟兄弟。他们出生于一个枪

★装备了ZF42瞄准镜的毛瑟98K狙击步枪

械工匠家庭，从小就跟随父亲在符腾堡皇家兵工厂当学徒。在艰苦的日子里，积累了大量实践经验。兄弟俩凭借精湛的技艺和敏锐的商业触觉，于1872年创办了毛瑟武器制造厂。

在生产毛瑟98式步枪之前，毛瑟武器制造厂就已经生产过多种步枪，并且被大量使用。1888年，毛瑟兄弟设计的发射无烟火药的弹仓式步枪被德军采用为制式步枪，命名为1888式步枪。枪管外有一个薄钢板制成的套筒，可防止射手被灼热的枪管烫伤。该枪不能承受过高的膛压，且供弹系统也不令人满意，于是毛瑟公司开始设计一种新型的步枪。1898年4月，经过7个月的不断试验与改进之后，毛瑟98式步枪的设计终于完成。

毛瑟98式步枪的设计成功是世界枪械史上的一个重大成就，乃至100多年后的今天，这种结构仍保留在许多枪械产品中。很快，这种武器成为德国陆军的标准装备，命名为毛瑟1898式步枪。从此，毛瑟98式步枪正式走上历史的舞台。

20世纪30年代初，德国忙于重新武装自己的部队，并且把重点放在坦克、飞机以及其他武器装备的发展上。德国最高指挥部决定不换装毛瑟98式步枪，而只是将其改进，继续作为德军的标准装备使用。1935年，这种枪管被缩短的毛瑟步枪被德国国防军正式采用，并被命名为毛瑟98K步枪。这也是德国国防军使用的最后一种毛瑟步枪。随着战争的进行，毛瑟步枪被赋予更广泛的用途。例如当加装ZF41或ZF42瞄准镜之后，毛瑟98K就可以作为狙击步枪使用。

经过不断改造的毛瑟98K狙击步枪，可以说传承了毛瑟步枪的优势和特点。枪上还备有机械瞄具，在生产中，挑选最好的枪管用于装瞄准镜的步枪。这些步枪的扳机是经过修改的，其扳机力达1.8牛。

⊘ 经典重现：毛瑟98K比原型枪更便捷

★ "毛瑟"98K狙击步枪性能参数 ★

口径： 7.92毫米	**有效射程：** 800米
枪重： 3.9千克	**弹药：** 7.92×57毫米毛瑟步枪弹
射速： 约15发/分	**瞄准具：** 弧形表尺，V形缺口式照门，4倍ZF39瞄准镜
枪口初速： 755米/秒	**容弹量：** 5发

　　经过缩短枪管，减轻了德国毛瑟98K狙击步枪的重量，同样也减轻了士兵的负担。"98K"的意思是毛瑟1898式短步枪，K的意思是"Kurz"，也就是德文"短"的意思。因此，它的长度要比德军在第一次世界大战中使用的毛瑟98式步枪短。

　　说它是经典枪械，还包括细节上的表现。在枪机设计上更安全、简单、坚固和可靠，大多数的旋转后拉式枪机都是根据毛瑟兄弟所设计的原理来设计的。在枪机上有三个凸榫，两个在枪机头部，另一个在枪机尾部。前面的两个凸榫就是闭锁凸榫，有些人把尾部的凸榫误认为是第三个闭锁凸榫，但实际上它只是一个保险凸榫，并不接触机匣上的闭锁台肩。枪机组很容易从机匣中取出，在机匣左侧有一个枪机卡榫，打开后就能旋转并拉出枪机。毛瑟式枪机的另一个著名特征是它的拉壳钩，有一个结实、厚重的爪式拉壳钩在枪弹一离开弹仓时就立即抓住弹壳底缘，并牢固地控制住枪弹直到抛壳为止。

　　这项技术被称为"受约束供弹"（controlled round feeding），是保罗·毛瑟在1892年时的重要发明，由于拉壳钩并不随枪机一起旋转，因而避免了步枪上出现双弹的故障。

　　双排固定式弹仓是毛瑟步枪的另一个特征，枪弹通过机匣顶部的抛壳口装入。装填枪弹有两种方法，最快的方法就是用桥夹。每条桥夹装5发枪弹，刚好够装满

★坚固而又可靠的毛瑟98K狙击步枪

一个弹仓，在机匣环上方有机器切削出来的桥夹导槽，打开枪机后，可以把夹满枪弹的桥夹插在导槽上，然后把5发枪弹用力压进弹仓内。压完弹后，空的桥夹可以用手拔出，但如果不用手拔，在关闭枪机时也会强行抛出桥夹，这样的设计在激烈的战斗中非常有效。另一种方法最简单，只需要打开枪机，用手一发一发地把枪弹压入弹仓内，一次一发。因为其被不断精益求精地加以改进，加上其操作更便捷，很受士兵欢迎。

🚫 恐惧蔓延：毛瑟98K让盟军中出现"自杀男孩"

1944年盟军登陆诺曼底之后，遭遇了德军的顽强抵抗，战斗中德军的许多兵种均有不俗表现，狙击部队尤为出色。而毛瑟98K狙击步枪为德军拖延盟军的进攻立下了汗马功劳。

德军狙击手的任务就是利用手中毛瑟98K狙击步枪猎杀盟军的重要人员，如士官、军官、炮兵观察员、通信兵、传令兵和炮手等，同时也起到观察员、监听哨、情报搜集员的作用，伴随着清脆的毛瑟98K枪声，一个个盟军士兵倒在血泊中，恐惧开始蔓延，这恐惧来源于藏在暗地的德国狙击手，更主要的是那一把把装着死神眼睛的毛瑟98K狙击步枪。

盟军在诺曼底遭遇的部分德军狙击手，曾经在"希特勒青年团"接受过出色的训练，其中一些人还练习过毛瑟98K狙击步枪射击。早在战前，"希特勒青年团"就增强了对团员的军事训练，许多男孩子都练习过精确射击，其中表现出色的还接受过狙击手训练，因此当他们后来投入战斗时，大都已是训练有素了。

★德军狙击手所使用的毛瑟98K式狙击步枪

★正在执行命令的德军狙击手

对德军狙击手们来说，卡昂是一个理想的战场。他们与炮兵观察员（负责引导炮兵攻击暴露的盟军步兵）协同作战，完全控制了卡昂周围的地域。英国和加拿大士兵不得不对这里的每平方米土地进行仔细搜索，以确定是否还隐藏着难缠的狙击手，这的确是一项十分耗时费神的苦差事。正是在卡昂，像代理下士库尔特·斯宾格勒这样的德军狙击手才得以扬名天下。斯宾格勒独自据守在卡昂东北部一个大雷区。在最后被盟军密集炮火炸死之前，利用毛瑟98K狙击步枪射杀了大量的英军士兵。

德军狙击手遍布在诺曼底的每个角落。当盟军开始前进时，有大量的德军狙击手被留在了后方，后来他们狙击了一些警惕性不强的部队。诺曼底的地形对狙击作战来说可谓完美无瑕。战场上灌木篱笆密集，使得这里的视距只有几百米。甚至对毫无经验的狙击手来说，也是十分理想的射击距离，也正好符合毛瑟98K狙击步枪的射击范围。

诺曼底的地形既为德军狙击手们提供了完美的藏身之地，又将他们的猎物暴露在危险之中。估计好敌人可能靠近的方向后，便在灌木篱笆中预设阵地。德军一般都在灌木篱笆下挖设战壕，这样盟军的迫击炮火就很难发挥威力。在篱笆之间，德军则布下陷阱、地雷和绊雷等。他们在这些阵地上朝敌人开火，直到被迫撤退为止。

德军狙击手们不仅仅藏匿于篱笆和灌木丛中，十字路口也有盟军的重要目标，尽管盟军通常有重兵防卫，但德军狙击手还是会在稍远一点的地点布设阵位。桥梁也是理想的地点，一个狙击手只要在这儿开几枪就能造成恐慌和巨大的破坏效果。单独的房屋过于突兀，因此狙击手们通常会与之保持一小段距离，有时也躲在废墟之中，但这样一来他们必须更频繁地变换阵位。对狙击手们来说，另一个理想的战斗场所是庄稼地，浓密的农作物为他们提供了良好的隐蔽，敌人难以发现他们的准确位置。狙击手们通常会选择藏身于高处，例如水塔、风车和教堂塔楼，不过这些地方过于显眼，容易招来盟军的炮火。更老练的德军狙击手通常选择其他不那么显眼的高层建筑藏身。

德军狙击手总利用毛瑟98K射杀盟军重要目标，如军官、士官、观察员、通信兵、炮手、传令兵、车辆指挥官等。一名德军狙击手被俘后，在审讯中被问到是如何从普通士兵中辨别出穿普通制服、手持步枪且不带任何军衔标志的军官时，他的回答很简单："我们就朝有胡须的人开枪。"因为经验告诉他们，盟军的军官和高级士官通常都留着胡子。

最终，由于对德军狙击手和毛瑟98K狙击步枪的恐惧，盟军部队采用了新的战术，减少了德军狙击手导致的伤亡，但是德军狙击手和"毛瑟"98K狙击步枪还在持续不断地对他们构成威胁，而且在整个大战期间一直是西线盟军士兵内心的一大恐惧。

⊗ 狙击传奇：一支狙击枪压制盟军整支部队

盟军诺曼底登陆后，受到了德军狙击手的威胁，马蒂亚斯·海岑诺尔正是德军的王牌狙击手。德国国防军在第二次世界大战中狙击手射杀纪录第一名的马蒂亚斯·海岑诺尔，他的纪录为345次猎杀。但是在他自己看来，衡量一个狙击手的成功之处不在于他射杀了多少人，而在于他的狙击能够对敌人造成多大的影响。如果敌军军官被狙击手击毙，他们的进攻往往也会因此而停顿甚至失败。

1944年6月6日，D日抢滩登陆行动中，马蒂亚斯·海岑诺尔握着手中配有6倍瞄准具的毛瑟98K狙击步枪，等待着美军的进攻。这天的天气不错，能见度很高。6月5日，诺曼底还是阴云密布，英吉利海峡风暴横行，而盟军气象部门预测到6月6日会有十几个小时的短暂晴好天气，好天气不仅是进攻的最佳时机，也是狙击手最喜欢的战斗条件。

下午2时36分，他此刻距离盟军的登陆先遣队有1500米之远，而手中的瞄准具只能提供到1000米的精确度。他对面的美军开始发动进攻了，士兵在前冲锋，而指挥官也在队伍中随着士兵一起冲锋。当第一个士兵到达1000米距离的时候，他们的指挥官还在狙击范围之外。马蒂亚斯还在继续等待时机，1000米、950米、900米、850米，当美军的指挥官距离自己大约800米的时候，马蒂亚斯重新稳定了一下手中的枪，同时看了看掩体外几乎静止的布条，在确定了风向和风力可能对子弹产生的影响后，他准备开枪了。马蒂亚斯扣动扳机，子弹应声而出，击中了美军指挥官的头部。美军士兵见指挥官倒地不起，立刻卧倒，谨慎地观察周围的动静，这次进攻被迫无功而返。

下午3时，美军不甘心进攻的失败，又发起了第二次进攻。这次对方的军官还在1000米的时候，马蒂亚斯就将手放在了扳机上。依靠良好的能见度，他打算在进

★德军狙击手马蒂亚斯·海岑诺尔

攻的盟军认为安全的1000米范围外开枪狙击。这次狙击竟然成功地击中了目标，而且那个人仍然是一个指挥官。在战后马蒂亚斯回忆这次狙击时，他曾经说："一个站立在1000米外的士兵。在这个距离上几乎是不可能击中目标的。但是我想让对方知道他在这个距离上也并不是安全的，同时也想向我们的军官显示一下自己的技术。"

这一天，美军一共进攻了8次，而每一次都因为被马蒂亚斯的狙击射杀了指挥官而终止。最终，这一天里美军没有再发起进攻。马蒂亚斯以手中的狙击枪击退对方8次进攻，从而坚守住了一个阵地，这就是作为一个狙击手最大的荣誉。

就是如此，装备毛瑟98K狙击步枪的德国狙击手在诺曼底给盟军带来了很大的挫折和伤害。可以说毛瑟98K型狙击步枪传承了毛瑟步枪的优势和特点，但也有不足，比如射击时枪弹不足，穿透性达不到预期效果，狙击镜视野较窄，导致错过战机。

暗处的杀手
——M21狙击步枪

🚫 明枪出世：为越战而生的狙击步枪

越战中期，面对AK-47突击步枪的强大火力，美军明显感到火力不足，虽然M16突击步枪全面取代了M14，使美军在200～300米射程上的火力大为增强，但在进行远距离上的精确射击时，M16则显得无能为力。

美国陆军司令部的一干人等犹如热锅上的蚂蚁，争吵不休，最后他们一致认为急需为作战部队配备一种新型的狙击步枪。1966年，位于岩岛的美国陆军武器司令部下令研究新型的狙击步枪。他们将所有能使用的军、民用枪与各种瞄准镜和枪弹配合

★战争中遗留下来的M21狙击步枪

使用，并根据他们自己制订的原则标准和精度标准，最后选择了配有莱瑟伍德3～9倍ART瞄准镜的一个精确化的M14NM半自动步枪，并命名为M21。M21狙击步枪成名于越南战争，1969年装备部队。直到越战后期，M21狙击步枪才成为美国陆、海军通用的狙击步枪。该枪的枪管比M14步枪枪管稍重，使用特种枪弹，弹匣容弹量20发。配有两脚架，射击稳定性好。扳机力小而均匀，在300米距离上可以将10发枪弹命中在直径150毫米的圆内。瞄准镜中可以直接看到目标距离，转动调节器可以调整瞄准点。

1987年以后，美军开始装备M24式狙击步枪，这支步枪逐步取代了M21狙击步枪。

◎ 性能可靠：消声器是其最大特点

★ M21狙击步枪性能参数 ★

口径：7.62毫米	最大有效射程：800米
枪全长：1120毫米	使用弹药：7.62×51毫米NATO步枪弹
枪管长：639毫米	容弹量：20发
枪重：5.11千克	

最初的M21枪托由核桃木制成，用环氧树脂浸渍，后来改为玻璃纤维护木。

开始时，M21配用的瞄准镜是只有2.2倍的M84瞄准镜，由于使用效果不理想，很快就更换为詹姆斯·莱瑟伍德少尉设计的3～9倍的ART瞄准镜以及瞄准镜座，这种具有夜视功能的瞄准具使M21看起来很与众不同。另外M21所配备的消声器也是它的一大特点。

★可以发射7.62毫米M118特种弹头的M21狙击步枪

M21狙击步枪采用旋转后拉式枪机，闭锁可靠性好，枪体与枪机配合紧密，因而精度较好。

M21狙击步枪的枪托上有铝制衬板和可调底板，枪托底板伸缩范围为68.6毫米。圆柱形枪匣和枪托里的铝制衬板上的V形槽结合，铝制衬板从枪托的一端延伸到另一端，正好为3个背带环座、弹仓底板和扳机护圈提供了牢固的支点。在机匣和枪口处装有基座，供安装备用机械瞄具使用，弹仓装填7.62毫米M118特种弹头弹，其解脱按钮在扳机护圈的前部。重型枪管由不锈钢制成，可以随意转动定位。该枪还配有可卸式两脚架。

🚫 暗处的杀手：M21横行越战

1969年，M21狙击步枪刚刚服役，便被送到了越南战场，开始了杀人之旅。

在越战中，美军狙击手围绕M21狙击步枪的特点制订了一种被称为"寂静射杀"的战术，他们在夜间行动，事先埋伏在水稻田里，使用安装了消声器和夜视瞄准具的M21射击200~300米距离上的目标，并发射一种初速小于330米/秒的亚音速步枪弹。有这么一个战例：一个班的北越士兵在深夜沿着小树林潜行，突然领头的倒了下去，他们都有作战经验，立即卧倒并滚到沟里去。大约15分钟后，另一个北越士兵起来去捡死者的枪，结果又倒了下去。于是传出了美国人使用了激光武器和制导枪弹。

★手持M21狙击步枪的美国士兵

查克·马威尼被认为是越南战争中美军第一狙击手，他利用M21狙击步枪杀死了319个人。

1969年初，18岁的列兵马威尼来到了越南，此时正是越南战争进行到最残酷最血腥的阶段。退役的射击军士长马克·森皮克是马威尼在越南服役时所在班的班长，他回忆起马威尼的枪法来眼中还在闪着亮光："他可以不停地跑半英里，站住后马上射击，还可以随时举起手中的M21射击。700码远的人，被他一枪就摞倒了，简直太神奇了！"他说，有一次马威尼在一条河的河岸接连打死了16个对方的士兵。马威尼具有狙击天分，但如果M21没有良好的射击准度，那马威尼也不可能成为"单兵杀人机器"。自从1969年装备部队以来，M21成为了越战狙击步枪之王，但直到越战后期才成为美国陆军、海军和海军陆战队的通用狙击步枪。

新一代狙击之王
——SVD狙击步枪

🚫 冷战产物：新枪王SVD出世

二战之后，冷战开始，美苏两国开始军备竞赛。狙击枪作为一种远程杀人武器，自然也在竞赛之列。1958年，苏联提出设计一种半自动狙击步枪的构想，要求提高射击精度，又必须保证武器在恶劣的环境条件下能够可靠地工作，而且必须简单、轻巧、紧凑。

苏联陆军经过5年的研究和选拔，在1963年选中了由叶夫根尼·费奥多罗维奇·德拉贡诺夫设计的半自动狙击步枪，用以代替莫辛-纳甘狙击步枪。通过进一步的改进后，在1967年开始装备部队。德拉贡诺夫狙击步枪是世界上第一支为其用途而专门制造的精确射

★具有强大杀伤力的SVD狙击步枪

击步枪。SVD是一种新的改进型，采用新的玻璃纤维复合材料枪托和护木，以及新弹匣，在弹匣入口前方有安装两脚架的螺纹孔。

在苏联军队中，每个班配备一支SVD。装备SVD的士兵接受针对该武器的专门训练。装备SVD的射手和整个班一起行动并延伸整个班的有效射程至600米或更远。由于其设计是出于延伸班射程的简单目的，因此SVD是一支坚固耐用的步枪。刺刀座和在瞄准镜损坏情况下用于瞄准的机械瞄具更加表明了这个事实。SVD的可靠性仍然是公认的，这使SVD被长期而广泛的使用。

除苏联外，当时的埃及、南斯拉夫、罗马尼亚等国家的军队也采用和生产SVD，中国仿制的SVD为1979年定型的79式狙击步枪及其改进型85式狙击步枪。

🚫 技术领先：被誉为放大版的AK-47

★ SVD狙击步枪性能参数 ★

口径： 7.62毫米	**机械瞄具：** 100米
枪全长： 1220毫米	**光学瞄准镜：** 1300米
枪管长： 620毫米	**夜视瞄准镜：** 300米
枪口初速： 830米/秒	**容弹量：** 10发
最大射程： 1300米	

★配备了4×24毫米的PSO-1型瞄准镜的SVD狙击步枪

★SVD狙击步枪结构图

从外形上看，SVD很普通，但实际上，它的发射机构可以看做是AK-47突击步枪的放大版本。

由于SVD发射的7.62×54毫米突缘弹，威力比AK-47配用的7.62×39毫米M43弹威力大得多，SVD出膛速度830米/秒。此枪可使用老式莫辛-纳甘狙击步枪的弹药，但是该枪通常使用为SVD特制的更为精确的7N1弹。

为了提高精度，SVD的导气活塞与AK-47的不同，AK-47的活塞与枪机框成一整体，而SVD采用短行程活塞的设计，导气活塞单独位于活塞筒中，在火药燃气压力下向后运动，撞击机框使其后坐，这样可以降低活塞和活塞连杆运动时引起的重心偏移，从而提高射击精度。机框后坐时的开锁原理与AK-47相同，开锁后的一切抛壳、复进、装填动作也与AK-47基本相同。护木设计并不是直接与枪管接触，而是固定在机匣上的。枪管前端有瓣形消焰器，长70毫米，有5个开槽，其中3个位于上部，2个位于底部。这样，从消焰器上部排出的气体比从底部排出的多，实际效果是将枪口下压从而在一定程度上减轻枪口上跳。另外消焰器的前端呈锥状，构成一个斜面，将一部分火药气体挡住并使之向后，以减弱枪的后坐。在准星座下方有一个刺刀座，可安装刺刀，这一点与目前绝大多数的狙击步枪都不一样。

SVD标配的瞄准镜是4×24毫米的PSO-1型瞄准镜，SVD的最大射程可达1300米。瞄准镜上有光源和电池，夜间可以照亮分划板，另外还有一种可以旋转安装上瞄准镜的红外滤光器，用于在夜间射击时过滤外部红外光源，但瞄准镜本身没有夜视能力。由于SVD的机匣就是AK-47式的，因此瞄准镜的安装座只能装在机匣左侧。

◎ 扬威海湾：SVD成为美军的噩梦

前面说了，SVD狙击步枪在1000米以上的距离也足以致命，这个独门秘籍使得SVD备受很多国家的青睐。SVD也踏上了征服世界的路程，在伊拉克战争中，它成为了伊拉克限制美军进攻的秘密武器。

伊拉克战争中，美军势如破竹，直捣巴格达。美国士兵当然不会把伊拉克放在眼里，因为他们手中有最先进的武器。

这一天，几名美军士兵像往常一样在伊拉克街头巡逻，全然不知在100米外，一名伊拉克狙击手正通过瞄准镜，观察他们的一举一动。突然，"砰"的一声枪响，一名美军士兵应声倒地，而那名狙击手随后坐上车迅速消失在人海中。

此后，又发生了几次伊拉克狙击手袭击美国大兵的事情。美国人才大梦初醒。原来，萨达姆当政时曾培养过数百名狙击手，当时他们装备的主要是从俄罗斯购买的SVD狙击步枪。在伊拉克战争中，美军几乎没怎么遭遇狙击火力，因此许多人认为伊拉克的狙击手部队已经被摧毁了。伊战爆发后，反美武装成为袭击美军的主要力量，但其狙击手对美军的威胁十分有限。2005年11月之前阵亡的2000多名美军官兵中，只有26人死于SVD狙击手枪下。2006年1月份，驻巴格达美军也不过遭遇了11起狙击手袭击。因此美军狙击手对伊拉克同行颇为不屑，常讥笑他们"太业余"。

2006年6月开始，事情突然有了变化，到9月时，仅驻巴格达美军遭狙击手袭击的事件就猛增到23起，10月份更增加到36起，并导致8名美军丧命。

★海湾战争中使用SVD狙击步枪的狙击手

这就是SVD的巨大杀伤力。进入21世纪后，俄罗斯人在SVD的基础上发展出先进的SVDK狙击步枪。

SVDK狙击步枪继承了SVD狙击步枪的精髓设计，并在局部加以改进。其中最具亮点的是，它采用了比前辈更为优秀、口径增大的新型狙击步枪弹。俄罗斯SVDK狙击步枪是SVD狙击步枪增大口径的变型枪，俄罗斯《国家标准——轻武器术语与规范》中规定，凡是口

★SVD狙击步枪的枪身

径大于9毫米的枪械都划入大口径的范围，因此发射9.3×64毫米枪弹的SVDK狙击步枪，又被称为"大口径德拉贡诺夫狙击步枪"。

现代狙击步枪的先驱
——M40A1狙击步枪

🚫 现代先驱：绿色枪王出世

二战后，世界进入冷战格局，苏联开始研制新的狙击步枪，美国自然也不能落后。二战后一直到朝鲜战争结束，美国海军陆战队的狙击手使用的狙击枪还是以M1903为主。到了越战开始时，由于M1903早已停产，零件补充困难，海军陆战队决定重新评估选择新的狙击枪。这次评估除了枪之外，也同时评估了瞄准镜。

最后，美国人选择了以雷明顿的M700-40×和Redfield3×-9×Accu-Range瞄准镜作为正式狙击系统，定名为M40狙击步枪。M40狙击步枪定型生产后，就被送到了越南战场上。

由于M40是木制枪托，在越战中暴露出种种问题。

越南属于热带气候，气候炎热、湿度高，在这种条件下作战，需要特别注意保护其木质枪托，要经常清理自由浮动式枪管导槽，刮掉膨胀的木质，给枪托灌蜡密封，以减少木

★早期木制枪托的M40狙击步枪

质枪托膨胀或收缩。各海军陆战师的装备报告指出，从北方的胡志明小道到靠近岘港的55号丘陵这一地带，只有少数M40步枪可以使用，而其他大部分步枪均从战场上撤了下来进行维修。1969年6月，第1海军陆战师侦察狙击分队配发的82支M40步枪中，仅有45支投入战斗，其他均因性能不可靠等问题被搁置一旁。

于是，陆战队在1973年越战结束后开始针对这些问题对M40进行改良：首先采用了不锈钢枪管，以提高耐蚀性；接着改用玻璃纤维枪托以及温彻斯特M70的扳机护弓及弹仓底板；改良了瞄准镜的底座；最后在1977年采用固定10倍倍率的Unert1狙击镜。这就是今天的M40A1。

⊘ 先驱风范：绿色枪王名不虚传

★ M40A1狙击步枪性能参数 ★

口径： 7.62毫米	**枪口初速：** 777米/秒
重量： 6.57千克	**有效射程：** 800米
枪全长： 1117毫米	**枪身：** 玻璃纤维
枪管长： 610毫米	**容弹量：** 5发内装弹仓

★安装了Accu-Range瞄准镜的M40A1狙击步枪

M40A1射击精度很高，采用5发整体式弹仓供弹。该枪发射M118特种弹头比赛弹，初速777米/秒，最大有效射程为800米。该枪瞄准镜几经改进，后选用非常坚固的钢制Unert1高倍率光学瞄准镜，许多用于定位的小圆点分布在瞄准镜的十字线上，用以标定准确距离。据称，在海军陆战队狙击作战中，即使用力敲击该瞄准镜，其零位也会保持不变。该枪缺点是较重，装上瞄准镜后接近6.6千克。

M40A1枪托改用麦克米兰A-4玻璃纤维战术步枪枪托，军用绿色涂装，自由浮置枪管，可调枪托底板及贴腮板。

最初的M40A1步枪装有固定的枪背带环，表面经军用磷化粗糙处理。步枪、瞄准镜和必要的擦拭工具装在由另一个合同商制造的塑料携行箱里。瞄准镜是M40A1步枪的重要部件。在700支M40A1步枪当中有550支安装雷菲尔德（Redfie1d）公司生产的3～9倍变倍Accu-Range瞄准镜，瞄准镜的镜体经绿色阳极化抛光处理，有效瞄准距离为600米，瞄准镜座几乎是第二次世界大战时期美国M1903A4斯普林菲尔德（Springfie1d）步枪瞄准镜座的翻版，结实坚固，呈锥形，也由雷菲尔德公司提供。可惜瞄准镜没有夜视功能，这也成为了M40A1唯一的弱点。

相对于同时期的狙击步枪来说，M40A1是一种很精确的武器，有人曾专门用M24SWS和M40A1在900米距离上进行对比试验，发现M40A1和M24SWS的精确度相差无几。美国人认为M40A1是现代狙击步枪的先驱。

◎ 火线对抗：绿色枪王VS红色枪王

冷战期间，在狙击步枪的世界中，红绿枪王的对决一直是人们津津乐道的话题。绿色枪王就是M40A1，而红色枪王是大名鼎鼎的SVD狙击步枪，它们在越战的丛林里上演了无数次巅峰对决。

在黑夜中交手，SVD实际上占据上风，因为它装备有专用的夜视瞄准镜，而M40A1没有。

★正在执行任务的M40A1狙击手

　　美军狙击手们对SVD也是爱恨交织。SVD木质枪托握把的后方及枪托的大部分都是镂空的，几乎比M40A1轻一半，显得轻盈合手。而且，SVD功能颇多，甚至还能上刺刀。也许就是因为SVD本事太大，不服气的美军狙击手总是嘲笑它说："SVD根本就不算是一种真正意义上的狙击步枪。"但是，接下来话锋一转，他们又说："SVD实在是好，而且是出奇的好。"

　　在越南战场上，像如此惊险的红绿枪王之争处处可见，它们的故事仍在延续。由于M40A1无法战胜SVD，美国海军陆战队开始为现役的527支M40A1寻求替代品，设计新的狙击步枪，这个方案的结果就产生了M40A3。M40A3同样是以雷明顿700为基础，采用新的瞄准镜座和护木，枪托为麦克米兰A-4枪托，可以调节枪托底板长度和贴腮板高度，M40A3发射改良的M1181R（远距离）弹。生产M40A3的工厂仍然是M40A1的生产厂。

　　20世纪90年代，M40A3已经替代M40A1，成为了美国陆军的新式狙击枪。

重狙之王
——巴雷特重型狙击步枪

🚫 重狙之王：巴雷特狙击步枪的发明竟出于偶然

　　有很多发明都是出于偶然，枪械也不例外，世界上大名鼎鼎的巴雷特狙击步枪恰好印证了这种说法。朗尼·巴雷特原本只是美国田纳西州的一名商业摄影师，一名从未受过任何火器设计训练的枪械爱好者。1981年1月，一次偶然的机会，促使巴雷特决心设计一支大口径半自动狙击步枪。于是，从设计到制造，不足一年时间他就拿出了一支样枪。接着巴雷特创建了自己的公司，并在1982年开始试生产，M82A1大口径半自动狙击步枪就正式"诞生"了。

1990年10月，海军陆战队选定M82A1作为远距离杀伤武器，用于对付远距离的单兵、掩体、车辆、设备、雷达及低空低速飞行的飞机等高价值的目标，爆炸器材处理分队也用M82A1来排雷。巴雷特公司在接到订单后，90天内就完成了100支步枪的订货合同。

同时，美国陆军也在寻找一种25毫米的重型狙击步枪。最初，陆军也选择了一些旋转后拉式枪机的步枪进行试验，因为旋转后拉式枪机的步枪比半自动步枪有更佳的精度。研究人员经过试验觉得并不理想，因此他们开始在市场上寻找能自动装填的候选型号。最后他们选择了海军陆战队正在使用的巴雷特M82A1，购买了100支。陆军的人认为：如果其他政府机构已经在购买和使用某些产品，他们也跟着采购会是比较实惠的做法。随后美国空军也跟着购买了35支，再加上特种作战司令部，美国军队在海湾战争中使用的M82A1超过了300支，而且表现优秀。

英国国防部也于1990年12月为其爆炸器材处理分队购买了少量的M82A1，同时根据英国的建议，巴雷特公司将原来的11发弹匣更改为10发弹匣，避免卧姿射击时弹匣触地。

经过海湾战争一役，大口径狙击步枪引起了各国军队的重视，同时也在世界轻武器生产商中掀起了一场持久的大口径狙击步枪开发热潮。巴雷特公司在M82A1的基础上，也根据不同的使用要求开发出一系列的狙击步枪，大多数是发射12.7毫米口径的BMG弹，它们是M82A2狙击步枪和XM107狙击步枪。

★狙击手与M82A1狙击步枪

◎ 首代重狙：M82A1"小坐力，大威力"的传说

★ 巴雷特M82A1性能参数 ★

口径：12.7毫米　　　　　　　　　　枪重：12.9千克

枪全长：1448毫米　　　　　　　　　有效射程：1850米

枪管长：736.7毫米　　　　　　　　 最大射程：6800米

分解后最大长度：965.2毫米　　　　 容弹量：10发

枪管缠距：381毫米

　　巴雷特M82A1是世界上口径最大的狙击步枪，达到空前绝后的12.7毫米。让人意想不到的是，M82A1的后坐力竟然很小，这引起了各国专家的注意，纷纷研究其原因。

　　原来这是因为一部分后坐能量作用于枪管、枪机和枪机框的向后运动及压缩复进簧，另外，枪本身也吸收了部分后坐能量，但最主要还是其高效的枪口制退器减少了大部分的后坐力，这就保证了射击时的舒适性及射击精度。枪托底部还有一个特种橡胶后坐垫，据说后坐感觉比12号口径的霰弹枪要好，而后坐力明显比7.62毫米口径的步枪要小。不过这个高效制退器有个缺点，就是每发射一发枪弹时从制退器喷出的火药气体都会在射手附近卷起大量尘土和松散颗粒。

★外形精美的巴雷特M82A1狙击步枪

M82A1可以迅速地分解成上机匣、下机匣及枪机框三部分。分解销位于机匣右侧，一个在弹匣前方，另一个在枪托底板附近。上下机匣是主要部分，为了保证其强度及耐磨性选用了高碳钢材料。下机匣连接两脚架、枪托底板及握把，其内部包括枪机部件及主要的弹簧装置。上机匣主要包括枪管部分，即枪管、枪管复进簧和缓冲器。焊接在上机匣上面的是机械瞄具、光学瞄准镜座及提把，而与内部焊接在一起的是枪管衬套及枪管止动销。当击发后，火药气体推动弹头沿枪管向前运动，同时又作用于弹壳底部，将推力传给枪机，再由枪机闭锁凸榫传给枪管节套，最后通过枪机体传到枪机框后部。这样可以分散射击时产生的振动，避免损坏闭锁机构。

M82A1半自动狙击步枪，采用枪管短后坐原理，半自动发射方式。枪管短后坐原理是著名枪械设计师勃朗宁开发的，而巴雷特将这种原理改进使之适合作为肩射武器的自动原理。

M82A1自带机械瞄具，也可以安装光学瞄具。原枪配用巴雷特公司的10倍瞄准镜，而海军陆战队所用的则是与M40A1相同的10倍Unert1瞄准镜。

🚫 第二代重狙：M82A2是扛在肩上的狙击枪

★ M82A2狙击枪性能参数 ★

总长： 1409毫米		**枪口初速：** 853米/秒	
枪管长： 736.7毫米		**准确有效射程：** 1850米	
容弹量： 10发		**最大射程（车辆大小目标）：** 6812米	
重量： 12.24千克			

狙击手选择狙击点对隐蔽性要求很高，狙击手的狙击姿势往往是俯卧式。可是在地形复杂的地区单单俯卧式还不够用，因为对付不了直升机一类在高处快速移动的目标。巴雷特公司了解到这种情况后很快推出了可以扛在肩上射击的狙击步枪，这便是M82A2。

★M82A2狙击步枪

M82A2是巴雷特公司大口径狙击步枪的第二代产品，也可说是M82A1狙击步枪的无托结构型。

M82A2的护木前部有小握把，便于狙击手握持。它通常会配用光学瞄准镜，以便捕捉运动目标。它枪长1409毫米，枪管长736.7毫米，弹匣容量10发。可M82A2的一大缺点是枪太重，达12.24千克，使肩扛M82A2狙击步枪连续作战需要非常强的体力。

可以这么说，M82A2显然是被设计为一种廉价的反直升机的武器，适合用于对高速移动的目标，扛在肩膀上射击，解决了普通狙击步枪因只能用俯卧式姿势射击而无法对付直升机等目标的缺点，但此枪较重，故没有成功，并很快从生产线上下来了。

◎ 第三代重狙：XM107引领大口径狙击潮流

★ XM107狙击枪性能参数 ★

口径：12.7毫米	枪口初速：900米/秒
枪全长：1220毫米	容弹量：10发
枪重：10.4千克	

★XM107狙击枪

★士兵手中的XM107狙击步枪

20世纪90年代中期，美国陆军正在寻求一支大口径的重型狙击步枪，作为当时配备的7.62毫米口径的M24狙击步枪的补充，以提高狙击小组的远程反器材及作战能力。这种需求日益迫切，最后聚焦到一支采用枪机直动式原理的12.7毫米口径的狙击步枪上，大家一致认为采用直动式枪机的武器要比半自动武器精度更高。但是当研究者对备选方案仔细研究斟酌之后，并不是很满意。因此，他们开始考虑自动装填的半自动射击武器。幸运女神再次光临巴雷特公司，研究者们将目光投向了M82A1。巴雷特公司按照美国陆军的计划研制了M82A1M（公司型号），由于没有最后定型，军方将其命名为XM107（XM表示试验型），XM107计划正式启动。

XM107同M82A1一样，是枪管短后坐式半自动武器。但是它比M82A1要轻要短，重量为10.4千克，全枪长1220毫米（M82A1全枪质量为12.9千克，全枪长1448毫米），并在枪托尾部增加了一个支撑杆。

XM107沿袭了M82A1的许多设计特点和技术性能。它采用M1913瞄具导轨，可拆卸的折叠式两脚架，有后握把、帕克法表面磷化技术。准星和表尺可折叠，双气室枪口制退器可拆卸，高效的枪口制退器减少了大部分的后坐力，射击时感觉非常舒适，射击精度得到了保证。枪托底部还有一个特种橡胶后坐缓冲垫。使用12.7×99毫米勃朗宁机枪弹，采用容弹量为10发的可拆卸式弹匣。

在瞄具系统方面，XM107没有像M82A1那样，配用巴雷特公司的10倍瞄准镜和海军陆战队使用的10倍Unert1瞄准镜，而是采用了刘坡尔德白光瞄准镜，并增加了夜间使用的AN／PVS–10夜视瞄准镜。

★海湾战争中被使用的XM107狙击枪

由于XM107可以有效打击2000米距离上的人员和器材，精度很高，甚至小于1密位，对1000米处目标进行射击时，弹头散布不会超过1米。美国陆军和海军陆战队装备XM107主要用以打击运动中的快艇，摧毁雷达和移动通信器材。此外，XM107还被用于引爆已废弃的或未爆炸的弹药。

20世纪90年代，美国军队对于增强武器火力的需求非常大，以至于XM107还没有定型时，就已经在阿富汗战场中大量使用，特种部队使用它作为人员杀伤武器对付塔利班士兵。阿富汗战争刚刚开始时，美军曾为第82空降师和第101空中突击师购买了50支XM107步枪，之后又陆续购置了数百支XM107用于阿富汗战场。实战证明该枪性能十分可靠，可以满足美军的作战需要。

2003年，伊拉克战争爆发后，美国陆军又购买了几百支XM107运往伊拉克。XM107并不是美国官方正式规划的武器开发项目，然而由于伊拉克战争对于该武器的紧急需求，美国陆军加快了对XM107狙击步枪的开发，在短期内大量生产。

海外战场中的出色表现，证明XM107从技术、操作及评估几个方面都可满足陆军的使用需求。另外XM107比现役的同类武器更加轻便，这意味着士兵可以更加灵活地运动，或是可以携行更多的弹药与器材，其重要性不言而喻。美国陆军班组武器生产管理者认为，该武器的使用者对它很满意，反馈回来的信息是十分肯定的。

美国陆军选择在M82A1基础上改进的XM107作为新狙击步枪，不仅扩充了美国陆军狙击步枪的队伍，更重要的是XM107在战场上的表现足以证明它将会是未来美军大口径狙击步枪的主力。

尽管各方对XM107的反映都很好，但是美国陆军还在继续对其进行完善和改进。

一是在全天候作战方面。研究人员正在研究增加士兵传感器，以提高XM107的夜间使用能力。士兵传感器及设备管理计划办公室的代表们正在研究一种专门应用在XM107步枪上的夜视装备，以取代现在使用的PVS–10。军方要求夜视器材采用第三代像增强器。至于白光瞄准镜，陆军希望在现有产品中选择。为达到理想状态，狙击手还希望武器上可同时安装热成像瞄准具和夜视瞄具，目前这项技术已经研发完毕。另外，狙击手希望在使用夜视瞄具时不要拆除其他瞄具。二是改进膛口装置。研究人员正在为XM107试验一种新的消声/消焰器，以研制出更为有效的抑制枪口噪声和枪口焰的膛口装置。另外，弹道工程师也在为XM107研制新弹药。虽然该枪可以发射除轻型脱壳穿甲弹（S1AP）之外的所有12.7毫米口径弹药（特别适合发射Mk211即211式弹——一种多用途反器材弹药），但研究人员也在为XM107发展一种新的特种人员目标杀伤弹。新弹药将使用比赛级精度的12.7毫米BMG普通弹头，目前命名为XM1022远程战术狙击弹药。XM1022与Mk211的弹道接近，这样可以减少狙击手在更换弹药后要重新修正弹道的麻烦，利于即时瞄准射击。

2007年，各项试验完成后，XM107将按照美国陆军制订的优先顺序装备部队。第一批样枪一部分已经交于美国陆军特种作战司令部使用，一部分则投入到第18空降军使用。同时，XM107狙击步枪还将投入坦克旅级战斗部队使用。而且，全球反恐战争也促进了该武器的列装。

★作战中的XM107狙击步枪

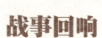

战事回响

战无不胜："白色死神"西莫·海亚

在世界狙击手排行榜上，西莫·海亚位列首位。这个号称"白色死神"的芬兰狙击手之王，在苏芬战场上狙杀了542名苏军，这些被他狙杀的士兵足可以组成一个加强营了。时至今日还没有一名狙击手能再超过这一纪录，他是世界上当之无愧的"狙神"。

1939年，苏联和芬兰开战。芬兰军队虽然强大，但还是无法和有着军事传统的苏联相提并论。在这场以弱抗强的战争中，芬兰狙击手却有着顽强的表现。

芬军在力量对比不利的情况下，凭借1927年～1939年在卡累利阿地峡修建的"曼纳海姆防线"的坚固工事，利用严寒和沼泽森林的有利地形，展开反击战、阵地战和消耗性围歼战，因此苏军除在北冰洋的贝柴摩和萨拉地区进展较快外，在卡累利阿地峡和拉多加湖一带伤亡较大。

1940年1月，苏军重新组织攻势，总兵力增加到46个师，于2月11日以密集火力和重型坦克在地峡发动总攻，空军对芬兰后方城市和交通线进行了狂轰滥炸，14日突破"曼纳海姆防线"，芬军于2月26日退守维堡一线。

★苏芬战场上的狙击手

在这场战争中，狙击手第一次被人们所重视，芬兰这个小国面对强大的苏联采取的"狙击战术"非常奏效。

1939年到1940年冬，芬兰狙击手可谓是苏联红军的噩梦，脚蹬滑雪板，身披白风衣的芬兰狙击手在大雪封锁了一切道路之时，却可以悄无声息地来去自如。而在

★芬兰采取"狙击战术"非常奏效

雪和泥泞中挣扎前进的苏联红军则成了这些人的活靶子。芬兰三五个狙击手经常可以把小股纵队行军的苏联车队全部消灭，而自身毫无伤亡。最恐怖的情形出现在野外宿营的夜晚，曾有苏联红军在围着篝火取暖时，被躲在黑暗中的芬兰狙击手挨个瞄准射杀。而受冻挨饿的苏联红军战士看着战友一个个倒下竟无动于衷，因为他们对活到天亮根本就不抱希望了。

这些芬兰狙击手使用的是从帝俄时期沿用下来的莫辛−纳甘步枪，却能在700米外狙杀苏军，在苏军士兵中造成极大的恐慌，称他们为"白色死神"。

芬兰狙击手中最厉害的当数西莫·海亚。西莫·海亚是芬兰也是世界最高狙杀纪录542次的保持者。西莫·海亚作为狙击手参加的是芬兰陆军的滑雪部队，他是专业猎人出身，对于山林的地理环境非常熟悉，身穿跟雪一样白的白色伪装服，滑着雪橇在大雪封路的荒郊野外来去自如。而在一片雪白的环境下，穿着笨重的棕褐色制服、在雪地中辛苦跋涉的苏联红军士兵则是最明显不过的目标了。即使趴在雪地上，苏军也逃不过西莫·海亚迅速而准确的射击。只要脑袋一探出地面，用不了30秒，就可能永远离开那战火纷飞的人世。有的胆小鬼士兵不敢抬头，趴在地面上，只顾低着头扫射，结果屁股上就被打出个对穿的窟窿。由于西莫·海亚在苏芬战争中的突出贡献，他被芬兰人民尊敬地称为"民族英雄"。

🎯 巾帼不让须眉：苏联狙击手柳德米拉

伟大的苏联女狙击手柳德米拉·米哈伊尔洛夫娜·帕夫利琴科生于1916年6月12日，出生在乌克兰贝里亚·特沙科夫的一个小村庄。在孩童时代，她就是一个学习勤奋成绩优异而又具有独立精神的好学生。在她上到九年级时，搬家到了基辅。她在那儿找到了一份工作。

她年轻时是一位十分漂亮的姑娘，那天真纯洁而又充满活力的大眼睛中透露出世人少有的坚毅。谁都很难想象，正是这样一位年轻美丽的姑娘，竟然是一名出色的狙击手——在敖德萨和塞瓦斯托波尔保卫战中一共击毙了309名德军，创造了巾帼不让须眉的狙击神话。她也是在射杀人数超过300人的25名著名狙击手中的唯一一名女性。

1941年6月22日，德国入侵苏联时，柳德米拉已经是24岁的基辅国立大学主修历史的学生了。和许多同学一样，柳德米拉报名参加了苏联红军，她近乎标准的女军人仪表赢得了招兵官员的青睐，但是她却表示希望拿起一支步枪到前线直接打击敌人。招兵军官笑了起来，问她知道多少关于步枪的知识。柳德米拉马上熟练地操起了瞄准的架势。但是军官仍然试图劝说柳德米拉做一个战地护士。但是被柳德米拉没有商量余地地拒绝了。

经过不断努力，最终，她到25步兵师做了一名步枪射手。她第一天上战场的时候，即使看见了敌人从她潜伏的地方通过，她都不能说服自己真的举枪射击。但是有一天，德国人在离柳德米拉埋伏很近的地方射杀了一名苏联战士，这完全改变了她。"这样一个快乐的男孩就在我面前被杀害了，从那之后，任何事情就都阻止不了我了。"

1941年8月，第25步兵师奉命保卫巴亚耶夫卡附近的比利亚夫卡。在巴亚耶夫卡附近的一个村落，柳德米拉接到命令，在一个隐蔽的地方潜伏下来，等待目标出现。等待是漫长而折磨人的，柳德米拉紧紧握着手中的步枪，强迫自己抛弃恐惧和紧张，消除任何杂念。毕竟，这是她第一次面对真正的活人目标。伴随着第一个目标的出现，她紧张地扣动了扳机。枪响了，瞄准镜中顿时出现了血花飞溅的场面。柳德米拉取得了她从军以来的第一个战果，并由此开始了她真正的狙击生涯。

柳德米拉常和一个观察兵一起活动，武器是一支带4倍PE瞄准具的莫辛-纳甘M1891/30式7.62毫米口径的狙击步枪。这种5发弹仓的步枪是当时最好的狙击步枪之一。在敖德萨作战的两个半月里，柳德米拉一共打死了187个敌人。当敖德萨确实已无法坚守时，苏军独立濒海集群撤往塞瓦斯托波尔。在接下来的残酷战斗中，柳德米拉于1942年6月被德军迫击炮弹炸伤。根据最高统

★正在指导女狙击手射击的柳德米拉

帅斯大林本人的命令，柳德米拉乘潜艇撤离塞瓦斯托波尔。到这时，她的战果已达惊人的309个。1943年10月25日，她被授予"苏联英雄"的荣誉称号和金星勋章。

战后的1945年～1953年间，她在苏联海军供职，并晋升为海军少将军衔。1976年，以她为主题，苏联发行了一枚纪念邮票。柳德米拉从海军退役后，又在苏联军事支

★正在战场上作战的柳德米拉

援辅助委员会供职。1974年10月10日，柳德米拉·米哈伊尔洛夫娜·帕夫利琴科不幸逝世，年仅58岁。

◎ 一战中的华裔狙击手

历史上最著名的两大狙击手对决，一是二战中的瓦西里和柯尼格的对决，二是一战中的沈比利和阿布都尔的对决。

沈比利（Billy Sing），华裔，来自澳大利亚昆士兰州中部的一个采矿小镇克勒蒙特，是第一次世界大战中击中目标最多的狙击手之一。

"他简直是将战场上的对手玩弄于股掌之上，常常声称胜得太轻松，自己都有点不好意思了。他常常抱着步枪在掩伏点坐着休息，而他的助手观察员则用望远镜为他寻找目标。如果敌兵刚刚伸个脑袋出来，沈比利常常是龇牙笑一笑而置之不理，他要迟些再下手。敌兵看看没事觉得安全了，就会慢慢地把肩膀乃至上半身都探出来，这就是动手的时候。观察员一声'好了'，紧接着一声枪响，又一个敌人就这样报销掉了。"一个战友这样描述他们眼中的"加里波利杀手"。

其实这对沈比利来说并不算什么。虽然一战前沈比利只是在家乡赶过大车、砍过甘蔗、干过农活，但很早就以枪法出众闻名。据说他小时候就可以用22毫米口径的步枪在25米外打断小猪的尾巴。他不但是当地射击俱乐部的会员，还是一个有名的袋鼠猎手。

当然，沈比利也搞不懂自己精准的枪法是不是有华人血缘的因素。他父亲沈约翰生于

上海，赴澳前在上海是一名郊区菜农。母亲玛丽安是一名护士。1886年3月2日出生的沈比利在小学二年级时曾得到学校颁发的优良证书，教育部的调查报告里说他"聪明伶俐、有教养"。

1914年圣诞节前，28岁的沈比利加入了澳大利亚远征军，隶属第五轻装骑兵团。他在抵达欧洲加里波利半岛后被派驻到临海的波尔顿岭，狙击点设在岭上一个叫做切森高地的地方，对手是土耳其人。在这里他展示了惊人的狙击天赋。

据战友们回忆，"小个子，黑皮肤，上唇留八字须，下巴一撮山羊胡"的沈比利耐性特别好，可以长时间端枪瞄准而不感到疲倦。还有一个特长就是视力极佳，别人用望远镜才能看清的东西他用肉眼就可看清。他用来狙击的是普通制式步枪，而且是不装瞄准镜的。

沈比利对自己的要求非常严格。总司令官伯得伍德将军曾有一次亲临沈比利的狙击掩体为他做观察员。沈比利瞄准之后开了一枪，结果正好一阵风刮过将子弹吹偏了少许，打中了目标身边的另一个敌兵。旁边的伯得伍德将军欢呼："打中了！打中了！"沈比利平静地说："我瞄准的不是倒下的那个，所以这一枪不能算。"

战场上的对手接二连三地倒在了沈比利的枪口下，这消息像最新的球赛比分一样在盟军战壕里流传，他的事迹不但登上了盟军战报，连伦敦的《每日电讯报》和美国的几家报纸也都有报道。这个澳大利亚的马车夫一时间名扬全球。

1915年5月至9月，仅在加里波利战役不到4个月的时间里，他经观察手证实的狙杀成果为150人。加上他独自行动时未列入统计的收获，伯得伍德将军在1915年10月对沈比利通报嘉奖时将他的狙击成果认定为201人，而英美报纸在刊登他的事迹时也写的是201人。

★华裔狙击手沈比利

用狙击手对付狙击手乃是最有效的战术。土耳其人派出了他们王牌中的王牌来对付沈比利。这是一名身经百战的奥斯曼近卫军狙击手，倒在他枪口下的有俄国人、希腊人、保加利亚人和阿拉伯人。奥斯曼帝国苏丹哈米德二世曾亲手为他颁发勋章。他的步枪被近卫军士兵们尊称为"死亡之母"，澳军士兵给他起了个绰号，叫做"可怕的阿布都尔"。阿布都尔知道，最难对付的敌人是对面澳军的那个狙击高手。为了发现对手的狙击点，他像一个精明的侦探一样寻找蛛丝马迹。终于有一天傍晚他向长官报告，对方高手的狙击点就设在切森高地上，确切位置已被他发现，明天日落前这个讨厌的澳大利亚人就会被除掉。

★正在战壕中休息的华裔狙击手沈比利

第二天，沈比利和他的观察员像往常一样早早地进入了自己的狙击掩体。沈比利的精神不太好，抱着步枪一边打哈欠一边伸懒腰。

观察员开始瞭望工作不久就突然发出一声惊呼："天哪，快来看！"

沈比利一下子警觉起来，他接过望远镜按观察员示意的方向看过去，只见一张涂满泥土的脸，鹰钩鼻，两只大眼睛，还有一个黑洞洞的枪口。前面有那么多的土军阵地，阿布都尔又隐蔽得那么好，但还是被观察员一下子就发现了。

"当心点"，观察员说道，"他的眼睛就像老鹰一样，而且他正盯着我们这儿。"沈比利嘀咕了一句："不是他死就是我活。"

沈比利侧着身子将枪眼前的障碍物慢慢地挪开寸许，这样即使敌方开枪也打不到他。阿布都尔并不知道沈比利已经发现他了，他的手指已扣住扳机，准备将障碍物再挪开一点点就开枪。就在此时，沈比利的枪口喷火了，子弹正中阿布都尔的眉心。

尽管沈比利射杀了那么多的目标，但他对敌人并没有太多的仇恨，认为自己只是尽忠职守而已。在沈比利的眼里，敌军掩体后的人头可能和澳大利亚丛林里的袋鼠头没有什么分别，整个战争只是一场大规模的狩猎游戏而已。

一战结束12天后沈比利就退役了，从耀眼的神枪手重归平民生活。此后的大部分时间里他以淘金为生，从中人们可以看到他在战场上较少展现的豁达、乐观、敏捷和幽默。

1943年5月19日清晨，年仅57岁的沈比利被人发现死在他租住的廉价旅馆里。曾经一度名满天下的王牌狙击手就这样孤零零地告别了人间。他去世的地方今日是个电脑维修店，门前设立了一块铭牌，告知世人曾经有一位英雄在此逝世。

现在，澳洲绝大多数的人从未听说过沈比利，而全球的华人世界里更是无人知晓。澳洲华裔作家Morag 1oh有关澳籍华裔军人的"Dinky-Di"一书中对"Bi11y Sing"是否华裔也表示疑问。但他的故事不少服役过的澳洲军人都知道。

⊙ 世界著名狙击步枪补遗

1. 俄罗斯VSK-94狙击步枪

VSK-94微声狙击步枪，它带上满弹匣子弹才重3.93千克，比起其他狙击步枪，它的体积明显要小，因而携带使用都很方便。VSK-94狙击步枪结构比较简单，工艺性也好，俄罗斯人称其为"游击队和特种部队得心应手的武器"。

VSK-94微声狙击步枪配有可更换的塑料枪托，枪托和小握把是一个整体，底托有橡胶垫，使射击更为舒适；快慢机转换柄从机匣左边移到右边，左边的位置用于安装光学瞄准镜导轨座。

VSK-94微声狙击步枪发射9×39毫米SP-5、SP-6、PAB-9三种亚音速弹，初速不超过270米/秒，能够保证有效使用消音器，实现无声射击。在45～50米内，射击声音基本听不到。但是，无声射击的优点也带来一些缺陷，主要是弹丸亚音速飞行限制了武器在400米的有效瞄准射击，尤其是对运动目标。

★俄罗斯VSK-94狙击步枪

VSK-94微声狙击步枪也可在不消声的状态下射击，这使它具有战斗的灵活性。它也配有昼夜瞄准仪。但与VSS型特殊用途狙击步枪不同的是，VSK-94配备的不是综合消音器，而是抽取式消音器。取下消音器后，VSK-94型狙击步枪可以用做轻型冲锋枪。

VSK-94微声狙击步枪的另一个优点是可在无消音器状态下射击。其消音器可拆，不必专门清洗。为了不带消音器射击，设计者还提供了枪口螺帽和用于提高精度的枪口抑制器等附件。

VSK-94微声狙击步枪采用标准的PSO瞄准镜，瞄具上增加了一些瞄准分划和400米内测距线，刻度合理，用以瞄准发射各种9×39毫米特种弹，确保有良好的精度。它在300米内射击，几乎都不脱离胸靶。

实际上按要求，VSK-94微声狙击步枪要保证在100米内击中人体头部，在200米内击中胸部。在较远的距离上，由于弹丸初速所限，应该说不能很可靠地命中目标。

VSK-94微声狙击步枪轻巧、方便可靠，能用于近距离无声战斗，也可连发射击，适合侦察部队和反恐怖小分队使用。不足之处是扳机力太大。

2. 英国PM狙击步枪

20世纪70年代，从李-恩菲尔德单发步枪改成的142A1式狙击步枪早就不能适应现代战争的要求。在1982年爆发的马岛战争中，142A1式狙击步枪就显得力不从心，于是英军把眼光转向了7.62×51毫米北约口径的新型狙击步枪。其基本要求是：首发命中。最后，英军选中了英国国际精密仪器公司的PM狙击步枪（意为精确竞赛枪）。该枪又称AW（ArcticWarfare，意

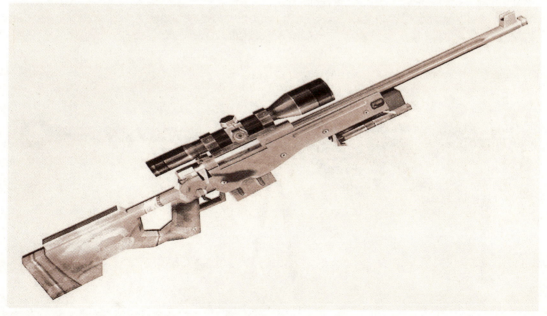

★英国PM狙击步枪

为北极作战），研制者是"自选步枪"射击的世界冠军马尔科姆·库帕。该枪有步兵型、警用型和"隐形PM"3种，其中步兵型1986年装备英军，称为L96A1式狙击步枪。

PM狙击步枪的主要特点是：机匣由铝合金制成；枪托由高强度塑料制作，分两节，与机匣螺接在一起，枪托前部配有可调式轻型两脚架；枪管由不锈钢制成，长660毫米，机匣螺接在超长的机匣正面，可在枪托内自由浮动。该枪寿命达5000发，枪机后部拉机柄周围有数条纵向铣槽，在枪进水并在严寒条件下结成冰的情况下，自动机不会冻结，射手仍可以完成装填动作。该枪之所以被称为AW，就是这个缘故。

3. 法国PGM精确射击步枪

PGM精确射击步枪是法国PGM精密仪器公司生产的一种新型模块化警用手动单发高精度步枪。这种枪在警用部门又称为"U1itmaratio"，意为"最后的手段"。更换枪管就可发射弹底直径相同而口径不同的枪弹，还有一种特型PGM精确射击步枪为12.7毫米口径。

★法国PGM精确射击步枪

PGM精确射击步枪的机匣为模块结构，由铝合金制成，与其下面的斜置箱形梁螺接在一起；机匣箱形梁螺也由硬铝车铣而成，外包法国胡桃木，兼做枪的下护木；在下护木和枪管之间有一段10毫米的距离，使枪管在射击时可以浮动，并可以快速换上带消音器的枪管；枪机闭锁过程不仅平滑流畅，而且不会倾斜；扳机是猎用型，扳机力可在300～1400克力之间调整，扳机尾可以纵向调整，以适应手指长度不同、手掌大小不同的射手。

PGM精确射击步枪的全枪长1120毫米，枪管长508毫米，空枪质量6.85千克（含瞄准镜和两脚架），弹匣容量5发。

4. 德国G22狙击步枪

从一战以来，德国制造的枪支就别具特色。德国人严谨细致的作风造就出无数令军人、尤其是特种兵啧啧称奇的精密枪械，G22狙击步枪就是其中风头很劲的一种。该枪采用12.7毫米温彻斯特·马格努姆枪弹，在1千米内的首发命中率达到90%，能在100米内穿透20毫米的装甲钢板。该枪于1998年装备德国陆军，在阿富汗战场上发挥了不可忽视的作用。

冷战时期，西德的军队将本国的国土视为"战场"而展开训练，并选定和采用了与其相应的装备。冷战结束后，崭新的欧洲概念全面出台，德国国防军的任务也发生了很大变化。

众所周知，德国是"二战"的战败国，此前在法西斯统治下的德国曾给整个欧洲和世界人民带来了极大的创伤和痛苦，因此，欧洲人并不希望看到德军被派遣到国外。为过去的战争进行深刻反省的德国本身对待国外派遣任务的态度也极为慎重，不敢轻举妄动。

然而，统一的欧洲在新世界格局中扮演了举足轻重的角色，在欧共体推出的国际新战略中，德军理应担负的新任务也变得越来越明确、透明。冷战结束后，北约便失去了以往的战略对手，不愿接受美国控制和支配的欧洲创建了符合新欧洲利益的欧洲快速反应部队。战后

★德国G22狙击步枪

一直对派兵国外持消极态度的德军也逐渐成了重要的国外派遣力量。为此，作为国外派遣部队，德国政府在德国联邦军队内专门创建了具备很高实战能力的特种部队"KSK"。

在国外执行任务的"KSK"不仅需要具备可应付各种复杂战况的作战能力，还需要装备相关的武器。由于新诞生的"KSK"正好赶上德国国防军步兵武器的新旧交替时期，德国政府将规模较小的"KSK"当成新式武器的试验部队，经"KSK"之手得到证实的各种新式武器陆续成了德国国防军的制式武器。

例如，在轻武器方面，新一代制式步枪G36突击步枪、HKUSP手枪（P10）、使用小口径枪弹的HK MP7A1冲锋枪、HK MG-43轻机枪、美制巴雷特M82A1反器材步枪等先后装备"KSK"，等到其性能得到验证后，再陆续列装德国国防军。

G22狙击步枪率先装备的是"KSK"，当G22狙击步枪的供应量充分满足"KSK"的需求后，再装备其他国防军部队。"KSK"装备的G22狙击步枪随着部队出征，在阿富汗战场上发挥了不可忽视的作用。

G22狙击步枪是以12.7毫米口径的AWM-F狙击枪为基础，根据德国国防军的要求专门作了一些改动，包括可调整的枪托和贴腮板，在枪托前护木前方的上方增加了一个可安装夜视仪的底座，而这一新增的底座就成了G22与其他AWM-F在外观上的一个识别标志。

由于采用威力强劲的12.7毫米口径的温彻斯特·马格努姆枪弹，以往的4倍光学瞄准镜已无法满足精确狙击的需要，为此特意采用了德国SB（Schmidt & Bender）公司为G22狙击

★正在执行任务的G22狙击手

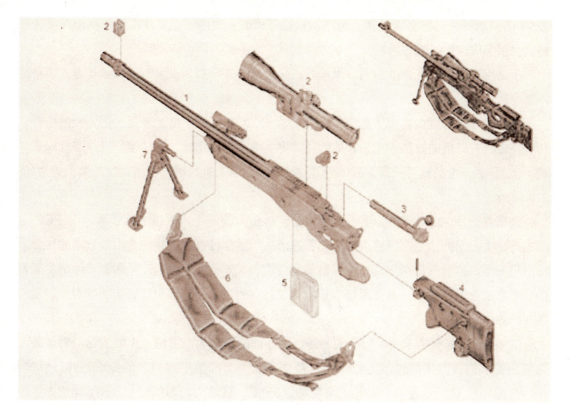

★G22狙击步枪的结构图

步枪研制的（3～12）×56瞄准镜。在近距离防御中快速射击单个目标时用小倍率较有效，而射击远距离目标时用12倍最理想。一旦完成昼用光学瞄准镜的归零校正，就可直接在其前方加装夜视镜，与昼用光学瞄准镜配合使用。

　　G22狙击步枪上采用了德国亨索尔特公司的NSV80II型夜视镜（HKG36突击步枪上使用的也是该型夜视镜），在夜间射击时，夜视镜利用电池的电力对捕捉到的微光目标影像进行强化，再将强化可视画像投射到荧光板上，射手则利用后方的昼用光学瞄准镜瞄准这一投身到荧光板上的目标影像扣动扳机即可。夜视镜的电源是2节1.5伏的镍铬电池，可连续使用90小时。昼用光学瞄准镜上也装有在夜间射击时可照明分划用的灯和向灯供应电力的电池。NSV80II型夜视镜安装在枪托前端前护木前方的折叠式两脚架上方的皮卡汀尼导轨上。

　　G22狙击步枪采用了传统的旋转后拉式枪机，枪机的设计非常简单，枪机头部外缘有6个（2排，每排3个）闭锁凸榫，从而将枪机头部外缘平分成6部分，枪机开闭锁时，枪机头部旋转60度；枪机后端的枪机套几乎是个方块；枪机体较粗，而且相当重，但其内部的击针却又细又轻；向3个方向突出的闭锁凸榫有助于将发射时的振动控制在最小限度内，从而达到提高命中精度的最佳效果。

　　G22狙击步枪的机匣下方插入可卸式盒式弹匣，弹匣为枪弹单排排列结构，可装填5

发300温彻斯特·马格努姆枪弹。弹匣从枪托下面插入枪内，设置在扳机护圈前端前方的杆状弹匣卡榫卡住弹匣的后端。

手动保险设在枪机套的右侧，操作方式是沿水平方向前后摆动，这种操作方式简单而不易出现错误。

为了在增加强度的情况下达到轻量化的目的，G22狙击步枪上采用不锈钢制的枪管，枪管外表具有以增加散热面积为目的的散热槽。由于是军用枪，不锈钢枪管外表处理成黑色。G22狙击步枪的枪管长度为690毫米，枪管内有4条右旋膛线，膛线缠度（缠距）为1圈279.4毫米。

德军在采用G22的同时，还制式采用了同样是AI公司生产的战术消音器。由于G22使用的是威力强劲的枪弹，发射声响远比普通士兵用的步枪要大，很容易引起敌军的注意，一旦狙击手的位置被敌军发现，不可避免地会遭到敌军的集中火力。采用消音器的主要目的是减小部分发射声响，避免因狙击步枪的发射声响过于特殊而出现狙击手的位置被敌方发现的弊端。

G22的枪口部安装了一个特殊的零件，该零件的后部为准星座，中部为枪口制退器，前部为安装消音器用的螺纹。枪口制退器部位的上半部前后排列有两排排气孔，后排6个，前排5个，排气孔左右侧的最大角度均为100度，这使火药燃气向上方和侧面喷出，不仅能有效抑制和减小射击时的枪口上跳和后坐力，还能防止地面扬尘进入枪口。枪口部拧上消音器后还会把枪口制退器直接罩住。枪口制退器还能与准星和准星座一起从枪管上拧下，卸下准星和枪口制退器后的枪管前端，同样可以直接安装消音器。

★采用不锈钢枪管的G22狙击步枪

　　AI公司的狙击步枪最大的特点之一是枪托，在枪托内部包有铝合金制的强化芯，外部则用强化塑料制成。为了减小枪管的上跳，尽可能地提高枪托的安装位置，使枪托最大限度地接近枪管轴线。因此，在向后方打开枪机时，枪机几乎是贴着枪托的上面向后退。

　　G22采用折叠式枪托，枪托上贴腮部位前方的枪托折叠处设有折页，并以这一部位为转轴，可向枪左侧和向前折叠枪托。枪托折叠后G22枪全长由1245毫米缩短到995毫米。枪托的握把部位后方具有大型的拇指孔；枪托后端具有可调整枪托长度的枪托底板，枪托上面具有可调整高度的贴腮板，枪托底板最多可伸出24毫米，贴腮板最多可拉出28毫米。枪托右侧后端和后上部分别装有一个枪托底板固定杆和2个贴腮板固定钮，在调整枪托长度或贴腮板高度时，松开固定杆或固定钮，可随意调整到适合射手的尺寸。枪托下面还设有在展开精确瞄准射击时用的单脚架，转动单脚架底部的调整钮，可上下调整单脚架的长度。将单脚架和前方两脚架配合使用，不仅能将枪固定在瞄准点上，还能减轻长时间狙击时对士兵造成的负担和疲劳。

5 卡宾枪

短臂枪魂

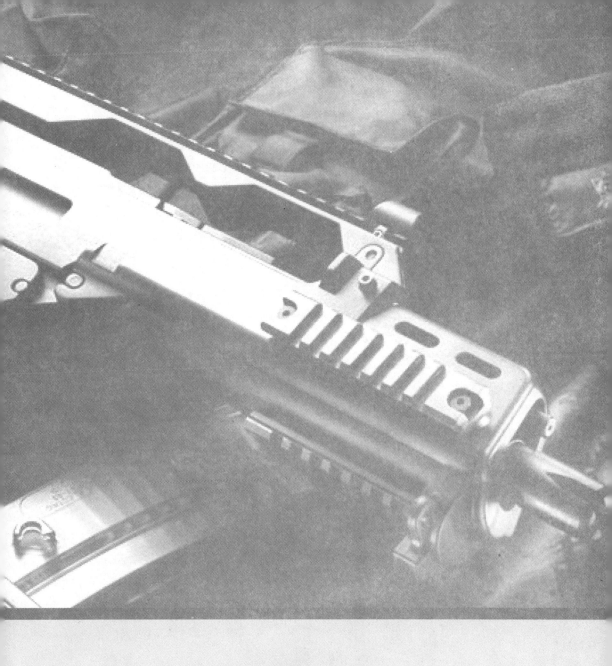

☉ 沙场点兵: 马上的"英雄"

卡宾枪即马枪、骑枪。它的枪管比普通步枪短,子弹初速略低,射程略近。

西班牙把骑兵叫做卡宾,所以卡宾枪由此而得名。它是相对于标准型的步枪而言的短步枪,比冲锋枪长。其实,俄国在14世纪末制造的一种"短小型"火绳枪,就已具有滑膛卡宾枪的雏形。原先卡宾枪主要是供骑兵和炮兵装备使用。在骑兵逐渐被淘汰后,它也曾作为特种部队、军士和下级军官的基本武器。进入20世纪80年代后,由于轻型自动步枪和微型冲锋枪的发展,卡宾枪已失去其作为独立种类武器装备存在的必要。

卡宾枪一般采用与标准步枪相同的结构,只是截短了枪管,是一种枪管较短,质量较轻的步枪。有人给它下了个简单定义——短步枪。至于卡宾枪的枪管有多短,多数词典认为不超过558.8毫米。据英国《大不列颠百科全书》记载,这种枪全长914毫米,质量不超过2.7千克。

☉ 兵器传奇: 步枪变形卡宾枪

德国1898式毛瑟步枪问世以后,1930年出现了一种缩短了枪管的改型枪——卡宾枪。第二次世界大战时期,卡宾枪的发展空前活跃。

M1卡宾枪是枪械历史上按照公认的卡宾枪定义设计及大量生产的一种专门的卡宾枪。于1941年10月正式定型,并命名为M10.30英寸(7.62毫米)卡宾枪。

在现代战争中,常规的制式步枪无法满足一些兵种单兵战斗的作战需要,所以必须开发出机动性和特种作战性更好的卡宾枪。现今的各种卡宾枪都是在原型标准步枪的基础上

★步枪的变形——M4卡宾枪

★M4卡宾枪的结构图

定型的，卡宾枪和原型的标准步枪用的也是同样的弹药，这在后勤保障上是很重要的，比如M16和M4，用的弹药都是北约标准的5.56毫米×45毫米枪弹，两者的许多零部件可互相通用，大大方便了后勤供应和维护保养。德国的G36自动步枪中也衍生出了卡宾枪型G36k，它们之间的弹药也是通用的。由于采用步枪弹以及枪管过短，存在枪口焰大和制退效果不好的现象。M4卡宾枪是M16A2的变形枪，1991年3月正式定型，首先装备在第82空降师，用于替换M16A2自动步枪、M3冲锋枪以及车辆驾驶员选用的M16A1/A2步枪和某些9毫米手枪。M4卡宾枪的基本结构与M16A2相同。受到美国伞兵、特种作战部队，以及分队指挥员等其他非一线作战步兵的军事人员的钟爱。即便是治安警察，也对它十分信赖。

🐎 慧眼鉴兵：卡宾变形

现代战争，城市巷战已经成为主要的作战形式，卡宾枪由于既具有冲锋枪短小精悍的优点，又兼具步枪的火力和精度，从而成为城市巷战的主角之一。

卡宾枪与冲锋枪使用不同的弹药，这是它们之间显著的区别。卡宾枪与冲锋枪具有相同的短而轻、机动性好的特点，两者相比主要区别在于：冲锋枪火力密集，但由于发射手枪弹，威力较小，射程较近；而卡宾枪属于步枪类，使用的弹药与使用手枪弹的冲锋枪不同，在威力和射程上优于冲锋枪。美国的M1卡宾枪使用的枪弹虽然不同于美军的7.62毫米×63毫米标准步枪弹，是7.62毫米×33毫米的圆头弹，虽然弹头造型很像手枪弹，但是这种弹药的威力比手枪弹大，侵彻效果比手枪弹强，有效射程更远。

由于卡宾枪重量轻、精度好、侵彻作用又比用手枪弹的冲锋枪强、有效射程也比冲锋枪远，因此被大量装备步兵，像二战中的美国和德国步兵用的步枪都可列为卡宾枪。

美军二战之魂
——M1卡宾枪

⊘ 卡宾出世：重量要求催生M1卡宾枪

　　M1卡宾枪的研制是美国陆军要为二线部队提供一种用于替代制式手枪的自卫武器，这个要求最初是在1938年提出的，其设想是研制一种类似于卡宾枪的肩射武器，发射中等威力的弹药，比标准的0.45英寸（11.43毫米）半自动手枪或转轮手枪有更远的有效射程，但要比M1加兰德步枪更容易操作，携带更方便。这些要求实际上与现在流行的单兵自卫武器（PDW）的概念差不多。

　　美国陆军的这个要求被搁置了一段时间，然后在1940年重新提出。美国陆军军械部提出的具体战术技术指标要求是：质量小于2.5千克，能实施单发或连发发射，能取代手枪和冲锋枪作为军士、基层军官或机枪手、炮手、通信兵或二线人员使用的基本武器。

　　1940年6月15日，美国国防部部长正式批准了轻型自卫武器的研制工作，11月中旬，美国陆军委托温彻斯特公司研制威力介于步枪弹和手枪弹之间的新型枪弹。新枪的研制则在温彻斯特公司、柯尔特公司、史密斯—韦森公司等在内的11家公司中产生。

　　负责弹药开发工作的温彻斯特公司当时正忙于调整M1加兰德步枪的生产线，因此在1941年5月进行的第一次对比试验中未能及时提交自己的产品。经过5月份的初步射击试验后，美国陆军放弃了连发发射的要求。到9月份第二次对比试验前，温彻斯特公司提交了他们的半自动轻型步枪。1941年9月30日，选型委员会的

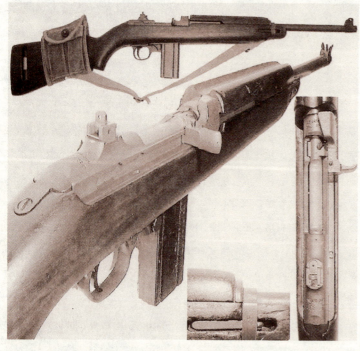

★M1卡宾枪的局部示意图

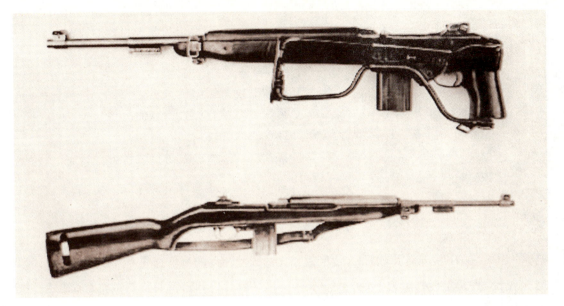

★7.62毫米口径的M1卡宾枪

报告书认为温彻斯特公司的样枪最适合。该设计方案于1941年10月正式定型，并命名为"M10.30英寸（7.62毫米）卡宾枪"。

M1卡宾枪的开发小组由温彻斯特研究所所长爱德温·巴格丝雷领导，他从公司外请来了北卡罗来纳州的大卫·马绍尔·威廉姆斯，此人曾一度被认为是13天内设计了卡宾枪的天才设计师，更被人称为"卡宾威廉姆斯"。

威廉姆斯在1921年因为私自酿酒而被捕，逮捕过程中一名县警中枪身亡，法庭在证据不足的情况下把威廉姆斯关进监狱。当时监狱官并不相信威廉姆斯有罪，而且还认为他有轻武器设计方面的才能，因此允许威廉姆斯在监狱的工作室里利用废弃钢材设计步枪，而且还在监狱内试射成功。监狱官与天才犯人之间的友谊经过媒体报道而轰动了北卡罗来纳州，法庭重新审理了威廉姆斯的案件，终于查清是另一名县警开枪时误击同伴。威廉姆斯在服完非法酿酒的刑期后于1929年出狱，并继续进行枪械设计的工作。传奇性的故事总是令人津津乐道，所以经过新闻媒体渲染后许多人都以为M1卡宾枪是威廉姆斯设计的，但事实上M1卡宾枪的原型是温彻斯特研究所以前设计过的一种猎用卡宾枪的方案，该方案原本已经被弃用，现在由于时间紧迫而重新拿了出来，并采用了威廉姆斯在狱中所设计的短行程活塞导气系统。

🚫 轻型机枪：强强组合，优势互补

M1卡宾枪发射专门研制的7.62毫米口径的枪弹，半底缘弹壳，圆弧形平底铅心被甲弹头。这种子弹的弹头外形比较像手枪弹，是一种圆头弹，枪口动能大约相当于0.45ACP手

★ M1卡宾枪性能参数 ★

口径： 7.62毫米　　　　　　**枪口动能：** 931焦耳

枪全长： 904毫米　　　　　　**有效射程：** 300米

枪管长： 458毫米　　　　　　**枪机：** 导气式，回转闭锁式枪机

枪重： 2.36千克　　　　　　　**弹药：** M10.30卡宾枪弹

射速： 750发/分　　　　　　　**容弹量：** 15发或30发可拆卸式弹匣

弹头初速： 585米/秒

枪弹的2倍，0.30-06步枪弹的1/3，侵彻效果比冲锋枪使用的手枪弹强，有效射程更远。但是不适于远距离射击，威力不足。与其归类为减装药步枪弹，不如归类为加大威力的手枪弹更加合适。

　　早期M1卡宾枪采用觇孔式照门，翻转式L形表尺，后来的M1和M2卡宾枪都把表尺改为滑动式。早期的M1卡宾枪不配刺刀，后来根据军队的要求，在枪管下方增加了刺刀座，配备M4刺刀。M1卡宾枪的枪托上可以附加携带两个备用弹匣的帆布制弹匣袋。M1和M2卡宾枪均可安装枪榴弹发射插座发射枪榴弹。

🚫 横行霸道：优胜劣汰的M1卡宾枪

　　M1卡宾枪定型后的38个月内，一共生产了600多万支，包括原型M1卡宾枪和M1A1、M2、M3等变型枪。内陆制造公司的产量最大，占总数的43%，而温彻斯特公司的产量只占13.5%，其他公司都不超过10%。

　　1942年初，美国陆军的空降部队要求开发一种能折叠的枪托以缩短枪的长度，且在折叠状态下也能射击的M1卡宾枪。1942年3月通用汽车公司试制了侧向折叠的金属骨架形枪托样枪，而斯普林菲尔德兵工厂则试制了伸缩式金属枪托样枪。经过试验，通用汽车公司的样枪在1942年5月被选定为制式武器，正式命名在研究卡宾枪的最初要求中，原本是要有连发发射功能的，但是这个要求在通过初步试验后被放弃。但后来基于士兵的反馈，又提出要求有连发发射功能，于是在1944年5月开始研制增加了快慢机的M1卡宾枪，研制工作由通用汽车公司和斯普林菲尔德兵工厂分别进行，最后通用汽车公司研制的样枪被采用，在1944年9月正式命名为M2卡宾枪。由于连发发射时弹药消耗特别快，因此将弹匣容量增加到30发，但可与原来的15发弹匣通用。M2卡宾枪仅生产了57万支，主要装备给参谋士官或军官使用。M3卡宾枪在研制时被称为T3式卡宾枪，是在1944年初应美国陆军的要求而开发的

一种夜间近战用武器。T3卡宾枪基本上就是在M2卡宾枪的机匣上安装了主动红外夜视瞄准装置，前护木下安装了一个带控制开关的握把。由于主要是在夜间使用，又在枪口上加装了喇叭形高效消焰器，以减少射击时被敌人发现的机会。另外取消了连发发射功能。T3卡宾枪在1945年8月才正式被命名为M3卡宾枪，只生产了约2100支，而且只用在朝鲜战场上。

与几种变型枪相比，原型M1卡宾枪产量最大，共生产了551万支。

与M1加兰德步枪相比，M1卡宾枪有便于更换的弹匣和较大的容弹量，实际射速高而且后坐力低，其射击精度和侵彻作用比使用手枪弹的冲锋枪强。增加快慢机和大容量

★M2卡宾枪

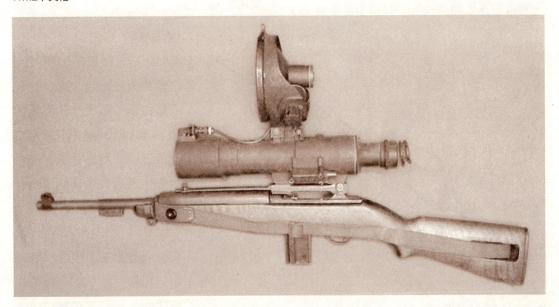

★M3卡宾枪

弹匣的M2火力"几乎"相当于突击步枪（之所以用"几乎"是因为其有效射程还是太近了）。因此在二战期间M1卡宾枪及其变型枪是一种相当有效的步兵近战武器。

在第二次世界大战期间，M1卡宾枪被认为是一种有效的近战武器。道格拉斯·麦克阿瑟将军更称卡宾枪为"为我们赢得太平洋战争胜利的最大因素"。在二战中，美国士兵使用M1卡宾枪打败了德国和日本，当然还有意大利三国的士兵。可以说，M1卡宾枪是在第二次世界大战中美国使用最广泛的武器之一。但好景不长，在朝鲜战争中M1卡宾枪没有助士兵们一臂之力，反而害死了他们。因为朝鲜战争期间，在严寒低温环境下M1卡宾枪的可靠性表现得很差。越南战争初期，美国政府也将M1卡宾枪作为军事援助输出，是南越军队的主要武器。M1卡宾枪成了一种非常有用的丛林作战步枪。M1卡宾枪也曾经是联邦德国巴伐利亚乡村警察以及以色列警察使用的武器。相当长一段时间内以色列仍拥有大量M1卡宾枪及其弹药用于装备警队。

战后的美国王牌
——M4卡宾步枪

🚫 M4命运：教训换来的王牌之枪

现代卡宾枪主要用于炮兵、空降兵等兵种。为适应现代战争，老式的非自动和半自动卡宾枪已逐步被淘汰，一种新型的全自动卡宾枪正在日益兴起。目前最具代表性的当属美国的M4卡宾枪及其改进型M4A1。它在近期的伊拉克战争中表现出色，美国的海军陆战队、装甲部队大量使用了M4A15.56毫米卡宾枪。实战证明，该枪是美军现役装备中最适合单兵使用的轻武器之一。

M4卡宾枪1984年由柯尔特公司受命于美国陆军部研制，后来在陆军部与海军陆战队联合参与下开发成功，

★M4A15.56毫米卡宾步枪

编号720。在1991年3月正式定型并命名为M4，首先装备第82空降师，用于替代M16A1/A2步枪、M3冲锋枪和车辆驾驶员使用的部分9毫米手枪。

🚫 物理革新：M4是轻型冲锋枪

★ M4卡宾枪性能参数 ★

口径：5.56毫米	**理论射速**：700米/分～950米/分
枪全长：878毫米	**有效射程**：600米
枪管长：409毫米	**膛线**：6条右旋缠距178毫米
空枪重：2.68千克	**容弹量**：20发或30发可拆卸式弹匣

　　M4式卡宾枪在重量和长短上都作了大的改进，重量轻体积小，更适合士兵使用。M4式5.56毫米卡宾枪是M16A2式自动步枪的变型枪，其基本结构原理与M16A2式步枪相同。枪上85％的零部件与M16A2式步枪相同，从而大大简化了武器的训练、维修和后勤供应。

　　M4式卡宾枪使用所有柯尔特M16式步枪和符合北约标准的弹匣。枪托为伸缩式，枪托缩回时可进行腰际射击，拉出时可进行抵肩射击。

　　该枪的枪管下方可挂装M203式40毫米榴弹发射器，可以发射美国和北约的任何制式枪榴弹，具备点、面杀伤能力。此枪采用机械瞄准具，柱形准星可进行高低调整，新型比

★M4卡宾枪的结构图

赛级觇孔照门式表尺可进行800米射程的风偏水平修正。该枪使用北约制式SS109式5.56毫米枪弹，也可使用美国M193式5.56毫米枪弹。

最早的M4是配备给战车兵、航空兵作自卫使用，只有单发/三发选择。后来，又开发出M4A1，可以进行全自动连射，供特种部队使用。到了后来，美国陆军干脆用M4全面替换现役人员手上的M16A2式步枪，把其转到后备役和海岸防卫队手里。

此枪的威力在战场上得到充分发挥，曾装备美国陆军和海军陆战队及加拿大、洪都拉斯、阿拉伯联合酋长国、危地马拉、萨尔瓦多等国。

🚫 饱受争议：M4总是在关键时刻卡壳

M4卡宾枪首次参加实战是在1991年的海湾战争，装备美国第82空降师。当时缅因州的大毒蛇轻武器公司获得一份供应M4卡宾枪的采购合同，并为陆军供应了4000支M4，这批枪在"沙漠盾牌"和"沙漠风暴"期间被第82空降师使用，据说施瓦茨科普夫将军的卫兵也是使用大毒蛇M4。因为战场的特殊性，包括北约在内的西方国家现有轻武器的发展正处在进退维谷的境地，他们大多通过新增各种附件来使新枪不断问世，但哪种武器最适合现代战争尚在争论之中。美军一直认为，成为武器平台的模块化M4卡宾枪"很好很强大"。

从美英联军在伊拉克和阿富汗所进行的一系列军事行动可以看出，西方几个主要军事强国的轻武器在短期内将主要以改进和翻修为主。美国陆军的表现尤为突出，他们正在用更短、更适于近距离作战的M4卡宾枪来全面取代M16突击步枪。

★全面取代M16突击步枪的M4卡宾枪

在2008年的时候，美国陆军计划采用M4卡宾枪作为其部队的主要武器系统，并继续向通用化、短身管武器方向发展。尽管M4在性能和极端沙尘环境下的可靠性方面暴露出了一些问题，但美国陆军仍坚持使用该武器。

M4卡宾枪是美军在阿富汗前线士兵配备的主要武器，其最高射速每分钟可发射几百发子弹。由于美军在电影、游戏和新闻中的出镜率极高，这种步枪俨然成了美军的标志之一。然而，战场上的美军士兵却越来越不看好这种枪，认为M4卡宾枪"一点都不好使"。

美军之所以找不到比M4卡宾枪更好的步枪，一个很重要的原因是老牌军火制造商柯尔特公司的垄断经营。

美国一直号称拥有最先进武器，可是卡宾枪却把他们害惨了。在另外一场战役中，M4竟然两次卡壳。2008年7月13日，驻阿美军一个偏僻哨所内一片混乱，外面已经被近200名塔利班武装分子团团包围。而美军只有一个排的兵力，外加20多个阿富汗士兵。

正在这一关键时刻，上士菲利普的M4卡宾枪却卡了壳，他猛地扔下这支枪，操起一挺机枪，要命的是，这把机枪也不能用。下士艾尔斯和麦凯格从岗楼上用M4卡宾枪还击，他们一起从掩体里站起身来，向外射出一梭子弹，然后赶紧蹲下隐蔽。

然而，在一次站起来打枪时，艾尔斯被一发子弹击中身亡。麦凯格的M4卡宾枪不久也出了毛病。侥幸活下来的他后来对调查人员说："我的枪过热，我那时大概打了12个弹夹，当时战斗大约进行了半个小时。我装不上子弹，因为枪太热了，我都快要疯了，将枪扔到地上。"他们还说，他们精心保养武器，长官定期检查，但M4依然不时出故障，特别是在自动连发状态时，更容易出问题。

★阿富汗战场中的M4卡宾枪

美军对所配备武器（尤其是M4卡宾枪）的抱怨由来已久。痛定思痛，美军对这次战斗进行调查后发现，美军武器在关键时刻屡屡卡壳，使士兵生命陷入危险当中。一些驻阿富汗和伊拉克士兵抱怨说，M4枪需要太多的保养，而且经常在紧要关头卡壳。M4卡宾枪是M16步枪的"轻量版"。目前，共有50万支M4卡宾枪在美军中服役，堪称与美国士兵的性命息息相关。有关方面宣称，如果保养得当，这种枪在发射3000发子弹后才会出现"卡壳"类故障。不过，阿富汗的恶劣环境影响了枪支性能。

目前，塔利班往往选择位置偏远，且兵力薄弱的美军哨所作为打击对象，一旦战斗打响，由于地形复杂，增援难以展开，往往要持续数小时才能结束。在这期间，美军往往要同数倍于己的敌人进行地面战，一些士兵手中的枪械会出现过热现象，并在战斗中卡壳。

下面是驻阿富汗美军对M4卡宾枪的经验总结：

34%的受访士兵表示当持续射击导致过热时，护木会发出咯吱咯吱的松动响声；

15%的受访士兵表示M68反射式瞄准镜（即Aimpoint Comp）不容易归零；

35%的受访士兵添置了理发师用来涂刮脸膏的刷子作为外加的枪械保养工具，而有24%的受访士兵添置了牙医用的凿子作为枪械保养工具。

士兵们报告有下列的故障：

20%的受访士兵报告发生过上双弹的故障；

15%的受访士兵报告有供弹故障；

13%的受访士兵表示装弹不方便是由于弹匣的问题；

89%的受访士兵表示对武器有信心；

20%的受访士兵对它的维护保养要求太高感到不满意。

战事回响

◎ 世界著名卡宾枪补遗

1. 德国G36C短卡宾枪

德国赫克勒·科赫公司（HK公司）研制的G36突击步枪可以称得上是小口径步枪的一个经典之作，而以G36卡宾枪为基础研制的G36C短卡宾枪，则可称得上是后起之秀。

G36C型号中的"C"表示"突击队"（commando），所以又称G36突击队短步枪或短突击步枪。

G36C卡宾枪采用导气式自动方式，枪机回转闭锁，发射5.56×45毫米步枪弹。枪

★德国G36C短卡宾枪

管长229毫米，比美国M4卡宾枪短138毫米，使用的枪弹相同。由于G36C发射的弹丸初速下降不大，所以两者的火力威力近似。而且据HK公司声称，G36C的射弹弹道十分笔直，且弹丸不会横向偏转，射击精度较高。该枪可配用奈茨公司制的3倍光学瞄具。

步枪G36C枪托伸长时为718毫米，折叠时为508毫米，是G36系列中最短的。与MP5冲锋枪相比，折托后的G36C比固定托的MP5A2短，基本上与伸缩托的MP5A3相当，很适合在室内或狭窄场所使用。该枪射击平稳，后坐小，射击感觉与M4一样轻快合适，操作起来比MP5更容易。

G36C的枪托、机匣、护木、小握把等外部零件均用高强度聚合材料制成，在确保坚固耐用的同时，降低了成本，而且通过注塑成形使零件表面光滑美观。由于采用自动调整的导气方式，该枪的维护周期较长，可发射15000发弹而无须擦拭。需要擦拭时，用水清洗就可以了，十分简便。

G36C采用模块式组合结构，组装与维修都很简单。机匣为G36系列的通用件，只需更换枪管、枪托和护木，就可改装成卡宾枪或标准型突击步枪。

护木前端两侧和下面均有螺孔，这样在机匣上方可以安装桥式瞄准镜座，兼做提把。桥式瞄准镜座上有皮卡汀尼导轨，瞄准镜就安装在导轨上。如果需要，桥式瞄准镜座也可以取下来。在桥式瞄准镜的两端有供快速准确瞄准用的双觇孔瞄具，前觇孔瞄具为环形。这种瞄具的视场比缺口式瞄具小，但瞄准精度较高。护木下方还有一个导轨，用于安装小握把，射手可以根据需要调整小握把的位置。发光灯、激光器安装在侧面导轨上。

G36C的供弹具有两种，弧形弹匣或双弹鼓式C型弹匣。弧形弹匣类似瑞士"西格"步枪用的半透明30发弹匣，可清楚地看见弹匣内还有多少剩余枪弹。弹匣两侧设有联结装置，可将弹匣联装起来，提供更多弹药。使用较多的形式为双联装和三联装，可提供60～90发的火力持续能力。C型弹匣可装100发弹，供弹十分可靠。

除了G36枪族，HK公司的另一个得意之作就是MP7单兵自卫武器。它们可以说都是"边缘"产品：MP7是手枪与冲锋枪的结合，而G36C更像是步枪与冲锋枪的融合。看来这些"边缘"地带将成为传统武器发展的新领域。

2. 意大利SC70/90式5.56毫米卡宾枪

SC70/90式5.56毫米卡宾枪是意大利伯莱塔公司研制的AR70/90式突击步枪的一种变型枪，采用折叠式金属枪托。20世纪80年代初，意大利伯莱塔公司根据意大利军方要求，将特种部队使用的5.56毫米AR70步枪改进成AR70/90式突击步枪，并让其于1990年7月进入意大利陆军服役，之后相继发展出供特种部队使用的SC70/90式卡宾枪、供装甲部队使用的SCS70/90式短卡宾枪和供步兵班用的S70/90式轻机枪。AR70/90式突击步枪与SC70/90式卡宾枪唯一不同之处是，前者采用固定式枪托，后者采用折叠式金属枪托。两枪有80%的零部件可以互换，而且易于分解和结合，还具有坚固耐用、可靠等特点。

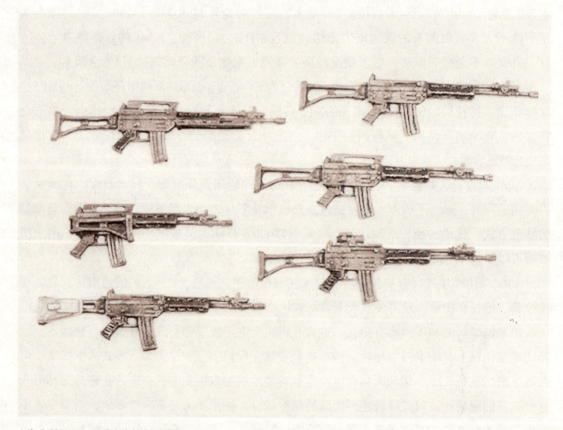

★意大利SC70/90式卡宾枪家族系列

SC70/90式卡宾枪主要装备特种部队。它全枪零部件仅有105个，易于快速分解和组装。它的结构很有特点，如气体调节器有3个位置：打开时为正常位置，再打开时为恶劣气候条件下使用的位置，关闭时为发射枪榴弹的位置。

SC70/90式卡宾枪的枪托打开时枪长986毫米，折叠后枪长647毫米，枪管长450毫米，全枪重3.99千克，枪弹初速950米/秒。它采用弹匣供弹，弹匣容弹量30发，发射北约标准枪弹。它具有坚固耐用和可靠性高等特点，因而被多个国家采用。

SC70/90式是AR70/90突击步枪的一种变型枪，能打榴弹增加了SC70/90卡宾枪的杀伤力。

3. 以色列马盖尔卡宾枪

以色列军事工业公司的马盖尔卡宾枪是M1卡宾枪的一种变形枪。"马盖尔"的设计初衷，是要替换目前被以色列国家警察和以色列国民护卫队仍在普遍使用的二战时期诞生的M16卡宾枪。

"马盖尔"和"M1"也有很大分别。"马盖尔"的机匣和枪管大部分都被塑料包裹着，这样，除了防止武器部件过热和火药燃气灼伤射手外，还可以防止武器撞击而受损，据宣传，警察还可以将该枪当击棍使用。在枪管下方的塑料外套上还可以安装灯具，如果将塑料外套取下，可装上发射橡胶防暴弹的发射配件。

"马盖尔"原本是设想用来替换警察所用的所有"M16"，因此以色列军事工业公司获得一份4000支"马盖尔"的生产合同。最初的1000支在1999年至2000年期间交付，并在

★以色列马盖尔卡宾枪

巴勒斯坦被占领土的以巴冲突中使用。但使用者——以色列警察对首批"马盖尔"并不满意，因为"马盖尔"的枪管太短、膛压太低，以致自动机构的动作失败时有发生，尤其是装配上发射防暴弹的配件后情况故障更多。

结果，在2001年初，已交付的"马盖尔"全部停止使用，大部分被退回IMI进行改进。

2005年，以色列军事工业公司仍然将剩余的3000支提供给执法机构，但只配备给国民护卫队和普通的警察单位。以色列警察特种部队仍在使用M16枪族，而且以后也不打算用"马盖尔"来取代它们。2008年，以色列军事工业公司也在向其他国家的执法机构推销这件产品，销售单价约1000美元。

4、英国坦克手卡宾枪

英国《防务系统日报》2004年12月16日报道，英国陆军的坦克乘员即将装备一种全新的SA80A2型5.56毫米卡宾枪。英国国防部已经与德国签订了价值100万英镑的合同，将1400支制式SA80A2型步枪改装成新型的、更短的卡宾枪。

2005年，"挑战者"2型主战坦克的4名乘员配备SA80A2型卡宾枪。英国陆军上校西蒙称："这种新型卡宾枪是对SA80A2型步枪的彻底重新设计。枪管缩短到304.8毫米，大约是原枪管长的一半。配用了新研制的20发弹匣，前握把取代了护木，使得该枪更轻、更易于存放和在坦克内部的狭小空间内操作。前枪体上安装了附加导轨，可以用于安装战术灯、激光器或其他能力增强组件。该枪具有与SA80A2型步枪相当的战斗力和可靠性，而

★英国坦克手卡宾枪

且更小、更轻、更易于使用。新的设计与SUSAT轻武器瞄准具相结合，使其成为一种机动性极强、精度非常高的武器。"

为了确保武器满足严格的标准，科研人员在沙漠、寒区和潮湿的丛林中对该卡宾枪进行了试验。陆军上校迪肯称："我们已经在各种极端环境下对卡宾枪进行了一系列苛刻的测试，其性能超出了我们的期望。通过测试，验证了武器的可靠性和精确性，并证明该枪是一种易于在各种情况下使用的武器，尤其适合于需要在狭小的坦克空间内使用的坦克乘员。"

6 突击步枪

火线王者

兵典
THE CLASSIC
WEAPONS

☉沙场点兵：一枪在手，独步天下

突击步枪是根据现代战争的要求，将步枪和冲锋枪所固有的最佳战术技术性能成功地结合起来形成的一种新型步枪。现在，多指各种类型的能全自动/半自动/点射方式射击，发射中间型威力枪弹或小口径步枪弹，有效射程300～400米的自动步枪。

突击步枪的特点是射速较高、射击稳定、后坐力适中、枪身短小轻便，是具有冲锋枪的猛烈火力和接近普通步枪射击威力的自动步枪。

"突击步枪"这名字是从德语"Sturm Gewehr"（字面意思是"风暴步枪"）翻译的，"风暴"在这与突击同义，同时被用做动词。这个名字是由阿道夫·希特勒命名一款名为MascHinenpistole 44（MP44）的步枪，后来重新命名为Sturm Gewehr 44（StG44），StG44一般被认为是世界上第一款突击步枪。StG44突击步枪，最早出现在1942年的苏德战场上。

☉兵器传奇：揭开突击步枪的面纱

突击步枪的研制始于第一次世界大战期间（1914年～1918年），至今已有近百年的历史。在这百年历史长河中，突击步枪的发展走过了漫长的道路，历经曲折。在突击步枪的

★StG44突击步枪，最早出现在苏德战争上。

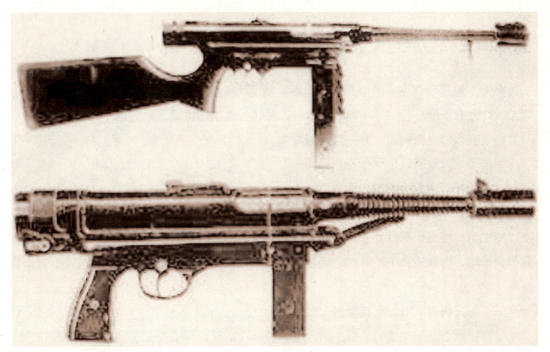

★哈尔孔M1943式和M1946式11.43mm冲锋枪

发展过程中，弹药问题一直是矛盾的焦点，经过长期的竞争和试用，目前有两种弹药占主流，即西方的5.56×45毫米枪弹和东方的5.45×39毫米枪弹，但这并非意味着突击步枪只有这两种口径，如目前正在使用且没有撤装迹象的北约7.62×51毫米枪弹及与之匹敌的东方7.62×39毫米M1943中间威力型枪弹。

据早期战斗资料分析，大多数步兵遭遇战发生在400米内，因此使用威力大的步枪弹药是不必要的浪费，且使用时产生的后坐力大，射手肩部难以承受，也不易控制，连发射击时精度很差；而7.62×39毫米中间威力型枪弹同当时普通步枪弹相比，体积小、质量轻、初速低、后坐力小，但却具有步枪弹的威力，于是7.62×39毫米M1943中间威力型枪弹一时成为生产量最大、使用范围最广的枪弹。

另外，在突击步枪的发展过程中，结构设计复杂也曾使突击步枪陷入质量过大和机构动作不可靠的困境。

二战之后，突击步枪小口径化，其作战的优越性更加突出。著名的突击步枪有：美国的M16系列和俄罗斯的AK系列，还有德国G36系列自动步枪。

事过境迁，现代突击步枪已不再是过去的只有点杀伤功能的突击步枪，而是既能打点目标，又能打面目标；既能白天作战，又能夜间作战的多功能综合作战系统。现代突击步枪正处于精心设计时期，进入21世纪之后，突击步枪进入大发展的时期，这从世纪之交相继推出的几种新型突击步枪（俄罗斯的AN94，新加坡的SAR-21，以色列的TAR-21，南非的CR-21，比利时的F2000）中可见一斑。

慧眼鉴兵：最有效的单兵武器

突击步枪是现在主要的单兵武器，而且服役数量极大，因此它需要可靠的性能，如苏联AK-47突击步枪，它的结构简单，分解容易，枪机动作可靠，而且操作简易，在越战中一直是最有效的突击武器，并一直延用至今。

突击步枪大致有以下几个特点：

一、无托结构成为突击步枪主流

近年来推出的几种新型突击步枪均为无托结构（AN94除外），无托结构业已成为突击步枪主流，将握把部件置于弹匣之前，能使枪的结构紧凑、携行方便。无托突击步枪因其枪全长短，特别适合于丛林战、巷战。采用直托式设计，射击时枪口上跳较小，射击精度高。

二、保留刺刀，增加下挂榴弹发射器

尽管拼刺已不是主要的杀敌手段，但刺刀继续出现在许多突击步枪上（目前较注重多功能性，成为生存的有力工具，刺杀功能已退居次要位置），并增加了榴弹发射器，以具备点面杀伤能力，提高作战效能。

三、大量采用新材料、新工艺

高新技术对突击步枪影响越来越明显，其中重要一点是合成材料广泛应用于枪械中，如枪托、前托，甚至机匣都采用高强度工程塑料，在降低成本的同时，能确保全枪坚固耐用，而且还能注塑出各式各样符合人机工效的光滑外形，给人以耳目一新的感觉。

★以色列TAR-21新型无托突击步枪

★新加坡SAR-21突击步枪

四、注重人机工效设计

步枪是步兵的主要作战武器，要使步枪在士兵手中得心应手，就必须考虑人机工效。进入21世纪后，在世界舞台上出现的几种新型突击步枪，都在人机工效上大做文章。以色列的TAR-21新型无托突击步枪，采用浮动枪管降低武器射击时的后坐力；在贴腮处安装由凯夫拉制成的贴腮板，以防止武器射击时间过长灼热而烫腮及在弹膛发生故障时保护士兵；所有控制按钮均能左右手操作；抛壳窗也可左右更换。新加坡的SAR-21亦是如此。这一切充分表明，人机工效得到普遍关注，成为突击步枪发展中不可忽视的一个方面。

五、广泛采用光学瞄具或电子光学瞄具

瞄具是轻武器的重要组成部分。突击步枪领域一个新的革新就是广泛采用光学瞄具或电子光学瞄具来代替传统的机械瞄具，从望远式、反射式到"单点式"系统，瞄准系统得到不断开发和装备，使轻武器"如虎添翼"。长期以来望远式瞄具因其易受损坏或受磕碰后易出偏差的原因，只作特殊用途，如给狙击手配用，不装备普通士兵。现在突击步枪上引入了多种小型瞄具系统，大大提高了单兵潜在的射击精度。另外，夜视瞄具也达到了使用要求。典型代表是雷恩公司（Raytheon）的红外热成像瞄具——AN/PAS-13，该系统结构紧凑，可装到美国M16A2/M16A4步枪及M4A1卡宾枪上，即使在弱光或黑暗条件下也能提供清晰的目标图像，并可与未来"士兵系统"相适配。进入21世纪后，电子技术正向更深一步发展，步兵用的多功能火控系统发展如火如荼，包括热成像和光学目标成像装置，激光测距和20毫米榴弹、5.56毫米步枪用的自动目标跟踪系统。突击步枪瞄具可在理想单兵武器的火控系统上略睹其貌。

突击步枪的鼻祖
——StG44突击步枪

🚫 鼻祖出世：突击步枪开始亮相

在世界枪史上，流传着这样的共识：StG44是德军继MP40冲锋枪、MG-42通用机枪以外，又一款划时代的经典之作。StG44中间型威力枪弹和突击步枪的概念对轻武器的发展有着重要的影响。

早在一战期间，德国军方和枪械专家便有了先见之明，他们意识到毛瑟步枪和MP18冲锋枪的种种作战缺陷，前者操作复杂，后者杀伤力太小，接下来，在一战后的几次较大规模的战役中，德国都以各种形式参战，在实战中更深刻地意识到这点。

1938年，德国黑内尔公司受军方的委托，开始了研制自动步枪的工作，开始研究必然遇到很多的问题，主要的原因是无法有效解决现有7.92毫米毛瑟步枪弹在连续射击中的稳定问题。但是，随着1939年第二次世界大战的全面爆发，自动步枪的研制受到了德国军方的重视，研制速度明显加快。由枪械设计师胡戈·施迈瑟担任方案设计师，提出用短药筒的中间型威力枪弹代替原有7.92×57毫米毛瑟步枪弹。这是划时代的观念。

★二战时期的StG44突击步枪

德国早在1934年就已经开始了威力小一些的减装药的短药筒弹药这方面的研究，使用短药筒弹药可以将冲锋枪的特点结合到全自动步枪上，可保持步枪轻便以及连发射击容易控制的特点。1941年经过反复试验后德国研制成功一种7.92×33毫米步枪短弹。它的长度比当时的德军7.92×57毫米标准步枪弹缩短了，弹头更轻，发射火药减少，装药量由47格令（约3克）减至24.6

★性能出色的MP44突击步枪

格令（约1.6克），弹头重由198格令（约12.8克）减至123格令（约8克）。有效射程相应缩短了。这类短弹被称为中间型威力枪弹。这种子弹长度比原有毛瑟步枪弹缩短三分之一，使得枪的后坐力大大减小，解决了自动步枪无法连续准确射击的技术瓶颈。

随着弹药问题的解决，黑内尔公司1942年7月制造出了使用7.92×33毫米步枪短弹的50支样枪（MKb42（H），MKb是Maschinen Karabiner的缩写，意为自动卡宾枪）。

1942年，德国军方另外一个指定研究的公司——卡尔·沃尔特公司也研制出50支样枪（MKb42（W）），这些武器经过德国军方枪械专家的严格测试。最终黑内尔公司的样枪MKb42（H）步枪由于综合性能优越而中标。该枪采用导气式自动原理，枪机偏转式闭锁方式。枪弹击发后的火药气体被导出枪管，进入导气管驱动活塞带动枪机动作，完成抛弹壳，子弹上膛。导气管位于枪管上方，延伸到枪口附近。可选择单发、连发射击模式，由容量为30发子弹的弧形弹匣供弹。机匣等零件采用冲压工艺制造，易于生产，成本较低。

根据德国军方的要求，黑内尔公司在11月份生产了10000支试验枪，全部在1943年春交付给东线的德国党卫军第五"维京"装甲师进行实战检验。在实战中，MKb42（H）步枪发挥了非常不错的战斗作用，增强的火力密度以及良好的可靠性受到好评，不过战斗中也出现了一些问题，这些通通都报告到黑内尔公司。

黑内尔公司根据这些报告，对MKb42（H）式步枪进行了改进，为了绕过纳粹德国元首希特勒下令停止该枪研制的干扰，顺利投入大批量生产，它借用了冲锋枪的命名方式，命名为MP43式。随即开始装备部队，其在之后的库尔斯克会战中深受各级官兵的赞赏。MP43进行了改进，选择单发射击时处于闭膛待击状态，可以达到精确射击，在外观上延伸到枪口附近的导气管的长度缩短了。在会战以后，MP43进行了改进，1944年该枪完成改进定名MP44。这种自动步枪具有冲锋枪的猛烈火力，连发射击时后坐力小，易于掌握，在400米射程上，射击精度比较好，威力接近普通步枪，而且重量较轻。

MP44的出色性能受到前线部队广泛好评，终于被元首希特勒所认可，下令优先生产该枪并亲自为其命名，正式改称Sturm Gewehr 44（44型突击步枪），简称：StG44。StG44随即大量生产。

◇ 火力猛烈：StG44百步穿杨

★ StG44性能参数 ★

口径：7.92毫米	**射速：**500发/分
枪全长：940毫米	**射程：**350～500米
枪管长：419毫米	**膛线：**4条右旋，缠距254毫米瞄准装置
枪重：11.5磅（约5.2千克）	**弹药：**7.92×33毫米库尔兹弹（Kurz）
枪口动能：1666焦耳	**容弹量：**30发
枪口初速：685米/秒	

一直以来，弹药问题是解决自动步枪连发射击时控制精度的根本问题。而德国采用的中间型威力枪弹，彻底解决了这个问题。实际上，StG44由于使用中间型威力枪弹，子弹初速和射程均不如步枪和轻机枪。但是StG44在400米射程上，连发射击时比较容易控制，射击精度比较好，可以连续射击而且火力非常猛烈。而且重量较轻，便于携带，StG44是步枪与冲锋枪性能特点的结合。

★7.92毫米口径的StG44突击步枪

★陈列的StG44突击步枪

　　从冲锋枪的32发弹匣，71发弹鼓，到轻机枪的20发弹匣，75发弹鼓，德国设计师根据实战对于火力的需要和步兵携带弹药的体力上限，还有持续作战的需要，终于选择了30发弧形弹匣。30发弹匣重量适中，单兵可以大量携带。同时30发弹药，能够很好保证火力的持续性。在实战中，三四个手持StG44的德军士兵，往往可以压制住一个班的手持M1的美军士兵和数量更多的使用波波莎冲锋枪的苏联士兵。后来美国的M16以及苏联的AK-47仍然采用30发子弹弹匣，可见其成功之处。

　　但此枪也有缺陷，StG44在近距离射速较慢，因为使用短步枪子弹，连续射击时枪身跳动明显，不如冲锋枪那样容易控制。如果在50米内，和MP40冲锋枪相比，StG44是处于劣势的。同时StG44的射程有限，最大有效射程不超过500米，超过这个距离就没法保证精度。如果在很远距离上遇到了手持毛瑟步枪的敌人，是很难杀伤对方的。这些似乎很有道理，但是StG44本来就有自己的使用范围，并不是一款全能的武器。它主要就是在单兵手中使用对付400米之内的敌人，压制敌人单兵的火力。

🚫 元首审核：StG44大放异彩

　　和所有大独裁者一样，希特勒也认为自己是各方面的天才。德国军工企业的各项成果和计划，都必须向希特勒本人汇报和展示，StG44的设计方案自然也不例外。StG44的设计方案最早送到元首手中的时候，元首对其并不认可。

　　当时StG44的设计还处在初步阶段，比较明确的口号是代替轻机枪。希特勒认为StG44的射程有限（500米内），不可能达到轻机枪的标准，所以将其否决了。后来相关将领重新解释了StG44的设计理念，不再提及轻机枪。但是希特勒以一个老兵和国家军事决策者的眼光认为，StG44虽然设计理念先进，但是必须使用新式弹药，无法利用原有的大量贮藏的毛瑟步枪子弹。StG44可以连发射击，实战中子弹消耗量并不亚于冲锋枪，消耗量非常惊人。

一个国家在战争中重新准备一整套新式弹药系统，并且满足战斗需要并不是一件容易的事情，从某种意义上说，如果处理不好，甚至可以搞垮一个国家的军工系统。

实际上，德国当时已经陷入困境，大量的装备和人员都损失在东线的拉锯战中，能够弥补前线的损失已经非常不易。更不要说重新增加新式装备后勤系统增添额外的负担。所以希特勒将其否定，并不是没有道理的。有种观点认为希特勒不能接受新事物，这当然是不对的。元首和传统的德国军人一样，对新式装备有一种宗教般的迷信。为了等待新式的豹式和虎式坦克，希特勒甚至人为推迟了库尔斯克会战的时间。但是军方的有识之士自然比元首更了解StG44的实际意义，也不可能放弃苦心研究近十年的成果，他们仍然把StG44大量生产并且投入实战。出于不违背元首命令的考虑，他们狡猾的以MP43（冲锋枪的编号）的名称为此枪命名，通过了元首的批准。之后，在库尔斯克战役中MP43表现突出，不但轻松压制了苏军的波波莎冲锋枪和莫辛-纳甘步枪，连苏联的转盘轻机枪也不是它的对手。士兵军官都对其赞不绝口，一致要求加大MP43的装备数量。

这些报告送到希特勒的手中，元首发怒了，德军中居然敢有人愚弄他。在一番雷霆般的暴怒后，平静下来的元首还是认识到了该武器的优越性。加上他已经知道MP43所用的

★二战时期德军士兵配备的StG44突击步枪

子弹仍然是7.92毫米口径，只是弹药长度缩短了三分之一，这样一来子弹生产线就无须作较大的改动，很大程度上解决了原先的弹药问题。元首转怒为喜，在下令加大StG44的生产比率的基础上，亲自将其命名为Sturm Gewehr 44突击步枪。

德国军方曾计划1944年开始用StG44取代步兵班的步枪、冲锋枪和轻机枪，但终究因为德军军事上的节节败退和最终的投降而中止。

从1944年到1945年德国战败，在德国饱受轰炸和原料缺乏的情况下，StG44一共生产了40多万支，数量也是相当惊人的。StG44没有普遍装备德军。目前可找到的资料显示在1944年秋天所编成的1944年装甲旅中德军士兵第一次大量使用了该枪。给它的敌人们留下了深刻的印象。该枪主要

装备东线和西线的德军精锐步兵，比如死守卡昂的党卫军希特勒青年师就大量装备该武器。

1944年底，德国的"大剪刀"突击队在白俄罗斯普里皮亚特沼泽中执行侦察任务时，被苏联红军死死围住。眼看突击队就要被消灭了，这时德军运输机空投了一批武器。"大剪刀"突击队获得这种武器后如虎添翼，向苏军阵地硬撞过来，居然奇迹般地突破了苏军的防线。创造这一奇迹的正是德国法西斯研制的"末日武器"——StG44突击步枪。

在柏林战役中，死守国会大厦的党卫军士兵也是装备清一色的StG44。整个柏林战役中，大部分党卫军都装备了这款武器。

用过StG44的人往往对这把枪有所不满，道理很简单。StG44近距离的射速较慢，因为使用短步枪子弹，连续射击时枪身跳动明显，不如冲锋枪那样容易控制。如果在50米内，和MP40相比，StG44是占劣势的。

StG44直接影响了后世的两大经典突击步枪AK-47和M16。其中AK-47的基本设计思路大多来源于StG44，其可靠的性能和大威力保证其能使用五十年之久，成为一代名枪。

AK-47和StG44不仅从设计思路上颇为一致，连外形也非常相似。而M16虽然和StG44有着很大的差别，但是其作为突击步枪的整体思路，仍然是一致的。二战结束以后，随着美苏的对立和AK-47枪族和M16枪族的诞生与传播，StG44由于自身性能的局限，很快退出了历史舞台。

武器之王
——AK-47

🚫 枪王出世：坦克兵发明的枪械之王

在战争史上，但凡一种具有跨时代意义的武器出现，总会引起世界各国的一片哗然。然而，很多人都不知道这种武器背后的故事，AK-47的出现便是如此。AK-47是由俄罗斯枪械设计师米哈伊尔·季莫费耶维奇·卡拉什尼科夫设计的自动步枪。

卡拉什尼科夫出生在西伯利亚的一个小镇上。小镇附近有条铁路，经常运送坦克，于是他便经常去观看，结果激起了他对坦克和枪械的兴趣。

他中学毕业后，当了一名铁路工人。后来在西乌克兰的罗伯夫当了一名坦克兵。第二次世界大战爆发后，他作为坦克部队的一名车长参加了战斗，那时他才19岁。1941年深秋的一个夜晚，苏军第一坦克集团军与德军坦克部队在布良斯展开激战，卡拉什尼科夫悄悄打开坦克顶部的舱门，想察看战场情况。突然，一枚不知从哪里飞来的弹片击中了他的右肩，随后他便失去了知觉，被送到了后方医院。

卡拉什尼科夫的伤势很重，恢复得很慢。一天，他和病友一起聊起战场上的情况。一个伤病员说："我们用的是单发步枪，而敌人使用的是冲锋枪，我们怎么能打得过他们呢？如果我们的枪比他们厉害一点，那战场上的情况就两样了。"

说者无心，听者有意。长期以来一直对枪械武器设计有着浓厚兴趣的卡拉什尼科夫灵机一动，心想：我反正躺在病床上，不如将这段养病的时间充分利用起来，为伟大的卫国战争作点贡献。于是，他立即着手设计一种令法西斯德军害怕的新枪。

经过全身心的投入，卡拉什尼科夫于1942年设计出他人生历程中的第一支冲锋枪，很快这支枪就被送到阿拉木图，参加苏军装备规划委员会的选型试验。1947年卡拉什尼科夫设计的这种自动步枪被确定为苏军制式装备，命名为AK-47突击步枪。AK-47的含义是这样的：A代表自动枪，K是卡拉什尼科夫名字的第一个字母，47代表1947年定型。

AK-47有两种型号：折叠枪托型和固定枪托型。发射苏联7.62毫米M43中型枪弹，可进行单、连发射击。该枪结构简单，火力猛，勤务性好，故障少，坚实耐用，非常适宜士兵乘车作战。在风沙、泥水等恶劣环境下，仍能正常射击，是世界上最著名、流传最广的武器，也是世界六大名枪之一。苏联曾装备部队使用，原华沙条约组织各国和第三世界国家也纷纷大量采用，同时还提供给巴勒斯坦游击队使用。

越南战争中，苏联提供大量AK-47。在战场上，该枪充分显示了良好的作战性能，很受士兵欢迎，就连美国士兵对此枪也发生了极大兴趣，他们的口号是：扔掉M16，捡起AK-47。

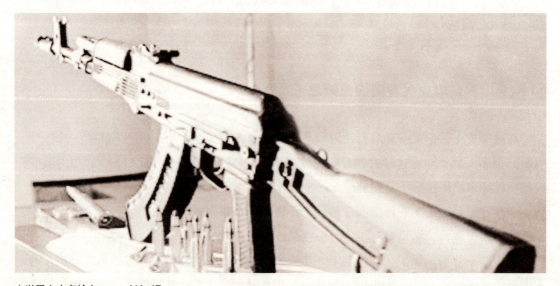

★世界六大名枪之一——AK-47

⊘ 至尊王者：维护方便，火力强大

★ AK-47性能参数 ★

口径： 7.62毫米

枪全长： 875毫米（固定枪托型）
645毫米（折叠枪托型）
699毫米（通用型）

枪管长： 415毫米

空枪重： 4.3千克

枪口初速： 710米/秒

枪口动能： 1989焦耳

理论射速： 600发/分

表尺射程： 800米

有效射程： 300米

瞄准基线： 378毫米

膛线： 4条，右旋，缠距240毫米

瞄准具： 柱状准星，U形缺口照门，可调节铁质准星，可选装光学瞄准镜。

生产数量： 7000万～1.05亿支

弹药： 7.62×39毫米M43中间威力型步枪弹

容弹量： 30发

　　AK-47步枪是世界上使用最多和造价低廉的轻武器之一，具有火力强大、维护方便、性能可靠、故障率低、坚实耐用、结构简单等特点。

　　AK-47的保险非常有特色，从上至下一般突击步枪都是"保险，半自动，全自动"，而AK-47却是"保险，全自动，半自动"。在应对突发状况时士兵们总会把快慢机扳到

★世界上使用最多的步枪——AK-47步枪

★正在使用AK-47步枪练习射击的士兵

底，扣住扳机不放而射出全部枪弹，AK-47则只会打出一发，大大节约了子弹，提高了安全性。AK-47的枪机动作可靠，即使在连续射击时或有灰尘等异物进入枪内时，它的机械结构仍能保证它继续工作。可以在沙漠、热带雨林、严寒等极度恶劣的环境下保持相当好的效能。据说在越南战争中把它放入水中几个星期然后从水中拿出来上膛后仍能射击。

该枪枪管与机匣螺接在一起，其膛线部分长369毫米，枪管镀铬。无论是在高温还是低温条件下，射击性能都很好。机匣为锻件机加工而成。弹匣用钢或轻金属制成，不管在什么气候条件下都可以互换。

AK-47火力猛，可以连发，在极度恶劣的环境中仍然很可靠，是目前世界上保有量最大的军用步枪，估计全球有上亿支各种类型的AK-47步枪在各地的军、警、民兵、游击队、射击爱好者手中发挥着作用。毫无疑问AK-47在它的时代是一种非常优秀的步枪。

然而战争永远是武器发展的最好推进剂，二战末期德国终于研制出了第一种现代意义的突击步枪StG44，这种武器跟过去人们熟知的步枪完全不一样，由于采用了可拆卸长弹匣和手枪型小握把，它更接近于当时人们普遍认可的冲锋枪的外形，然而威力和射程却远远超过发射手枪子弹的冲锋枪。AK-47的诞生受了StG44很大的启发，尤其是完全接受了中间型威力步枪弹的理念，采用了7.62×39毫米中间型威力步枪弹，这种子弹比苏联过去使用的7.62×54毫米全威力型步枪子弹威力要小，但是连发射击的时候可控性比较好。

与AK系列步枪相比，同期北约的步枪使用7.62×51毫米全威力型步枪子弹并不适合连发射击，北约装备的FNFAL、M14步枪在连发时士兵普遍反应后坐力过大，无法控制。英军更干脆取消了他们装备的FNFAL步枪的连发功能，变成一种半自动步枪。

虽然AK-47比起同时代的北约武器概念领先，但是在技术上并没有独特的创新，应该说它的设计是既融合了前人的设计精髓而又作了一些自己技术性的创新。值得赞许的是AK-47步枪定型之后又在其基础上发展了RPK型班用机枪，首先实现了枪族化设计概念。

然而AK-47远不是一种完美的武器，连发精度很低，枪机框后坐时撞击机匣底是连发精度低的主要原因，这种武器后坐时整个枪机框会整体往复运动，硬撞在机匣底部，导致枪身剧烈抖动，而且由于枪托和枪身有一定的夹角，后坐力无法直接传导到抵肩部位，倒是枪身上跳更严重。枪机框的撞击还

★美国士兵手中用黄金打造的AK-47步枪

会很容易震松瞄准具，加上上机匣盖的形状导致这种武器安装精密的光学瞄准镜的时候很不方便。AK-47枪管缠距偏小，M43弹的弹形欠佳，枪弹撞击目标时过于稳定，杀伤效果不理想。由于全自动射击时枪口上跳严重，枪机框后坐时撞击机匣底，枪管较短导致瞄准基线较短，瞄准具设计不理想等等缺陷，影响了射击精度，300米以外无法保证准确射击（当然300米外如果不装瞄准镜，根本无法正常瞄准），连发射击精度更低，而且AK-47抛壳抛得很远，将近2米。

在越战中AK-47得益于丛林中极近的交战距离，掩盖了远射精度低的事实。事实上同期的以色列军队使用FNFAL步枪与使用AK-47步枪的阿拉伯联军交战时，并无报告说明AK-47步枪能够全面压制以军的步枪，反而在沙漠远距离的交火中以军的FNFAL步枪更有威力。

🚫 备受推崇：AK-47统治世界

1947年，AK-47步枪刚刚装备部队时，苏联认为这种武器具有划时代的意义，所以在最初几年一直严守秘密。从20世纪50年代开始，它才登上世界战争的舞台。AK-47的优点立刻显现出来——在战斗中使用方便。

具有讽刺意味的是，推动二战结束的原子弹却为技术含量低但却致命的AK-47的广泛使用铺平了道路。原子弹的大规模杀伤性迫使冷战中的两个超级大国不得不在第三世界国

家发起代理人战争。在双方的交战中，没有受过良好训练的战士通常使用的正是既廉价轻便又很耐用的AK-47突击步枪。

当一场战争结束时，军火商又开始四处搜罗AK-47，将它们卖给战斗在下一个热点地区的战士。自二战以来，如此多的"小规模战争"一拖就是数月乃至数年，大大超出人们预期的时间，而AK-47的泛滥应该承担其中的部分原因。的确，尽管美国在太空时代对武器和军事技术上大手笔投入，但AK-47仍然是这个星球上最具破坏性的武器，改变了从越南、阿富汗到伊拉克的冲突模式。借助于这种AK-47的力量，装备精良的战士可以主宰一个国家，威慑那里的国民，抢夺战利品，甚至可以对超级大国产生遏制作用。

1956年匈牙利爆发起义，当时苏联领导人赫鲁晓夫派遣苏联军队进驻布达佩斯。在这一事件中，AK-47首次大规模公开亮相，在城市的环境中它们游刃有余，而此时面对挥舞着燃烧瓶的民众，坦克在狭窄的街道中变得寸步难行。抗议活动被镇压。到20世纪50年代末，苏联开始使用AK-47传播共产主义。在冷战最初的几年中，无论是莫斯科还是华盛顿都试图通过出售和赠送武器讨好立场保持中立的国家。实践证明，与美国提供的M1和后来的M14步枪相比，AK-47享有绝对的优势：它的耐用性很适合于贫困的国家，那里环境条件恶劣而且又缺乏枪支的维修设施。苏联人还向那些"兄弟国家"散发生产AK-47冲锋枪的许可证，其中包括保加利亚、中国、东德、匈牙利、朝鲜、波兰和当时的南斯拉夫。

1962年，中印边境反击战打响。印度军队当时使用的还是传统单发步枪，而中国军队使用的是AK-47，在作战中马上就见到了效果。中国军队的火力明显比印军要猛，即使有时

★正在装运的AK-47步枪

印军人数比中方多，在火力上也要逊色中国军队很多。

在战斗中，一名战士和他所在的部队失散了。在战场上，孤军作战，这样的情况是可怕的，但是，很巧的是他又遇到另外两名也和自己部队失散的新兵。他们三人组成了一支"临时部队"。这支"部队"凭借着手中的三支AK-47，建立了奇功，连克印军五个阵地，缴获大炮七门。这位战士就是后来成为战斗英雄的庞国兴。20世纪60年代末，越战爆发。在此之前，美国军队尚未在实战中见识AK-47的威力。他们为自己的政府未能认识到卡拉什尼科夫发明的这种轻便武器的威力付出了沉重的代价。

美军在越南战争中遇到的一个关键问题是：尽管其军事力量很强大，但在新出现的这种战争模式中，美军没有一种可以与AK-47相抗衡的步兵武器。双方的对抗中经常包括丛林巡逻，这时双方会意想不到地面对面遭遇，而此刻能最快开火并且能射出最多子弹的一方就能获胜。

美国军方的官员们在打了多年口水战之后，最终推出了自己的步枪M16。到1966年夏，订货就超过了10万支，并运往了亚洲战区。然而，当年的10月份就传来了一些意想不到的消息。人们发现，许多美军士兵被打死时手中的M16被拆开了一半，显然在遭受攻击时他们正拼命想要弄清楚他们手中的武器为什么不开火。最终发现问题并不是出在枪本身上，而是出在了弹药上。M16所以卡壳是因为当局坚持要求更换弹药推进剂，并且在连发后残留物卡住了步枪的机械装置。但是问题得到解决也已为时太晚。人们开始普遍认为AK-47是世界上的顶级步兵武器，是一种可敌得过美国提供的其他最佳选择的武器。这是低技术含量的苏联模式与高科技的美国模式的对决，苏联人打赢了一场意识战。

如果说越战确立了AK-47的信誉，那么苏联入侵阿富汗的战争以及随后苏联的解体加速了这种武器的大规模使用，使他们到了反政府武装和恐怖分子的手中。从战略上讲，苏联入侵阿富汗的初期似乎获得了成功：阵亡的苏军不到70人，而且大部分死于与战争无关的事故。苏联决策者预计在阿富汗的驻守时间不会超过3年，这似乎是务实的，因为阿富汗的武装分子缺少现代化的武器。但是当美国中情局开始通过巴基斯坦增加对阿富汗

★越战时期美国士兵手中的AK-47步枪

★AK-47步枪与其所配备的杀伤力较强的子弹

游击队的援助后，情况就发生了变化。这些援助中包括成千上万支的AK-47冲锋枪。美国中情局之所以看好AK-47，是因为它性能可靠、成本低，而且不难获得。此外，阿富汗武装分子手中一旦拿着苏联武器，就不会轻易让人发现它们来自于美国，这样华盛顿当局就可对一切矢口否认。数年后在国会的听证会上，中情局的官员估计，到1984年，美国向阿富汗提供的援助约有2亿美元，而到1988年仅通过中情局输送的援助就达20亿美元。

苏联解体后，原苏联加盟共和国纷纷拍卖他们的武器存货，AK-47在全球范围内进一步泛滥。在整个非洲地区，AK-47开始廉价抛售。在利比亚、卢旺达、塞拉利昂、索马里等地，AK-47使一些小规模冲突变成了持久战，而在以往这些冲突往往过一段时间就会偃旗息鼓。在某些地区，这种武器与人们的日常生活息息相关，以至于获得"非洲信用卡"的绰号：不带它你就出不了家门。在拉美国家，AK-47最终都到了贩毒集团和反政府武装的分子手中。

20世纪80年代初，美国中情局不仅将AK-47运到了阿富汗，而且还将它们输送到了尼加拉瓜，输送到了抗击苏联支持的桑地诺民族解放阵线一派的手中。AK-47还加剧了萨尔瓦多的内战以及哥伦比亚的政治和与毒品相关的暴力活动。委内瑞拉总统查韦斯还宣布将从俄罗斯购买10万支AK-47。他还宣布计划在本国生产AK-47，这将成为AK-47首度在西半球生产。

半个世纪以来，全世界制造的AK-47及后续版本的枪支估计已达到一亿支。共有6个国家的国旗或国徽上绘制了AK-47的图案，以纪念这种武器为本民族赢得独立自由所作出的贡献。AK-47步枪的声望超越了所有同时代的武器。卡拉什尼科夫已经和俄罗斯的伏特加、克里姆林宫一样，成为一个经典词汇。

战火中的铁血王者
——M16突击步枪

🚫 铁血之殇：夸出来的"玩具枪"

M16是美国军方给由阿玛莱特公司的AR-15发展而来的步枪家族所指定的代号。它是一支突击步枪，使用北约标准的5.56×45毫米NATO步枪弹。M16曾经是自1967年以来美国陆军使用的主要步兵轻武器，也被北约15个国家使用，更是同口径枪械中生产得最多的一个型号。

1948年，在军队资助下设立了民间研究机构作战研究室，模仿英国的同类作战研究所。他们最初的一个工作ALCLAD项目是研究防弹背心。很快他们得出结论：他们需要知道更多关于战场伤亡的事情，以提出合理的建议。之后超过三百万份两次世界大战中的战场伤亡报告被分析。他们在接下来的几年内发表了一系列的基于他们研究的报告。

M16突击步枪就是尤金·斯通纳最得意的杰作。这支几乎成为美国轻武器代名词的突击步枪，在经过越南战争、海湾战争洗礼之后，逐渐成为仅次于AK-47系列的世界名枪。

1940年春，作为学校1250名毕业生之一的斯通纳完成了长滩工艺高中的学业，并以优异的成绩被当时的维加飞机公司——现在的洛克希德飞机公司录用。那时，第二次世界大战正在如火如荼地进行，美国政府也在为战争作准备，并公布了选征兵役的规定。斯通纳报名参加海军，并被分配到了海军陆战队圣地亚哥兵营。

一次偶然的机会让斯通纳成为了一名飞机军械士兵。此时，菲律宾和冲绳岛战斗即将打响，斯通纳因执行任务，先后游览了南太平洋诸岛。也正是在这些日子里，他第一次接触并了解战斗机上安装使用的12.7毫米口径机枪和20毫米口径机关炮。战争结束后，尤

★M16突击步枪

★荷兰兵器公司生产的AR-10半自动步枪

金·斯通纳带着军人的荣誉退了伍。此后，又先后在几家飞机公司工作。1954年，阿玛莱特公司创建。于是斯通纳，这位曾经的军械士兵来到了这家初建的公司，被聘为该公司的总工程师。斯通纳最初的步枪设计是AR-10，该枪的上下机匣由飞机铝制作，虽然经过一系列广泛的试验——其中还包括弗吉尼亚州匡蒂科精确射击分队的试验，但斯通纳的设计最终还是没有被五角大楼采纳。

就在此时，一家荷兰兵器公司获得了AR-10的世界性生产权，并生产出很多产品分别出售给古巴、墨西哥、委内瑞拉、尼加拉瓜、危地马拉、芬兰、苏丹以及葡萄牙等国家。目前，总部设在伊利诺伊州的阿玛莱特公司经过整顿和再投资，又开始了AR-10半自动步枪型号的生产，并作为远距离靶枪型号向国外出售。越南战争期间，美国政府得知美军在当地惨遭AK-47步枪"修理"后，五角大楼立即在国内紧急寻找应对方案。当时美军装备的是M14突击步枪，它是二战期间M式加兰德步枪的连发型，体积、重量、后坐力都太大，所以美军急需一支新枪代替。就在M14步枪被美国军事部队作为标准步枪采用后的第五天，美国陆军要求用十支按比例缩小了的AR-10步枪进行试验评审。斯通纳得知这一消息后，他决定作一次大胆的尝试。他按比例缩小了AR-10步枪，使其能够发射口径为5.56毫米的雷明顿弹。斯通纳按要求将十支步枪送到了佐治亚州的本宁堡进行了试验评审，评审后的步枪被命名为AR-15步枪。

AR-15一出现，立即受到美国空军的欢迎，美国陆军也十分感兴趣，美国国防部也专门组织人员进行了试验鉴定，后被列为美军制式装备，于1960年命名为M16突击步枪。M16突击步枪是世界上首支高速军用步枪，它的装备标志着枪械进入了一个新的发展时期。之后，曾有54个国家装备了M16步枪，生产总量达千万支之巨，设计该枪的尤金·斯通纳也由此声名鹊起，与卡拉什尼科夫并驾齐驱成为"世界枪王"。

柯尔特公司进一步完善AR-15的设计，在1960年6月，请空军副参谋长柯蒂斯·李梅参观了AR-15的演示。他立即订购了8500支作为空军基地的防卫用途。但是美国陆军在1962年、1963年两次复试AR-15，两次都否定AR-15。不过经过努力，国防部决定对AR-15和M14进行一次效费比试验。试验表明AR-15拥有与AK-47相抗衡的火力，而且价

★装备有流弹发射器的M16步枪

格更低廉。柯尔特也在政治上获得支持，驻越南美军司令威廉·威斯特摩兰上将提出装备的请求。11月，陆军订购了85000支XM16E1作为试验用途提供给部队试用，而空军另外订购了19000支。同时，陆军正在进行另一项计划，构建轻武器系统（SAWS），目标是近期适合一般陆军使用的武器。他们强烈建议立即采用这种武器，这其实是变相抵制AR-15。1963年末，空军正式接收第一批XM16，在当时已经非正式地称呼这种枪为M16。1964年2月，空军将AR-15正式命名为美国5.56毫米口径M16步枪。当然，柯尔特公司也过分夸大了M16在测试中体现出来的可靠性，他们宣称这种枪从来不用清洗。

特别是在越南进行了一次很成功的实战射击，这导致在1964年M16正式被美国空军（USAF）采用。许多个M16改进的版本陆续进行了实弹射击，成功地产生了M16A1。M16A1仅仅是M16应军方要求加上了一个复进助推器。它从1967年到1980年一直都是美国陆军的主要步兵武器，直到被M16A2取代。

轻巧的装置：苛刻的要求

★ M16突击步枪性能参数 ★

口径： 5.56毫米	**理论射速：** 700发/分～950发/分
枪全长： 990毫米	**自动方式：** 导气管式
枪管长： （不含消焰器）508毫米	**闭锁方式：** 枪机回转式
枪口初速： M193式枪弹1000米/秒	**发射方式：** 单发
有效射程： M193式枪弹400米	**供弹方式：** 弹匣
枪口动能： M193式枪弹1625焦耳	**容弹量：** 20发或30发

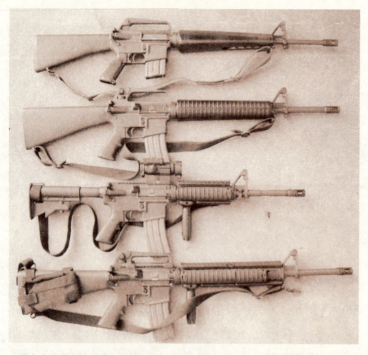

★图中由上至下依次为：M16A1、M16A2、M4、M16A4突击步枪

M16是一支轻巧的5.56毫米口径风冷气动弹匣步枪，同时具有由直接碰撞气动操作启动的转动式枪机。它由钢、铝以及复合塑料制成。M16的机匣是由铝合金制成的，枪管、枪栓和机框是钢制的，护木、握把，以及后托都是塑料做的。早期的型号特别轻巧，只有2.9千克（6.4磅）。这是远远比20世纪50年代和20世纪60年代的7.62毫米口径战斗步枪要轻的。即使与装满弹药后5千克的AK-47相比也还是很占优势的。直接导推式的气动方式的主要问题在于火药燃烧后剩下的污物和残渣会直接吹到后膛里。当燃烧产生的气体沿着管壁向下流动的时候，它会膨胀然后冷却，而不像气溶胶那样能够在降压的时候冷却。该冷却使得已经气化的物质冷凝，并因此而使一个体积大得多的固体凝固，恰好在枪击的活动部件上。反过来，导气活塞的工作在极短的时间内使用高压气体并使他们远离后膛。因此，比起使用导气活塞的枪来说，M16需要更频繁的清洁和润滑来保持稳定工作。

然而，部队被告知，因为它是划时代的武器，因此它不需要清洗，从而也没有配备清洗工具。结果，在越南战场上M16经常发生卡壳、枪膛存有污垢、枪管与枪膛锈蚀、拉断弹壳、弹匣损坏等故障。士兵们经常讥笑这些是"玩具枪"，还用一句话来形容发生故障的枪："你可以叫它Mattel（美国著名的玩具厂商）。"这句话后来演变成了一个民间传奇，内容就是第一批M16是部分或全部由玩具业厂商制造的。

⊘ 战场争峰：M16在战火中改进

在越南作战中，美军第1骑兵师的一位指挥官P.W.肯德拉中尉介绍说，该师的一个班被三面包围在山上，为了呼叫直升机火力支援发射了信号弹。北越士兵以为他们要撤退，于是加快了进攻速度，结果受到M16A1的猛烈射击，伤亡惨重。

当时北越士兵经常采用挖地道偷袭的方法，令美军吃了大亏，后来美军特种部队就埋伏在探听到的地道出口附近，北越士兵刚出来就被M16密集的火力所射杀，于是他们称M16为"黑枪"。他们还经常谈论："小黑枪与小弹能打大孔"。虽然美军在越南战场失利，但M16却从越南战场起步，仅柯尔特公司在这段时间内就生产了350万支M16。1974年，美国陆军采购了270万支。

一般来说，美军装备一支新型步枪总是要经过反复多次、极为慎重的试验与评价的，而M16在试验与评价都不够充分的情况下便装备部队，这就使它先天不足，以致以后屡遭弹劾。

M16全面配发到部队后首次在战斗中登场是在1965年11月越南德浪河谷的战斗中，而且表现得相当好。哈罗德·G.摩尔中校在报告中写道：这次胜利是由"勇敢的士兵和M16带来的"。

这些故障的原因是多方面的，越南气候潮湿，温度高，若不注意擦拭维护，很容易使枪生锈，但改用步枪弹发射药是主要原因。M16原本所用的M193枪弹原装杜邦公司的IMR4475单基管状药，这种药燃速快、压力曲线升得快、残渣少。

不久，杜邦公司通知陆军说他们无法大量生产IMR4475单基管状药。1964年1月，陆军决定采用奥林公司的WC846双基球形药，他们认为这种发射药易于生产，成本低，而且燃速慢，降低了峰压，有利于提高枪管寿命，而且原本T65枪弹也是使用这种发射药的。但事与愿违，M193弹采用WC846药后便出现了很多问题：球形发射药燃烧后会在M16的枪管和导气管中留下一些黏黏的残渣，由于枪管没有镀铬，而导气系统又没有相应的维护装置和适合的润滑物，因此很难迅速使步枪恢复正常使用状态；由于球形发射药的弹道

★越战中使用M16突击步枪的美国士兵

★战场中与士兵共同作战的M16突击步枪

特性导致导气孔的压力，加上缓冲装置质量很轻，M16的全自动射速从正常状态下的每分钟750~850发大大提高到每分钟850~1000发；另外由于枪机开锁时剩余膛压高，残渣也增加了膛壁与弹壳之间的摩擦力，因此经常出现卡壳和断壳现象；此外，对M16的生产全过程缺乏一个有效的管理体制导致的质量问题也是一个重要原因。除上述原因外，装备M16的部队缺乏必要的训练和指导也导致M16在战斗中出现了很多戏剧性的故障。不过，早期的M16步枪没有设计快慢机，射速过高，使一些士兵经常在任务未结束前就打光了子弹，再加上美国人急匆匆地把M16步枪送上前线，未进行彻底的可靠性检查，一度出现枪膛进水就无法射击的情况。

"知耻而后勇"，美国始终没有停止对M16步枪的改进和完善。如今美军使用的改进型M16A2步枪和衍生型M4卡宾枪已在可靠性方面不亚于AK-47的水平，何况在射击稳定性和准确性方面还遥遥领先。这使M16系列突击步枪成为装备广泛程度仅次于AK-47系列的突击步枪。

冷战王牌
——比利时FNFAL步枪

◎ 大难不死：轻武器之花随之诞生

比利时FNFAL轻型自动步枪，是20世纪五六十年代的世界名枪，被人们誉为"轻武器之花"。比利时FNFAL步枪由比利时枪械设计师迪厄多内·塞弗设计，在比利时国营赫斯塔尔公司研制、生产。而塞弗笑称：FNFAL是被捡回来的枪。为什么呢？

原来，1940年5月，在纳粹德军铁蹄下的比利时重镇列日，一名负伤的比军士兵被德国兵追得几乎无路可退，幸亏路边酒店的女老板用酒窖作掩护，使他逃过一劫。女老板做梦也没想到，自己的这番义举为比利时乃至整个西方挽救了一位天才的枪械设计师——塞弗。

二战结束后，回到祖国的塞弗已是小有名气的兵工厂技师。他敏锐地感觉到结

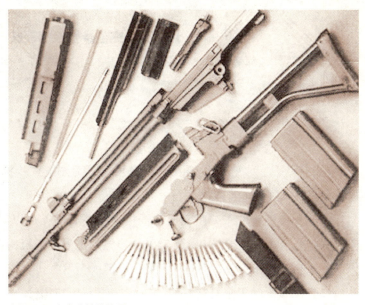

★FNFAL突击步枪结构图

合老式手动步枪远射程和冲锋枪瞬间火力猛特点的突击步枪具有远大前程，因此开发出备受北约军队欢迎的战后第一代新型突击步枪——FNFAL。

在二战中期，德国人认为步兵在实战中射击的目标通常在400米范围内，因此他们开发出射程较近的7.92毫米短弹和发射这种枪弹的MP44（StG44）突击步枪。

1945年后，这种概念受到世界各国的重视，开始研究类似的射程较近的突击步枪及枪弹，而最成功和最著名的当然是苏联的AK-47突击步枪及其发射的7.62×39毫米中间型威力步枪弹。

英国也于20世纪40年代末开发了80/30（7×43毫米）枪弹，并在两种步枪上进行了试验。1950年，这两种步枪还送到美国本宁堡进行北约标准弹的口径选型试验，这两种步枪一种是英国的无托步枪EM2，而另一种就是比利时FN公司的轻型自动步枪，全称FNFAL，简称FAL。

由于比利时FNFAL步枪性能良好且易于生产，价格较低，所以很快被列为北约军队的制式步枪，并很快普及到为数众多的国家和地区。FNFAL成为二战后产量最大、生产与装备国家最多、分布最广的军用步枪之一。

🚫 王牌武器：强射击能力超群

比利时FNFAL步枪采用活塞短行程导气系统，活塞在枪管上方，其结构类似于美国的勃朗宁自动步枪。导气装置有气体调节器，可以根据不同气候环境条件或污染情况调整合适的导气量，或完全切断导气孔来发射枪榴弹；闭锁机构取自saFN49步枪；枪机结构与

★ FNFAL突击步枪性能参数 ★

口径： 7.62毫米　　　　　　　　**全重：** 4450克

枪全长： 1090毫米　　　　　　　**弹匣容量：** 20发

枪管长： 533毫米

苏联svt38/40托卡列夫自动步枪的极为相似；英制式FAL步枪的枪机框两侧锻压有Z形排沙槽，而公制式则没有排沙槽。

握把和扳机座位于弹匣后面，铰接在机匣底部，可以翻开来维护。保险、快慢机位于扳机座上，在扳机护圈上方。FNFAL步枪的击发发射机构设计得很好，既简单又容易操作，单发或连发都使用一个阻铁，采用击锤式击发方式。

FNFAL步枪的机匣最初是机加工生产的，1973年FN公司把机匣生产工艺改为包埋铸造法，目的是为了降低生产成本，但其他国家生产的FAL步枪大多仍采用机加工。

拉机柄位于机匣左侧，射击时不随枪机运动，在不同的型号上，拉机柄有折叠式和非折叠式两种。枪口配有长消焰器，也兼做枪榴弹发射器，不同国家采用不同设计的消焰器。前护木的设计也不尽相同，有木制也有塑料制或金属制。轻机枪型配有独特的消焰制退器，抑制连发发射时的后坐力。

★二战后产量最大的步枪——FNFAL突击步枪

FNFALHB7.62毫米口径重枪管型自动步枪和FNFAL标准型的区别在枪管部件。重枪管型采用了加重的枪管，护木也进行了加固，配有两脚架，枪托为固定式，有提把，持续射击能力更强，可作为班用机枪使用，但不能上刺刀，也不能发射枪榴弹。

⊘ 战果辉煌：FNFAL转战世界战场

1953年FAL自动步枪开始投入生产。世界各国生产的FAL大致上可划分为两大类：一类是公制式，一类是英制式。英制式的FNFAL装备给英联邦国家。在1955年，英国、加拿大和澳大利亚的军工部门开始制订FNFAL步枪标准化，要求所有的部件都可以互换，部件的尺寸和公差都以英寸为计量单位。而其他北约国家都只采用公制式FNFAL，部件的尺寸标注都采用公制单位。英制式FNFAL上的大多数部件都不能与公制式FNFAL互换。包括特许生产与仿制的枪支在内，该枪先后曾被90多个国家和地区的军队采用，包括英国、加拿大、澳大利亚、比利时、德国（联邦德国，即西德）、奥地利、以色列、印度、墨西哥、巴西、阿根廷、南非等国都装备了FNFAL自动步枪系列。

在20世纪60年代初爆发的越南战争中，FNFAL步枪被澳洲士兵带到了战场之上，并且表现出了良好的实战效用。

澳大利亚远征军之所以战场得势，在众多国家死伤惨重的情况下，仅有500人失去性命，在一定程度上得益于FNFAL枪。据资料显示，北越正规军和被认为是越共游击队的人员有110万人死亡，60万人受伤，33万人失踪。美军越南战争期间共死亡5.8万人，受伤30.4万人，2000多人失踪。南越政府军死亡13万人，受伤50万人。韩国军队死亡4500人。澳大利亚军队死亡500人，2400人受伤。

尽管FNFAL又长又重，不太适合丛林近战，但事实上许多澳军士兵喜欢它甚于美国的M16，因为他们相信FNFAL使用的7.62×51毫米大威力子弹能一下就击倒敌人，尤其当目标距离较远时效果更加明显。澳军王牌特别空勤团（SASR）在越南战场上把FNFAL的枪管长度自作主张地切了150毫米，并

★正在与士兵共同作战的FNFAL步枪

加上了M16步枪的消焰器，还挂装上从美军那里得到的×M148型榴弹发射器。虽然发射大威力枪弹的FNFAL步枪连发射击时难以控制，但当特种小分队在侦察巡逻中意外遇上敌人时，典型的做法就是一边用强大的火力压制敌人一边迅速撤退，这个时候打得准不如打得快。可以说，在越战中，澳大利亚因为FNFAL枪，才得以损失不那么惨重。

从FNFAL步枪的整个系统来看，尽管枪的结构设计不错，但枪弹威力过大、枪过重、过长，连发射击时极难控制，同时后坐力巨大到令射手难以承受，作为轻型自动步枪使用是不符合发展潮流的。因此，当20世纪70年代小口径突击步枪出现后，它和其他发射7.62毫米NATO步枪弹的自动步枪一样，在军队装备中逐步被取代，并过早地退出了历史舞台。

枪林一怪
——AUG突击步枪

◎ 枪怪出世：AUG集百家之所长

斯太尔AUG是一种导气式、弹匣供弹、射击方式可选的无托结构步枪。

AUG的研制由奥地利斯太尔·丹姆勒·普赫公司的子公司斯太尔·曼利彻尔公司负责，主设计师有三个人——霍斯特·韦斯珀、卡尔·韦格纳和卡尔·摩斯，而奥地利军事技术办公室的沃尔特·斯托尔上校则负责监督研制计划的进程。

★造型奇特的AUG突击步枪

AUG步枪是在20世纪60年代后期开始研制的，其目的是为了替换当时奥地利军方采用的FNFAL自动步枪。当时军方提出的要求是：精度不低于比利时的FNFAL步枪；重量不大于美国的M16步枪；全长不得超过现代冲锋枪的长度；在恶劣环境中使用时，可靠性不低于当时苏联的AK-47和AKM突击步枪。原打算发展步枪、卡宾枪和轻机枪这3种枪型，后来又增加了冲锋枪。

奥地利军方让AUG与FNFAL、FNCAL、捷克斯洛伐克的Vz58突击步枪和M16A1进行了对比试验，AUG的性能表现可靠，而且在射击精度、目标捕获和全自动射击的控制方面表现优秀。这种新步枪经过技术试验和部队试验后，于1977年正式被奥地利陆军采用，并命名为AUG77，并在1978年开始批量生产。

从1978年起，除奥地利外，AUG还被多个国家的军队所采用。在1991年海湾战争中，沙特阿拉伯和阿曼的参战部队就使用该枪，赢得了士兵的好评。

🚫 聪明组合：AUG是集大成者

★ AUG突击步枪性能参数 ★

口径：5.56毫米

枪管长：508毫米

有效射程：727米

射速：8.47发/秒（正常模式）

枪重：4.09千克

枪口动能：1570焦耳

特殊武器功能：瞄准镜1.4倍放大

装甲修正：0.18

弹夹更换速度：3.39秒 6.35发/秒（狙击模式）

最大备弹量：90发

容弹量：30发

斯太尔AUG采用铝合金压铸机匣，耐腐蚀，有钢增强嵌件。其中一个嵌件是枪管连接套，用于固定锁定枪管和旋转式机头，这样就能减轻射击时对机匣的压力，另一个嵌件是固定枪机导杆的套管。

AUG是一种把以往多种已知的设计意念聪明地组合起来，结合成的一个可靠美观的整体。枪管用高强度钢冷锻成形，弹膛和枪膛镀铬。枪管外表有环形的散热筋，每根枪管的弹膛尾部有八个凸榫，用于锁定在机匣内的钢制连接套中，枪机则固定在这个连接套的后部。枪管连接套是用花键固定在机匣右边的，连接花键与枪管、枪机上的凸榫也是重合的，当枪管和枪机都在连接套内时，它们的表面完全啮合而形成闭气环。

斯太尔AUG采用了无托结构，因此在保持了与其他步枪相似的弹道性能的枪管长度上，武器全长比其他步枪短25%，与其他步枪折叠枪托后的长度接近，但却能进行准确的抵肩瞄准射击。AUG在设计时，就特别注重人体工程学。AUG的平衡中心就在握把位置，使射手可以单手操作武器，而且设计者考虑到让纤弱的女兵也很容易掌握这种武器。

当然，AUG也有缺点，就是瞄准镜、把手太小，近身搏击后容易折断。结构也比较复杂，活塞与前握把挨得很近，易灼伤在前的手，扳机力偏大，光学瞄具视场小，必须达到镜轴眼轴重合的要求，并且要用手控制发射方式，这使射手难以获得迅速准确的射击效果。该枪前小后大，前"瘦"后"肥"，背带环的位置也不够合理，使该枪背挂、携行以及战斗使用难以得心应手，恶劣条件下的可靠性也较差。

⊘ 优异性能：AUG赢得好评

AUG有四种基本的枪管：标准步枪枪管长508毫米，冲锋枪型枪管长350毫米，卡宾枪型枪管长407毫米，而重型枪管（即轻机枪枪管）长621毫米。在任一步枪上都可以在数秒内更换其他的枪管。斯太尔AUG可以说是一个武器系统，4种不同的枪管可以在几秒内就装进任一机匣中，成为4种不同的武器：步枪、卡宾枪、轻机枪、冲锋枪；AUG武器系统是模块化结构的，全枪由枪管、机匣、击发与发射机构、自动机、枪托和弹匣六大部件组成，所有组件，包括枪管、机匣和其他部件都可以互换。AUG系统中采用了大量塑料件，约占全枪零部件总数的20%，不仅枪托、握把和弹匣采用工程塑料，就连受力的击锤、阻铁、扳机也用塑料制成，这些部件耐摩擦而且不需要润滑，因此有较长的寿命周期，而且非常坚固。据奥地利军方的测试，这些塑料部件可以承受射击100000发以上的使用寿命。

★AUG突击步枪结构分解图

AUG很容易分解而不需要专门工具，这样可以大大减少基本维护费用，士兵在野战条件下也方便维护步枪。

AUG步枪上没有专门的射击模式选择装置，而是通过扳机本身用来控制射击模式。利用控制扳机行程，可实施单发射击和连发射击。扣到一半位置时为单发，而扣到底时则为全自动射击。半自动射击时，两次射击之间必须松开扳机，而全自动射击只需要扣住不放，直到停止射击为止。半自动的警用型（执法型）的扳机只能单发，扳机扣力较轻。经过训练的士兵，很容易就能掌握单连发扳机的使用，不过靶场上练枪与实战环境对人的心理要求是不一样的，所以战场上的士兵很有可能会由于紧张而对准目标扣下扳机不放，即使对较远距离的目标也击发大量的子弹。因此AUG的单连发扳机是备受争议的一部分。

斯太尔AUG步枪的标准瞄准装置是1.5倍的望远式瞄准镜（兼提把），由奥地利蒂罗尔的施华洛世奇光学仪器公司设计，密封在一个筒形外壳中，30英尺防水，设计的归零值为300米，可以在昏暗的微光条件下使用。1.5倍的放大倍率让射手可以在射击时睁开双眼，便于搜寻目标和观察周围事物，并避免产生"隧道视觉"。此外，这种光学瞄准镜还可以减少AUG使用者的训练时间——因此就能大大减少弹药和训练费用。架在AUG-A1型上的瞄准镜与机匣为一个整体，总质量100克，瞄准镜顶部有后备的机械瞄具，刀形准星和矩形缺口式照门有三个发光亮点，可以在昏暗环境下使用，不可调整。一些早期生产的AUG-A1步枪配备有整体的瞄准镜座的机匣。在AUG-A2型号上，标准的瞄准镜座可以快速地更换上一个M1913标准皮卡汀尼导轨。

枪托部分由手枪型握把和扳机组件组成，是用高抗冲击的聚合物制成的，主要有绿色（军用）和黑色（警用）两种，还有一种是沙漠黄色，是沙特阿拉伯所订购的。扳机护圈扩大至整个握把，因此戴上冬季手套或棒球手套时也能操作射击。主体上有两个对称的抛壳口，一般左边的那个会盖上一个塑料护盖，当需要从左侧抛壳时要把护盖移到右边。可

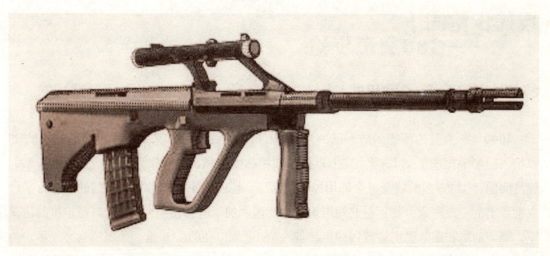

★配备了瞄准镜的AUG-A1步枪

★正在使用AUG-A1步枪作战的士兵

分离的枪托底板上有橡胶缓冲垫，当拆开时，可取出步枪内的主要部件，包括击锤组件和枪机组件。枪托底板是通过一个连接销固定的，这个连接销同时也连接着后背带环。枪托尾部还有很大的空间可以容纳擦拭工具等附件。

AUG采用弹匣式供弹，有30发（标准步枪）和42发（轻机枪）两种弹匣。弹匣是用半透明的增强聚合物制成，可以看到弹匣内的存弹量。后来又为伪装需要生产了一种黑色的不透明弹匣。弹匣释放扣位于弹匣入口的后方，左右手均能操作（一些说法认为左右手操作都很不灵便）。任一支枪都可以使用两种不同容量的弹匣，不过AUG的弹匣只能专用于AUG枪族，不能与其他步枪通用。另外，AUG的弹匣是预封装的，生产出来就已经压好枪弹，随时可以使用，但有专家质疑，预封装的弹匣内长期受压的弹簧会发生疲劳，长时间存放后会出故障。

现代步枪的王者
——G36突击步枪

🚫 爆冷门的王者：G36出世

1990年，当时的西德国防军已决定采用G11无壳弹步枪，来换装服役超过30年的G3步枪，但和平扼杀了G11方案，在G11投产前柏林墙倒塌，随着东西德统一，带来一系列经济问题，G11方案的资金被全部用掉了。随后，德国陆军开始参加联合国的维和行动。在世界上的主要国家，特别是北约组织的主要国家的军队都使用5.56毫米口径步枪的情况下，德国的维和部队仍携带着1959年装备的7.62毫米口径的G3步枪。德国感到必须尽快为陆军，尤其是快速反应部队换装新的步枪。

★英国L85A1步枪

　　由于时间和经费的问题，并没有打算研制全新的步枪。德国军方最初的方案是和以色列的加利尔和芬兰的SAKOM92步枪类似，利用前东德所有的兵工设备及AK步枪的技术生产一种使用5.56毫米NATO弹的AK型步枪。前东德VEB公司曾研制过一种M940系列突击步枪，基本上符合德国国防军的初步构想，因此技术可行性与降低成本都不成问题，但这个方案的俄式色彩过于强烈，在保守派的反对下取消。

　　1993年9月，由海军、陆军、空军和联邦国防技术与采购署的专家组成的工作组，对市场上有售的10种步枪和7种轻机枪进行了预选，但其中有部分枪型只是作为性能参考。在试验过程中，军方提出班组支援武器必须与步枪使用相同的结构，立即就淘汰掉一批枪型，只剩下英国的L85A1、奥地利斯太尔·曼利彻尔公司的AUG步枪和HK公司的HK50步枪进行对比试验。L85系列由于故障率偏高很快被淘汰，最后的对比就在AUG和HK50之间进行。

　　当时轻武器界的评论家们大多看好AUG。因为AUG早已名闻天下，而HK50则只是刚推出市面的"新兵"，直到此时，包括著名的英国《简氏步兵武器年鉴》在内的各种枪械刊物均未提到过这支枪，HK50可谓"默默无闻"。

　　在经过短时间的对比试验评估，德国军方选择了HK50，要求HK公司进行改进，并同时将其命名为军方编号G36，就这样HK50出人意料地爆冷胜出。究其原因，AUG失败的竟然是它那个独特的两段式控制单发和连发的扳机系统，尽管斯太尔·曼利彻尔公司为专门符合德国军方要求，而将AUG的保险钮改为兼具快慢机功能，但使用起来却不容易准确判断出当前的选择是保险还是单发或连发。

◎ 操作简易：G36拥有绝妙的构思

★ G36突击步枪性能参数 ★

口径: 7.62毫米		**枪口初速:** 约920米/秒	
枪全长: 758毫米/1000毫米（托折/托伸）		**枪口动能:** 约1725焦耳	
枪管长: 480毫米		**射击方式:** 单、连发	
枪高: 320毫米（连背带环和弹匣）		**扳机力:** 30～50牛	
枪宽: 64毫米		**理论射速:** 约750发/分（连发）	
膛线缠距: 178毫米（右旋，6条）		**弹头重:** 4.0克	
空枪重: 3.63千克		**容弹量:** 30发	
弹匣重: 127克/483克（空/满）			

　　G36采用导气式自动原理，在枪管上方有一个短的导气活塞，当发射的弹头经过枪管中部的导气孔后，一部分火药气体从导气孔溢出，通过导气管推动活塞，活塞杆的后退打开了枪机的闭锁，枪机就在高压的火药气体的反作用下进行后坐，而同时活塞后退时导气管内的火药气体会从活塞容室前方的排气孔中排出，而不会进入枪机系统内。活塞式导气原理早已经在不少突击步枪上应用，而这些突击步枪也被认为是性能最可靠的，而且成本较低，其中最著名的当然是卡拉什尼科夫设计的一系列AK突击步枪，不过G36的导气系统的结构与美国阿玛莱特公司的AR-18更为接近。

★采用导气式自动原理的G36突击步枪

G36的闭锁装置取自M16，但G36的导气装置却比M16那一根又细又长的导气管要好，因为导气管容易被外来异物堵塞，所以M16常常被抱怨在恶劣的使用条件下不可靠，而在HK公司的宣传中，G36的可靠性好像AK步枪一样好，在中途不对枪管和导气装置进行任何保养的情况下，连续发射25000发以上的子弹，没有出现过一次卡壳之类的故障，比G3还要可靠。虽然G36本身不会被美国军队采用，但现在，在HK公司参与的OICW计划中，步枪部分就是取自G36系统。另外，有消息指美国的执法机构正在进行采用G36系列的可行性评估。

HK公司在G36标准型突击步枪的基础上推出了几种变型枪，形成一个枪族，包括G36标准型突击步枪、G36K短步枪、G36卡宾枪、G36E突击步枪、G36运动步枪、G36狙击步枪、G36轻机枪和G36C。

◎ 性能优异：G36提前进入第三代步枪之列

1997年12月3日，在哈默堡举行了一个换装仪式，当哈默堡步兵学校司令员魏德将军将一支G36步枪和一支P8手枪授予一名陆海空三军代表的士兵后，德国士兵就正式告别了使用了35年之久的G3步枪。

德国的G36突击步枪属于第三代突击步枪，其声名远不及M16、AK-47、AUG等突击步枪，何况没有经过实战检验。但是绝妙的构思，看似常规却又处处透出的非常规之举，以及优良的技术性能，使之公开亮相不久，便引起世界枪坛的广泛关注，并在短短数年间，排在了世界小口径名枪之列。

G36突击步枪除了在德国陆军服役外，西班牙陆军、尼泊尔陆军也已装备了这种枪。由于性能优异，美军也对其采取"拿来"的方法，美军在试验"XM29理想单兵战斗武器"未完全达到指标后，于2002年10月开始以"XMZ9理想单兵战斗武器"的5.56毫米动能武器模块为基础设计新枪。由于研制工作主要由HK公司负责，所以世人看到最初的XM8突击步枪的外形设计图与G36突击步枪外形基本相同，后期样枪在外形上虽有变化，但仍然采用的是G36突击步枪的

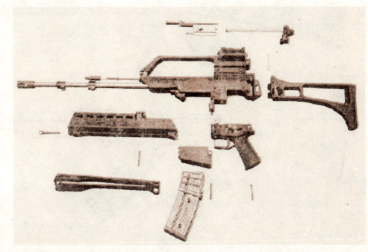

★G36突击步枪结构图

构造。日本自卫队研制的5.56毫米"试制十五年式多用途组合步枪"的机匣、拉机柄也和G36突击步枪的构造基本相同。

G36突击步枪采用了许多非常规设计，其瞄准具就是一个最典型的例子，该枪完全放弃了机械瞄准具，以准直和望远式两套光学瞄准具取而代之，使镜、枪有机地结合在一起。尤其值得称道的是，在G36加装夜视仪后，形成了一个潜望式的系统，瞄准精确度高，还有效地降低了基准基线高度，使其在瞄准方面具有了其他小口径步枪无法比的拟地优势。

战事回响

◎ 巅峰对决：AK-47大战M16

从1947年起，卡拉什尼科夫的AK-47自动步枪就成了传奇武器。首先，由于它制作简单、价格便宜，生产数量巨大，排名高居世界榜首。据美国国防信息中心的资料显示，全世界现在拥有1亿多支这种步枪，按目前世界人口总数计算，平均每60人就拥有一支AK-47。相比之下，著名的以色列"乌兹"冲锋枪全球只有1000万支，M16步枪的保有量也大体如此。

由于简单适用、经久耐用和作战高效，AK-47广受欢迎。它武装了50多个国家的军队，恐怖分子和与之交手的特种兵都对它钟爱有加，就连驻伊美军也喜欢上了缴来的

★M16突击步枪和AK-47的对比图

AK-47。在越南战争中，美国的M16步枪未能抵挡住AK-47的疯狂；而在最近的伊拉克战争中，美国人再次尝到了它的苦头。而且，它已经成为了一种文化符号，在很多人的眼里，它的香蕉形弹匣就是死亡的象征。

一直想超越AK-47的美国，从20世纪50年代就开始了小口径步枪的探索工作。而1960年的越南战争，则加快并催生了此后远销55个国家和地区的、生产数量位居世界第二的M16系列。M16

★士兵手中的M16突击步枪

的出现，对20世纪后期世界上掀起的小口径浪潮，起到了示范和带动作用。但早期的M16口碑远不及AK-47，主要问题是射击时经常卡壳，越南潮湿的作战环境和恶劣的战斗条件加大了故障率。时至今日，还有相当一部分人仍坚持认为小口径武器远距离威力太小，步枪小口径化的道路并不可取。M16使用一条细长的不锈钢管将燃气直接倒入后部枪机，钢管内极易进入污物，且污物不易排出枪外，钢管内径的缩小造成燃气压力下降，直接后果是枪机复进不到位，造成卡壳。关于这个问题，M16很快换装就是很好的证明。M16是1964年正式装备部队的，到了1967年就换装成了M16A1，足见其问题的严重性。相反，AK-47从列装到换代一直支持了五十多年。

M16与AK-47的首次较量是在越南战场上，在很多对比两支枪性能的报道中，都会提到当时很多美军士兵在缴获AK-47后，宁愿扔掉M16而使用AK-47，使人感觉到M16十分不可靠。在越南战争中，美国士兵扔掉手中的M16转而使用AK-47是不争的事实。究其原因，主要是因为M16在风沙、沼泽及泥泞等恶劣环境中，枪膛污损严重，容易卡壳，故障率高。相比之下，AK-47表现出动作可靠，结实耐用，故障率低等优点。这也是AK-47备受青睐的重要原因。

当美国陷入越战的泥潭中时，还出现了几个M16的衍生型，包括一种短命的狙击步枪和XM177等。在越南作战的美军普通反映M16、M16A1火力猛、重量轻，比M14易于携带。M16/M16A1在战斗中的表现证明了尤金·斯通纳设计了一把优秀的步枪。

虽然美国已经把几百亿的资金投入到了太空武器和军事技术的革新上，但是从越南到伊拉克，从非洲到南美洲，问世60年后，造价不足100美金的AK-47依然是这个星球上最恐怖的武器之一。

一代枪王：卡拉什尼科夫的传奇人生

米哈伊尔·卡拉什尼科夫可以被称为苏联/俄罗斯最富传奇色彩的人物。

1919年，卡拉什尼科夫出生在苏俄伊热夫斯克一户农民家中。在家干农活时，他就经常冥思苦想，精心设计了一些新型的农用机械，受到当地农民的普遍欢迎。他后来参军到苏联坦克部队服役时，曾经发明了坦克火炮发射数量计算器、坦克行驶时间追踪仪等。1947年的一天，一位名叫德明的上校工程师闯进了卡拉什尼科夫的绘图室并向他告之他研发的枪获奖的消息。斯大林还亲自为他颁发了15万卢布的奖金，当年卡拉什尼科夫只有28岁。

卡拉什尼科夫随后在1974年又设计出AK-47枪族的5.45毫米小口径突击步枪。一个伤兵的灵感，为他本人带来了巨大的荣誉，而更重要的是，这种枪改写了历史。

第二次世界大战爆发后，卡拉什尼科夫从战友处获悉，德国陆军使用的都是全自动武器，而当时苏联红军是两个人合用一支老式步枪。他从此就暗下决心，一定要为苏联红军士兵制造出一种简单、耐用、连发的冲锋枪。他1942年开始研究自动步枪设计原理，并很快设计出了AK-47冲锋枪的雏形，并在此基础上制造出150多种样枪。1949年，苏联红军正式装备了他设计出的AK-47冲锋枪。自打那一刻起，AK-47冲锋枪就开始声名鹊起，成为世界上最为有效的陆军轻武器之一。卡拉什尼科夫也由此获得了世界"枪王"的美誉。

★卡拉什尼科夫与他的爱枪

目前世界上每10支AK-47冲锋枪中，就有9支属于"盗版产品"；而真正获得过"卡拉什尼科夫冲锋枪"生产许可证的国家只有18个，其中大多数是原华沙条约组织成员国，而他们拥有的生产许可证也早已经随着华沙条约组织的解体而作废。非常有趣的是，在美国的内华达州至今有一家生产AK-47冲锋枪的兵工厂，这家兵工厂所使用的许可证是从保加利亚"阿尔谢纳尔"兵工厂买来的。据俄罗斯武器装备出口公司公布的资料显示，现在俄罗斯每年仅因盗版生产AK-47冲锋枪一项，就损失20亿美金左右。

非常遗憾的是，卡拉什尼科夫作为AK-47冲锋枪的设计者，一直住在莫斯科以东500千米的一座小城市里。他居住的房子已非常陈旧，另外由于长年试枪，

★卡拉什尼科夫(左)青年时期的工作照片

老人的听力已严重受损。而和卡拉什尼科夫一样作为枪械设计师的美国M16步枪发明者尤金·斯通纳，却因为自己的发明而赚足了钱，不仅拥有自己的豪宅，还拥有多部轿车甚至私人飞机。莫桑比克国防部长就曾对世界"枪王"卡拉什尼科夫表示："您设计的枪让我们赢得了自由。"卡拉什尼科夫老人听到这话后非常幽默地表示："作为设计师能够听到这样的评价心里美滋滋的，尤其是在免谈赡养费的情况下……"

卡拉什尼科夫曾在20世纪90年代访美，作陪的乃是他的老对手——M16的设计者尤金·斯通纳。两人交换打对方设计的枪，结果成绩不分上下。但是一位海军陆战队少将跑出来打了个岔，他当众回忆起他在越南的日子，他并不掩饰自己对于AK-47的赞誉，哪怕身边站着面无表情的尤金·斯通纳。

卡拉什尼科夫的俄罗斯姓氏不需要翻译成任何语言，它已经成为一个世界品牌和俄罗斯的非正式标志。它的载体不再限于AK系列自动步枪，而且延伸到了酒类和其他商品。1995年，在俄罗斯的格拉佐夫市，第一批"卡拉什尼科夫"伏特加酒出厂。过后，一种英国产白酒也被冠以同一个名字。

2002年，设计师卡拉什尼科夫与德国慕尼黑国际博览集团公司签署协议，授权使用"卡拉什尼科夫"作为系列商品的商标。2002年底，84岁的卡拉什尼科夫与一家名为MMI（Marken Marketing International）的德国公司签署了一份商业合同，授权这家公司使用"卡拉什尼科夫"这个名字作为商标生产系列产品，根据合同内容，卡拉什尼科夫本人将从这家公司产品的销售利润中提取30%（还有33%和35%两种说法）作为冠名权的合法提成。据说，这家总部设在德国佐林根市的公司，准备用"卡拉什尼科夫"作为著名商标，生产雨伞、剃须刀、香水、军用匕首，甚至包括巧克力糖。

米哈伊尔·卡拉什尼科夫虽设计了AK-47，但他一生热爱和平，他很后悔自己设计了

这么多枪械（尤其在他知道这些枪被用来屠杀无辜的生灵之后），在晚年，他不再专注于枪，而是发明了一种类似于威士忌的酒。

卡拉什尼科夫现仍生活在莫斯科。2003年与法国女作家若丽舍合作写成《我的枪中人生》。2009年11月11日，俄罗斯总统梅德韦杰夫授予他"俄罗斯英雄"的称号，这是送给这位90岁老人的一份特殊的生日礼物。

◎ 世界著名突击步枪补遗

1. 法国FAMAS突击步枪

1971年，法国设计成功了世界上第一种无托突击型小口径步枪FAMAS。该枪曾经在乍得战争和海湾战争中经受战火考验，以其优良的性能，赢得了参战士兵的喜爱。作为"世界六大名枪"之一，该枪在非洲许多国家和亚洲一些地区的军队中装备。

FAMAS步枪的质心匹配合理，且提把将照门和准星包含在内，对准星、照门起到了很好的防护作用。另外，该枪还加装有两脚架，实验表明：步枪装与不装脚架，点射时的面积会相差50%左右。可见，步枪加装脚架后，虽然牺牲了武器的机动性，但会使射击稳定，精确度提高。FAMAS步枪在现代无托步枪中射击精确度当数最好。

FAMAS步枪的结构略显复杂，擦拭保养也非常不便，在泥水、沙尘等恶劣环境下的故障率偏高。

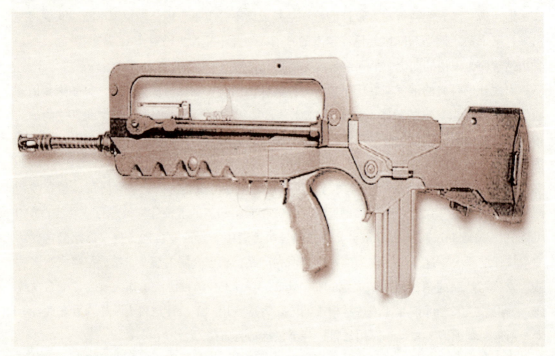

★法国FAMAS突击步枪

有枪弹专家曾使用法国FAMAS、奥地利的AUG以及国产95式步枪分别对700米距离上3.5毫米厚的A3钢板射击，其结果是：FAMAS射弹穿透率为75%，AUG步枪的射弹穿透率为72.7%，国产95式步枪的射弹穿透率为100%。虽然FAMAS和AUG均使用北约5.56毫米SS109步枪弹，但FAMAS步枪的穿透力略高于AUG步枪。

FAMAS是世界上人工机效最好的步枪之一，主要表现在：一是该枪背带环设计成沿枪管前后轴线对应形式，因而在行军中战斗背挂显得简单快捷；二是该枪有一个包含准星、照门的提把，并且加装有两脚架，因而在持枪快速跃进及架枪射击时更显方便；三是该枪的质心配备合理，不论单手快速出枪，还是双手射击都有很好的稳定性。

2. 以色列伽利尔5.56（7.62）毫米口径突击步枪

伽利尔突击步枪是以色列众多武器的典型代表，甚至可以说是犹太人智慧的结晶。伽利尔突击步枪集众家之所长，凝聚了当今世界众多名枪的设计特点，在服役20多年的时间里，饱经战火洗礼，实应列为"世界六大名枪"之列。目前，南非的R4步枪，瑞典的FFV890C步枪均是以伽利尔突击步枪为蓝本设计生产的。

伽利尔突击步枪装有昼夜两种瞄准具。白天用的瞄准具结构简单，准星为柱形，可作高低调整，表尺为L形，翻转式照门；夜间瞄准具固定于枪上，不用时可折叠起来，瞄准时通过照门上的两个亮点的中央与发光准星、目标构成瞄准。

伽利尔突击步枪吸收AK-47/AKM步枪抗风沙性好、结实耐用的优点的同时，还有许

★以色列伽利尔突击步枪

多独特之处：零件小、结构简单、机构动作可靠、使用性好、互换性高等，尤为突出的是该枪的平稳性好，不论是单发射击还是连发射击，都非常容易控制。

伽利尔突击步枪通过换枪管可组成发射美M193式5.56毫米枪弹以及北约7.62毫米枪弹两种步枪。发射美M193枪弹的威力基本与美M16A1相同，发射北约7.62毫米枪弹时威力稍大一些。

在该枪机匣左侧，握把上方增设一个快慢机，便于左撇子射手使用；拉机柄自右侧伸出，向上弯曲，左右手均可拉动。此外，该枪采用的是以钢管制成的折叠枪托，即便在折叠情况下也可以发射，人机工效合理。

3. 瑞士SG550式5.56毫米口径突击步枪

SG550突击步枪实际上有两种型号：SG550是标准型，供步兵使用；SG551式步枪是短枪管型，供坦克和车辆乘员使用。瑞士SG550/SG551的确是一型设计比较成功的小口径步枪，但如果与俄、美、英、法、德等老牌国家的步枪相比，认可度还有一定差距，出口量自然不及M16系列、AK系列等武器。

SG550突击步枪使用北约标准口径枪弹，单发射击精确度与大多数型号世界名枪相差不多，但由于SG550突击步枪上加装了两脚架，故提高了武器连发射击的稳定性，缩小了射击散布。

★瑞士SG550式突击步枪

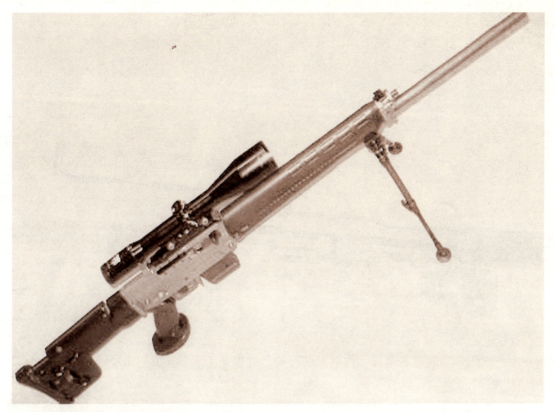

★加装了两脚架的SG550突击步枪

SG550突击步枪坚固耐用，耐高温、抗严寒。这主要是因为该枪的导气系统的设计与其他的导气式步枪不同，气体不是直接进入导管，而是通过导气箍上的小孔，进入活塞头上面弯成90度的管道内，然后继续向前，抵靠在导气管塞子上，借助反作用力使活塞和枪机后退而开锁，从而有效地避免活动部件剧烈运动。

SG550突击步枪的枪管长达528毫米，且使用枪壁很厚的内膛为6条左旋膛线的枪管，因此，侵彻力要比同口径无托枪强。

SG550突击步枪采用的是折叠式枪托，装填拉柄、弹匣卡榫和快慢机柄在枪的左侧，左右手都很容易操作；握持小握把的手也不需要移动即可操作快慢机柄与手动保险，人机结合非常成功。此外，该枪的供弹方式也很有特点，它可使士兵在冲锋时将3个或更多的弹匣安装在枪上，有效提高了火力的持续力。

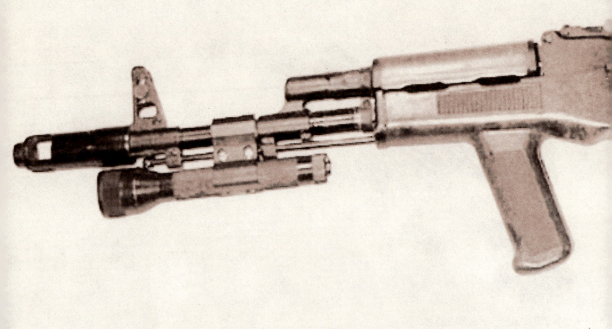

第七章

霰弹步枪

堑壕战鸟铳

⊙ 沙场点兵：步枪中的大炮

我们在电影中经常看到这样的枪：身材细长，拉枪栓时发出"咔咔"的响声，射击时声音仿佛惊雷，巨大的弹壳从枪中滑出，我们向对面望去，敌人的身体被炸出了一个巨大的窟窿，鲜血直流。这样威力巨大的枪就是霰弹枪。

霰弹枪，是指无膛线（滑膛）并以发射霰弹为主的枪械，一般外形和大小与半自动步枪相似，但明显分别是有较大口径和粗大的枪管，部分型号无准星或标尺，口径一般达到18.2毫米。

18世纪后膛步枪的面世和19世纪定装弹药的出现，有无膛线对装弹也已没什么影响。从此，滑膛枪退出制式武器行列。专用来发射霰弹的霰弹枪终于粉墨登场，而且只限于用来射击快速移动的空中目标，如鸟类和定向飞行泥碟靶。

一般最常见的霰弹枪，可分为狩猎、竞技、军事及维持治安用途。狩猎用霰弹枪按赛例多半使用单发后装的构造，一般是采用双枪管设计，而每支枪管都设有独立的发射机构，多是拗开机匣和枪管中间的铰来退壳和重新上弹。为方便射手自行控制火药分量，部分型号仍然使用散装弹药。而军警用途，大部分都是在枪管下方前后拉推活动式护木包围的固定管状弹仓，无须旋转就可重新完成退壳和上膛的动作。雷明顿1100半自动霰弹枪就是其代表。也有些霰弹枪选配特制的枪口装置以控制弹丸的扩散角度和方向，如喇叭形和喉缩形等，或者更换不同长度和口径的枪管。

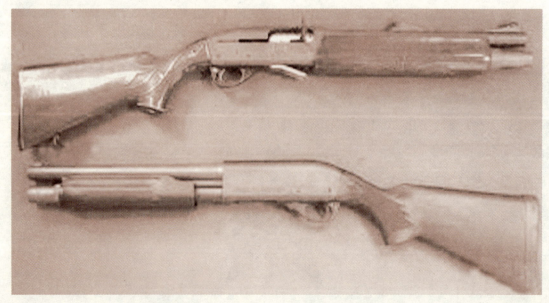

★雷明顿1100型（上）和雷明顿870型（下）

🔫 兵器传奇：异常血腥的霰弹枪

　　1132年，中国南宋的军事家陈规发明了一种火枪，这是世界军事史上最早的管形火器，它可称为现代管形火器的鼻祖。到了南宋开庆元年（1259年）寿春府人创造了一种突火枪，该枪用巨竹做枪筒，发射子窠（内装黑火药、瓷片、碎铁、石子等）。发射时，膛口喷火焰，子窠飞出散开杀伤对阵的敌人，这是现代霰弹枪的真正起源。

　　霰弹枪作为军用武器已经有相当长的历史，自热兵器问世，它就开始装备军队。霰弹枪在一战前曾有过一段辉煌时期，以后逐渐被军方淘汰。

　　到了第一次世界大战时，手动步枪比同期的手枪射速慢而不太适合堑壕战，军队需要一种可以手持着冲锋或防御阵地的枪械，其必须要能够在极短时间内抛出多个弹头，于是霰弹枪成为了一战的单兵常用武器之一。大名鼎鼎的M1917霰弹枪便被美军大派用场，并且因为其优良表现使美国在一战结束后，推迟了接受汤姆逊冲锋枪的计划，而改为装备了M12。至于同期的自动步枪因为过于笨重，多用做支援进攻或阵地防御并用做轻机枪用途。

　　在近距离以弹头计算，霰弹枪能一次射出多个弹头，以一般作战用的鹿弹每个有9至12个直径7至8毫米级的弹丸，每个弹丸的能量相当于普通的手枪子弹。即使是按发射率计算，当时的泵动式霰弹枪因为只需要前后拉推动作，比使用旋转后拉式枪机的手动步枪作战射速仍然高很多。但霰弹枪先天不适合射击单个目标，远距离的精度较差，所以在一战后有较多国家接受冲锋枪，而第二次世界大战时更出现了突击步枪并被各国广泛采用，且火力及压制能力都比霰弹枪高，于是大部分国家也减少了霰弹枪的服役数量。

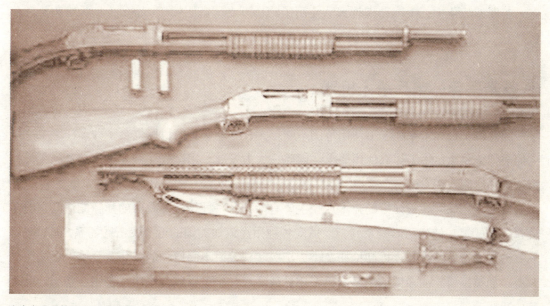

★大名鼎鼎的M1917霰弹枪

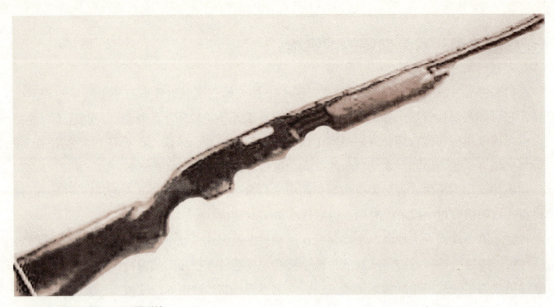

★越战中遗留下来的M870霰弹枪

第二次世界大战后各国警队需要可压制武力的武器，于是霰弹枪便成为各国警察的制式装备之一。波兰警员装备的霰弹枪的大口径可以用来发射各种非致命性弹药，包括鸟弹、木棍弹、豆袋弹、催泪弹（CS气体枪榴弹）、盐弹、塑胶棒式子弹等，并能产生极大的枪口动能，亦可发射低初速极大口径的高能量实心弹头，可用来破坏整道门、窗、木板或较薄的墙壁，使警员可以快速进入匪徒巢穴或劫持人质场所，因此成为特警队甚至军中的特种部队重要的破门工具。致命性的弹药有镖弹、布伦内克弹、近距离发射的00号鹿弹。

但在越战中，丛林战使霰弹枪东山再起，美军和南越部队就装备有M870枪十万余支。在侵越战争中，美军和南越部队使用了约10万支"雷明顿（Remington）M870"泵动霰弹枪。实战表明，霰弹枪在特种战斗中是其他武器不能完全代替的。

🌀 慧眼鉴兵：单兵杀人机器

随着霰弹枪在未来战场上使用范围不断扩大，可能遇到的目标也会多种多样。单一用途的霰弹枪将满足不了作战使用要求。因此，大力发展多用途战斗霰弹枪，是各国在霰弹枪领域中研制、开发的一个重点。

发展多用途战斗霰弹枪的技术途径主要有两种：一种是使其武器的弹膛能适应发射多种弹药的要求，使弹药形成系列，以适应各种用途，如美国的近战突击武器系统CAWS。另一种是通过更换枪管、拆卸枪托及小握把等实现发射不同口径的弹药及全枪外形结构的改变，如英国研制的多用途防暴枪。多用途战斗霰弹枪可以成为军用、警用、防暴、反恐怖的通用武器。

军用霰弹枪特别适合特种部队、守备部队、巡逻部队、反恐怖部队等使用。在近距离战斗中，由于霰弹枪的射程在100米左右，减少了因跳弹或贯穿前一目标后伤及后面目标的概率。所以霰弹枪特别适用于丛林战、山区战、城市战及保护机场、海港等重要基地和特殊设施。

因为霰弹枪具有在近距离上火力猛、反应迅速，以及面杀伤的能力，故在夜战、遭遇战及伏击、反伏击等战斗中能大显身手。

新型弹药的主要性能要求是有效射程要大于150米，在有效射程上要具有比较高的命中概率和良好的侵彻杀伤效果。美国近战突击武器系统所使用的弹药就是一种大威力弹药，其膛压高达1758千克/平方厘米，初速高，有效射程在150米以上，而且命中概率高，侵彻杀伤效果好。

现代军用霰弹枪基本具备了突击武器火力猛烈、射击准确等优点，但不足的是武器系统重量仍然偏大，携行不便，甚至影响战术动作。因此，进一步减轻重量是未来军用霰弹武器系统研制的重点之一。

美国最受追捧的枪
——雷明顿M870霰弹枪

◎ 经典之作：雷明顿M870出世

美国历来就有制造霰弹枪的传统，从二战时期的温彻斯特M12式霰弹枪，到后来的雷明顿M700霰弹枪，霰弹枪一直是美国人很喜欢的武器。二战之后，美国人研制霰弹枪的热情仍没有丝毫减退，他们想要一种比M12式霰弹枪威力更大的家伙，于是，雷明顿M870式霰弹枪出现了。

1966年美国海军陆战队对许多霰弹枪进行了对比试验，选中了雷明顿M870式。雷明顿武器公司根据海军陆战队的要求，对M870式枪作了一些改进，设计生产出了M870-1式霰弹枪。该枪已装备美国海军陆战队及警察，并向其他国家出口。

雷明顿M870式霰弹枪是雷明顿兵工厂于20世纪50年代初研制成功的。因其结构紧凑、性能可靠、价格合理，很快成为美国人喜爱的流行武器，被美国军、警采用，雷明顿兵工厂也因此而成为美国执法机构和军队最喜爱的兵工厂之一。从20世纪50年代初至今，它一直是美国军、警界的专用装备，美国边防警卫队尤其钟爱此枪。

在霰弹枪的发展历史中，雷明顿M870霰弹枪无疑是一个里程碑式的作品。凭借出色的性能、可靠的表现和简洁实用的设计，其在霰弹枪领域中被毫无争议地奉为经典。

⊘ 火力至尊：雷明顿M870具有很好的耐用性

★ 雷明顿M870式霰弹枪性能参数 ★

口径： 18.4毫米	**准星：** 片状
枪全长： 1060毫米	**缺口：** 可调式
枪管长： 533毫米	**供弹方式：** 管状弹匣
枪重： 3.60千克	**容弹量：** 7发
瞄准装置： 步枪瞄准具	

　　相比于以前的霰弹枪，雷明顿M870式霰弹枪在恶劣气候条件下的耐用性和可靠性较好，尤其是改进型M870霰弹枪，采用了许多新工艺和附件，如采用了金属表面磷化处理等工艺，采用了斜准星、可调缺口照门式机械瞄具，配了一个容弹量为7发的加长式管形弹匣，在机匣左侧加装了一个可装6个空弹壳的马鞍形弹壳收集器，一个手推式保险按钮，一个三向可调式背带环和配用了一个旋转式激光瞄具。

　　雷明顿M870式霰弹枪最初有军用型和警用型两种型号，后来出现了民用型和改进型等10余种型号。各种型号枪的枪管长度各不相同，从356～508毫米不等，弹匣容弹量为3～7发不等，但都是下方供弹，侧向抛壳。枪托既有固定式硬木枪托，也有折叠式尼龙枪托和金属枪托，一般采用机械瞄具，后期产品有的配用了光学瞄具。

　　警用雷明顿M870式霰弹枪的枪托和前托均采用了高强度的聚丙烯材料制作而成，不渗水，表面加工成不反光的黑色，带有防滑纹，而且性能不易受使用环境的影响，即使在

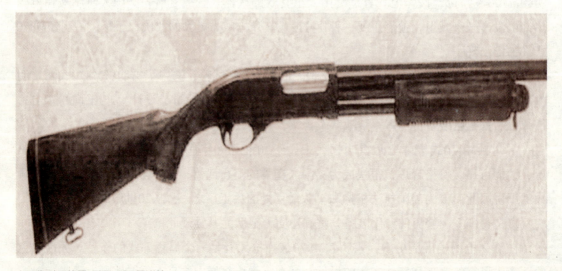

★可靠耐用的雷明顿M870霰弹枪

最苛刻的条件下使用仍能保持其原来的强度。枪托的形状进行了人机工程设计，并装有一个厚25毫米左右的黑色整体式缓冲垫，以保证使用的舒适性。机匣、枪管、弹仓等零件均作了磷化处理，使得金属表面反光很小，并且可以防潮、耐磨。为了提高武器的隐蔽性，表面均染成黑色。

⊘ 产量惊人：雷明顿M870成为猎枪之王

雷明顿M870式霰弹枪一出世，便引来了猎手的关注，也可能是发明并制造雷明顿M870的人始料未及的。雷明顿M870居然成为了猎枪历史上产量最大的枪之一，投产半个世纪以来累计生产了600万支以上，形成了M870系列，它以极高的可靠性和耐用性赢得了广大用户的信赖。

直至1966年，雷明顿M870才走上战场。越南属于热带雨林气候，多丛林，很多枪即使有再大的威力，也派不上用场。在丛林环境下，能不能快速准确地向敌方射击，常常决定一个人的生死，而雷明顿M870恰恰解决了这个问题。

在越南战场上，交战双方使用了超过10万支雷明顿M870，其中军用型M870，加大了弹仓，增添了刺刀功能，更受士兵的喜爱。在越南丛林里的近距离战斗中，雷明顿M870证明了它有其他轻武器不可替代的优越性，还装备到美国海军陆战队及警察身上，并向其他国家出口。

雷明顿M870霰弹枪是世界上在近距离战斗中能够发挥其最高性能的霰弹枪。在近距离建筑物中执行防守任务或进行近距离战斗时，由于其出色的综合性能、合理的价格而成为美国士兵最信赖的武器。

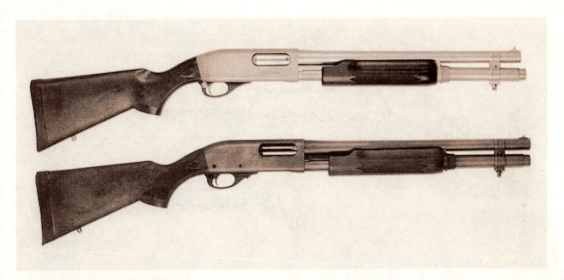

★最受美国士兵信赖的M870霰弹枪

性感杀手
——伯奈利霰弹枪

◎ 杀手登场：伯奈利霰弹枪横空出世

　　伯奈利霰弹枪是世界上最有名的霰弹枪之一，人称"性感杀手"，枪如其名，伯奈利霰弹枪看上去很漂亮，但一旦扣动扳机，就会取人性命。伯奈利霰弹枪有着古老的背景，也有着古老的身世。

　　伯奈利霰弹枪是意大利的皮埃特罗·伯莱塔公司生产的。此公司是世界上最古老的枪械生产工业组织之一，由于伯莱塔的产品质量上乘，因此不仅当时的威尼斯共和国经常订购，而且在意大利边界外的多个欧洲国家也委托伯莱塔家族为其制造枪械。从那时起，伯莱塔家族就把公司总部设在意大利的布雷西亚，巴尔特罗梅奥把他的生意传给了他的儿子，然后一代传一代，一个世纪接一个世纪。

　　在发展史上有两位皮埃特罗发挥了重要作用，一位是皮埃特罗·安东尼奥·伯莱塔，19世纪初期的意大利经历了长年累月的战争，然后又被外国统治，但皮埃特罗·安东尼奥不断地在意大利各地旅行去展示他们的优质产品并争取了大量的订单，使公司渡过了经营难关；而另一位皮埃特罗·伯莱塔在20世纪初期接管了家族生意后，开始引入现代化的生产设备和工艺，建立了新的厂房，并注册成立了现在的皮埃特罗·伯莱塔公司。

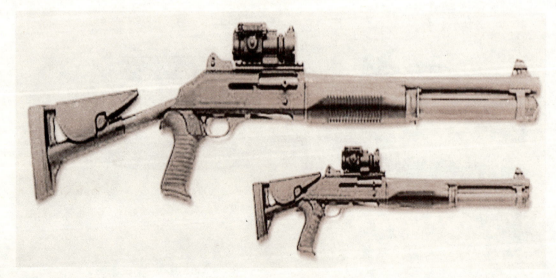

★横空出世的伯奈利霰弹枪

皮埃特罗的儿子在二战后继续发展公司业务，改进工艺，开发新产品，使伯莱塔公司在20世纪中期生意越做越大，更开始在世界各地设立分公司或生产车间，在军事组织、执法机构和私人团体中取得商业上的成就。

在20世纪末世界各国许多轻武器生产商都由于经营困难而或分家、或合并，但家族生意的伯莱塔公司仍然屹立不倒，维持了他们的经营特色。

伯莱塔标志中的那3支箭的符号代表什么呢？它们所代表的意思分别是：容易瞄准，弹道平直，命中目标。而这三项特点也是伯奈利霰弹枪的灵魂。

🚫 三箭合一：伯奈利原来是个霸道的杀手

★ 伯奈利霰弹枪性能参数 ★

枪全长：1040毫米	空枪重：3.4千克
枪管长：500毫米	容弹量：7发

伯奈利霰弹枪性能之所以与众不同，是因为它拥有最著名的专利技术——惯性后坐原理实现自动装填，这是一种简单且可靠的自动原理。

该系统采用回转式机头，两个闭锁凸榫进入枪管节套内闭锁，机头装在较大的机体（枪机框）内，并用惯性簧将这两个部件隔开。

该系统利用枪的后坐和这两个部件的惯性移动来实现自动循环动作，其动作过程如下：当枪弹击发后，全枪向着射手肩部方向后坐运动，而机体由于惯性作用克服了惯性簧的力量而"停留"在原有位置，即等于相反于全枪移动方向而向前移动一小段距离。此时机头在枪管推动下相对于机体的相反方向运动，即机头相对于机体方向而向后运动，并在运动过程中使闭锁凸榫沿机体内的闭锁定型槽活动，使机头右旋30度后开锁。

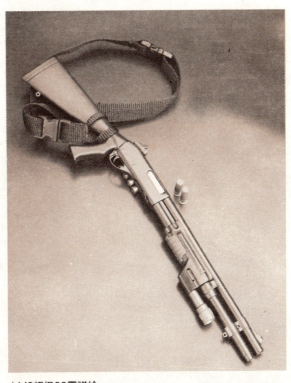

★M3超级90霰弹枪

这时枪膛内的剩余压力把机头向后推，压缩惯性簧，当惯性簧被充分压缩时就会克服机体的惯性，推动机体向后运动，并抛出弹壳。当枪机整体后坐到位后，在复进簧的作用下复进，推下一发弹进膛。机体复进到位后，被压缩的惯性簧开始舒张而推动机头前进，闭锁凸榫沿闭锁定型槽左旋30度并进入枪管节套内闭锁，此时便可准备发射下一发枪弹。

◎ 不同型号：伯奈利的演进

根据不同时期的需要，伯奈利霰弹枪生产出了不同的型号。伯奈利M1超级90系列霰弹枪是在20世纪80年代为军队及警察使用而开发的，发射12号口径的2.75英寸和3英寸弹，还在此基础上演变出M1战术和M1进入这两种霰弹枪。M1的一种变形枪曾作为贝内利/HK公司为1997年美国三军战斗霰弹枪竞选提供的候选枪。

M1系列的机匣用高强度铝合金制成，回转式枪机由机框带动，闭锁在钢质枪管节套上，该枪采用惯性后坐系统动作，实际是个快速循环动作的短后坐系统。

M3超级90在外形上和M1超级90几乎一模一样，主要的区别在于M3超级90的护木比M1超级90的短，而且并没有与机匣相连。因为M3超级90有两种发射方式：半自动或自动。只要将护木前端的射击选择杆逆时针旋转并向前推动，把护木锁到枪管连接环上，就可以进行半自动射击；把选择杆逆时针旋转但向后拉动，就可以推拉护木进行自动装填射击。由于M3超级90有空仓挂机功能，因此无论半自动或泵动，当最后一发弹射完后，枪机会停在后方，保持打开状态。这是其他泵动霰弹枪所没有的优点。M3超级90的上机匣是合金钢，下机匣是特殊铝合金，枪管无喉缩，枪托和护木由碳纤维加玻璃纤维制成。重量轻、强度大。

NOVA（超新星）霰弹枪是伯奈利公司第一次开发的泵动霰弹枪，它的泵动手柄造型颇怪，看起来好像半自动霰弹枪的普通护木。NOVA本来是专门开发的民用猎枪，不

★NOVA霰弹枪

过最近开始出现执法型，为了扩大市场，伯奈利公司开始向执法机构推销NOVA作为泵动战术霰弹枪，这支枪有什么过人之处就不得而知，不过人们对NOVA最感兴趣的是其新奇造型。

战事回响 < 《《 《《 《《

◎ 世界著名霰弹枪补遗

1. 意大利SPAS15MIL战斗霰弹枪

SPAS15MIL是一种纯粹的军用武器，在设计构思和结构上都承袭了突击步枪的衣钵，其作战效能符合美国和意大利军方要求。

该枪的外形有点像比利时FNCAL突击步枪，内部结构也类似常规步枪。它采用导气式自动原理，旋转枪机闭锁，开膛待击，能半自动和泵动射击，通过泵动握套（护木）上的一个按钮可随时转换射击方式。

泵动机构同常见的管式弹仓霰弹枪的一样，目的是保证在发射药压力太弱的情况下，手动实现退壳和供弹。

保险装置是双重的，扳机护圈前端有一个非常规的手动保险钮（锁住扳机和击锤），当枪机将弹匣内一发弹药推入弹膛时，保险被自动推至射击位置，这一装置防止了在泵动射击时枪机不合适地开锁（闭锁不到位）而产生危险。握把前端还有一个握压式保险，只有压下它才能解脱扳机。

机匣是镍铬钢板冲压制成的，外表面经喷丸处理并磷化。机匣上方有提把，可安装一系列瞄准装置，提把下方是一个左右手均可操作的拉机柄。枪管为高强度钼铬钢制，内膛镀铬，外表磷化，枪口有螺纹以便旋接枪口装置。枪托由两根钢管和底托组成，可向左侧折叠。该枪在枪口可附加一系列辅助装置，能发射多种超口径榴弹，这在霰弹枪上是少见的，说明这种霰弹枪已相当接近突击步枪了。

SPAS15MIL口径为12号，可发射系列化的军、警两用弹药。其发射的标准鹿弹（一种铅弹子）在40米距离上的散布直径为900毫米，即使概略瞄准命中率也很高，弹丸40米存能比7.65毫米手枪弹在同样距离的存能还高50%。其发射的独头弹与7.62毫米NATO弹终点能量相当，同口径的催泪弹和超口径的榴弹射程均可达150米。该枪空枪重3.9千克，枪全长915毫米，供弹方式为弹匣（6发）式。

2. 美国"奥林"（Olin）近战突击武器系统

"奥林"近战突击武器系统是由美国奥林公司和德国HK公司联合研制。根据当时对

★美国"奥林"近战突击武器系统

弹药的要求，奥林公司研制了一种直径19.5毫米、长76毫米采用黄铜弹壳的弹药，该弹内装8颗钨合金球弹丸，各重3.1克，初速为538米/秒，150米距离上可贯穿20毫米厚松木板或1.5毫米厚软钢板。

德国HK公司在此弹药基础上研制了一种外形有点儿像步枪的武器。该枪所用弹药不能用于民用霰弹枪，但民用12号弹药可在该枪上用于训练。这种武器可半自动和自动射击，由于使用专门弹药，所以没有泵动装置。

该枪最突出的特点是像德国G11无壳弹步枪那样采用了内部"浮动"机构。由于其发射的弹药能量很高，"浮动"装置使射击时可感觉的后坐力大大减小，从而改善了射击可控性。该枪采用了全塑外壳，无托式样。枪口可安装附加装置（喉缩）以改变射击密度。将枪机位置调转180度，就可从左侧抛壳，左撇子也能操纵射击。

该枪采用管退式自动原理，闭膛待击方式。保险兼快慢机位于扳机上方的机匣两侧，左右手均可操纵。提把位于机匣上方，其管状提把内部置有单倍光学瞄准镜，也可以改装成轨道式瞄准装置用于概略瞄准。拉机柄位于提把下方，左右手均可操纵。

该枪除能发射钨合金霰弹外，其他主要弹药还包括"000"号鹿弹、集束箭弹等。集束箭弹内装20枚小箭，初速可达900米/秒，在100米射程内能击穿美式钢盔和轻型防弹衣。

该枪空枪重3.7千克，枪全长764毫米，供弹方式为10发弹匣，理论射速240发/分，有效射程150米。

3. 美国"汽锤"（JackHammer）A2战斗霰弹枪

A2战斗霰弹枪是美国潘科（Pancor）公司研制的，设计非常独特，采用了步枪的"无托"结构，借助转轮弹膛供弹，可以进行连发射击。它的自动方式是枪管前冲式，这在轻

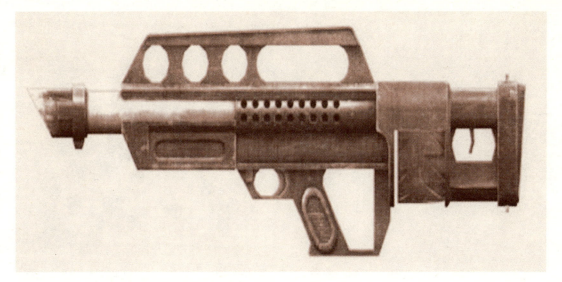

★美国"汽锤"A2战斗霰弹枪

武器上并不多见。发射时,火药气体压力使枪管前冲,然后靠弹簧作用回复,带动转轮转动并使发射机呈待击状态。这种自动方式使发射时枪管避免与转轮在火药气体作用下紧固在一起,使转轮顺利转动供弹。这是实现高膛压转轮自动化的可靠途径。

A2战斗霰弹枪外壁上有条状凸起,与枪管组件中的自动操纵杆凸头配合,枪管回复运动时,使转轮能够转动。转轮事先装好弹并密封,涂有不同颜色以区分弹种,转轮用过后可废弃。A2战斗霰弹枪枪管与消焰器、复进簧和"自动枪机"均由高强度钢制造,机匣、发射机、转轮由塑料制成。护木同时充当拉机柄,装好转轮后,拉动护木便可使发射机处于待击状态。枪托部位有一个解除待击杆,当膛内有弹时可解除待击,便于安全携行和运输。提把兼做轨道式(桥式)瞄准具。A2战斗霰弹枪能发射任何12号标准弹药。目前潘科公司正研究新原理弹药,旨在开发专用于此枪的弹药系列,其中一种已研制出来,这种弹用塑料做弹壳,可野外装填穿甲弹、箭弹、化学药剂、火箭增程弹等,威力很大,射击时须锁住枪管,以防损坏自动机构,只能手动单发射击。A2战斗霰弹枪全重4.57千克,全长525毫米,供弹具容量10发,理论射速240发/分,常用弹药是标准鹿弹等。

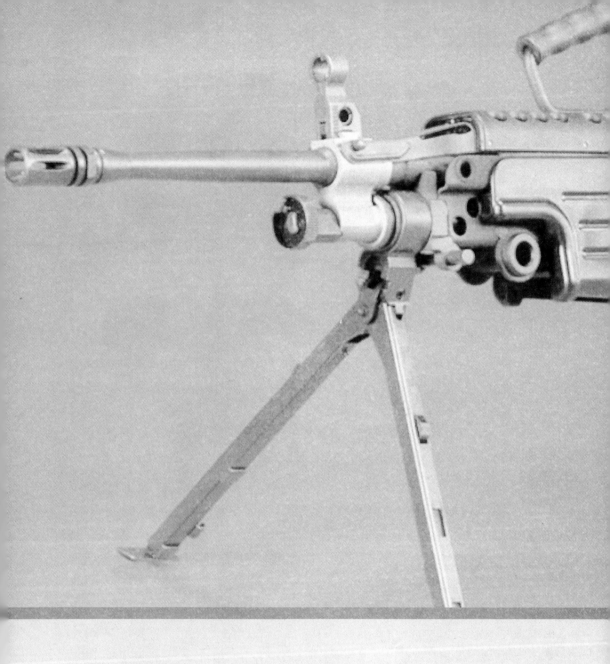

8

机枪
战场收割机

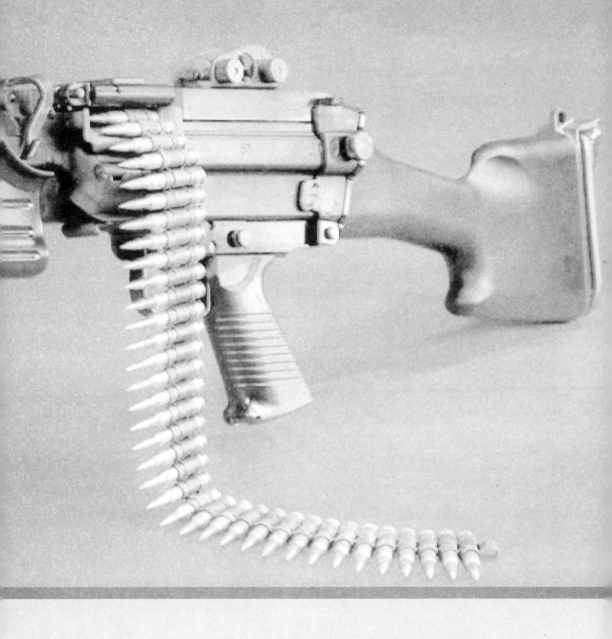

☉ 沙场点兵：横扫一大片的怪兽

机枪（一般指地面机枪）是步兵连以下作战单位主要的自动武器之一。其主要任务是伴随步兵在各种条件下进行战斗，用密集的火力支援步兵。机枪以杀伤有生目标为主，也可以射击地面、水面或空中的薄壁装甲目标，或压制敌火力点。机枪是步兵分队的火力支柱。

在过去的一个半世纪里，机枪经历了各种各样的设计、型号和外观，到目前为止，已经趋于"完美"。然而，这是以数百万人的生命为代价换来的"完美"。第一次世界大战中的索姆河成了屠杀场，机枪在那里表演了最残忍的一幕。然而，机枪也不会失去它在战场上的主导地位，同样，它作为世界上最致命的武器之一，这样的名声也永远不会消失。

对步兵而言，如果听到炮弹横空的声音，说明不是照着自己打的；但是听见机枪的声音，估计死神就在眼前。所以在步兵的武器序列里边，机枪绝对是王中之王。西方国家的步兵班火力核心就是班用机枪，两个火力小组都以机枪火力支撑，其他的步枪手则负责掩护机枪手射击。因为机枪的火力持续性好，远程射击更加稳定，可以射击步枪射程之外的目标。

机枪，这种革命性的武器，深刻改变了战争的形态，机枪乃至迫击炮家族被广泛应用于射击步兵、摧毁车辆、防空，甚至反导弹。尤其在反恐战争中，恐怖分子多是小股出现，打完就走，机枪强大的火力和较高的精确度，是巡逻部队遇到突然袭击后救命的法宝。所以，至今美军，无论是卡车还是悍马越野车，都会装一挺装备了70多年的老枪，这样心里才算踏实。

☉ 兵器传奇：在"嗒嗒"声里倾听它波澜壮阔的历史

据说，世界上第一挺机枪是一个叫伐商的比利时工程师于1851年设计的，定名为"蒙蒂尼"机枪。该枪曾在1870年~1871年的普法战争中使用过，不久就销声匿迹了。

现代机枪的先河——加特林机枪于1861年发明，它的发明者出人意料地是一位医学博士——理查德·乔丹·加特林。1865年作了些改进，由4管改成6管，1866年提供给美国陆军，1867年~1868年增加到10管。1870年英格兰也建厂生产。史料称，俄土战争中曾有8个连的俄军使用加特林机枪，每连50挺。1879年的祖鲁战争，英国借助加特林机枪主宰战场。

没有一支英国海军部队不在其船只上安装加特林机枪。到19世纪八九十年代，由于马克沁机枪的问世，加特林机枪遂被逐步挤出历史舞台。英籍美国人海勒·S.马克沁在轻武器史上是个承前启后的人物。美、英等国称他是"自动武器之父"。1884年，马克沁发明的利用火药能量完成自动动作的机枪在轻武器领域开辟了一个新时代，是轻武器800余年发展史中的一次壮丽的大变革。

最早的机枪都很笨重，仅适用于阵地战和防御作战，在运动作战和进攻时使用不方便。各国军队迫切需要一种能够紧随步兵实施行进间火力支援的轻便机枪。

另一挺著名的机枪是丹麦骑兵1902年使用的枪管短后坐式轻型机枪，叫做"麦德森"，曾被全世界34个国家使用过。

丹麦炮兵上尉乌·欧·赫·麦德森，在马克沁发明重机枪后不久，即开始研制轻机枪。在19世纪90年代，麦德森设计制造了一挺可以使用普通步枪子弹的机枪，定名为麦德

★ "麦德森"机枪

★MG-34式机枪

森轻机枪。该机枪装有两脚架，可抵肩射击，全重不到10千克。麦德森机枪性能十分可靠，口径和结构多变可适应不同用户要求，因此是当时军火市场上的热门货。

在1901年，意大利的吉庇比·佩利诺也曾研制出一种性能非常出色的轻机枪，在世界上处于领先地位。

轻重两用机枪又称通用机枪，它既可以成为轻机枪，为便灵活，紧随步兵实施行进间火力支援；又可以成为重机枪，发挥射程远、连续射击时间长的威力。

第一次世界大战过程中，德国开始研制机枪。德国在发展轻机枪的幌子下，研制了一种新型的机枪。这种枪改水冷为空气冷却，枪管装卸非常简便，用更换枪管的办法解决因连续射击而发生的枪管过热问题，供弹方式既可用弹链，又可用弹鼓；既可配两脚架，又可装三脚架。这种MG-34式机枪装在两脚架上，配上弹鼓，就是轻机枪（重12千克）；装在三脚架上，配上弹链，就是重机枪；若在高射枪架上，又可做高射机枪用；还能安装在坦克和装甲车上。这是世界上第一种轻重两用机枪。它后来改进发展为MG-43轻重两用机枪。

第二次世界大战后，机枪的发展进入了一个崭新的阶段，尤其是随着小口径步枪的发展出现的小口径班用机枪，开辟了现代机枪的新纪元。

🐾 慧眼鉴兵：一代神器

同其他步兵武器一样，机枪也是根据战争的需要发展起来的，先是重机枪，而后出现了轻机枪及轻重两用机枪。目前，机枪已形成了包括多个品种的机枪系列。

机枪通常分为轻机枪、重机枪、通用机枪和大口径机枪。轻机枪装有两脚架，重量较轻，携行方便。轻机枪战斗射速一般为80发/分～150发/分，有效射程500～800米。重机枪装有固定枪架，射击精度较好，能长时间连续射击，战斗射速为200发/分～300发/分，有效射程平射为800～1000米，高射为500米。通用机枪，亦称两用机枪，以两脚架支撑可当轻机枪用，装在枪架上可当重机枪用。大口径机枪，口径一般在12毫米以上，可高射2000米内的空中目标、地面薄壁装甲目标和火力点。

根据装备对象，又分为野战机枪（含高射机枪）、车载机枪（含坦克机枪）、航空机枪和舰用机枪。

马克沁重机枪
——自动武器的鼻祖

🚫 马克沁机枪：千呼万唤始出来

在马克沁机枪出现以前，人们使用的枪都是非自动枪，子弹需要装一颗发一颗。战争胜利的决定力量在很大程度上取决于装弹速度的快慢，很多人还没有来得及填上第二发子弹就莫名其妙地被击毙了。这一切都被美国工程师马克沁看在眼里。

马克沁出身贫寒，通过勤奋自学而成为知名的发明家。小时候他家境贫寒，读不起书，14岁时成为一个马车制造商的学徒。他没有多少文化修养，但却天生有一个爱发明的脑袋瓜，每天都要跑到叔叔的工厂中去研究他的各种发明。由于在电器方面的发明较多，马克沁不断遭到当时美国的电器老大——爱迪生公司的排挤，只好离开美国到伦敦去开辟新的电器市场，并在那里定居。当时正值欧洲大陆战火纷飞，敏感的马克沁很快意识到制造武器是一个极好的赚钱机会，于是他转变了自己的钻研方向，投向速射武器领域。

1882年，马克沁赴英国

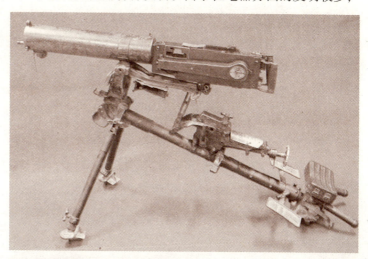

★自动武器的鼻祖——马克沁重机枪

★外形精美的马克沁重机枪

考察时，发现士兵射击时常因老式步枪的后坐力，肩膀被撞得青一块紫一块。这说明枪的后坐力具有相当的能量，这种能量来自于枪弹发射时产生的火药气体。马克沁正是从人们习以为常、熟视无睹的后坐现象中，为武器的自动连续射击找到了理想的动力。马克沁首先在一支老式的温切斯特步枪上进行改装试验，利用射击时子弹喷发的火药气体使枪完成开锁、退壳、送弹、重新闭锁等一系列动作，实现了单管枪的自动连续射击，并减轻了枪的后坐力。马克沁在1883年首先成功地研制出世界上第一支自动步枪。马克

沁没有专业知识背景，所以当时很多专家根本就看不起他。在1883年他开始进行机关枪原理性试验的时候，仍然不被相信能完成发明。但是，马克沁在1884年真的成功制造出世界上第一支以火药燃气为能源的自动连续射击重机枪，它的自动动作是利用火药气体能量完成的。在子弹发射的瞬间，枪机与枪管扣合，共同后坐19毫米后枪管停止，通过肘节机构进行开锁，同时枪机继续后坐，通过加速机构使枪管的部分能量传递给机枪，使其完成抽壳抛壳，从而带动供弹机构，使击发机待击，压缩复进簧，撞击缓冲器，然后在簧力作用下复进，将第二发子弹推入枪膛，闭锁，再次击发。如此反复，每秒10余次，每分钟可发射600余发子弹。

1884年，机枪制造完成后，马克沁本想秘密地进行射击试验，却不料走漏了风声，英国剑桥公爵殿下闻风赶到小作坊参观，而皇室一动，举市跟随，大批名流要人接踵而至。各国都有代表出席会议。在众目睽睽之下，马克沁机枪的肘节机构像人的肘关节一样快速灵活地运动，子弹飓风般呼啸扫射。当时表演的是速射，机枪在半分钟内一口气打出了300发子弹。

从此以后，马克沁机枪开始装备陆军，开始了它的喋血之旅。

⊘ 威力巨大：连续射击不换子弹

★ 马克沁重机枪性能参数 ★

口径： 11.43毫米

理论射速： 600发/分

枪重： 27.2千克

可调射速： 100发/分

水冷枪管： 333发6.4米长的帆布弹，弹带可以接续

　　马克沁机枪是世界上第一种真正成功地以火药燃气为能源的自动武器。口径为11.43毫米，在那个步枪独步天下的时代，这种口径的枪械可以称得上大杀伤力武器了。枪重27.2千克，也就是说这种枪你不可能扛在肩上走向战场，必须两个人或者更多人抬着方可，这种重量，也超出了人们对枪械的想象。马克沁机枪采用枪管短后坐（19毫米）式自动方式，水冷枪管；采用容弹量为333发6.4米长的帆布弹带供弹，弹带可以接续；理论射速600发/分，可以单、连发射击，也可以通过射速调节器调整为慢射速100发/分。马克沁机枪结构复杂，采用水冷枪管较为笨重，帆布弹带受潮后可靠性变差，但在近代战争中曾被普遍使用。

　　而马克沁的机枪，在发射瞬间，机枪和枪管扣合在一起，利用火药气体能量作为动力，通过一套机关打开弹膛，枪机继续后坐将空弹壳退出并抛至枪外，然后带动供弹机构压缩复进簧，在弹簧力的作用下，枪机推弹到位，再次击发。这样一旦开始射击，机关枪

★士兵簇拥下的马克沁重机枪

就可以一直射击下去，直到子弹带上的子弹打完为止，能够省下很多装弹时间。但是另一方面，连续射击却会造成子弹不受控制地发射，浪费也就在所难免。开始的时候，马克沁机枪总是没有订单，也就是因为这个原因。

尽管马克沁重机枪枪管口径大、射速极高，同旧式枪械相比具有绝对超越的性能，但当这种武器刚刚问世时，几乎所有的军事专家都认为它没有价值，并且不实用，很多专家甚至还嘲笑其发明人马克沁。俄国的军事专家理直气壮地声称："没有必要再对已经中弹的人追射子弹。"日本的军事专家则更不留情面地说："简直是浪费！"尽管这些言论和嘲笑对马克沁非常不利，但由于他的执著与不懈努力，这项发明还是推了出去。在德国，他却获得了相当数量的订单。

⊘ 横行疆场：让人心颤的绞肉机

马克沁重机枪问世，正值帝国主义国家疯狂争夺殖民地和势力范围的多事之秋。

1890年，该枪曾引销奥地利、英国、德国、意大利、俄国和瑞士等国，因此，在当时的许多局部战争冲突中，都可以看到马克沁重机枪的身影。

1894年，英国殖民者与非洲麦塔比利——苏鲁士（祖鲁）土著人发生战争，在一次战斗中，英国查特公司的50名警察仅凭4挺马克沁重机枪，便在90分钟内打退了5000多名土著人的几十次冲锋，打死3000多人。1895年，阿富汗奇特拉尔战役和苏丹战役中，马克沁机枪也使进攻的敌人死伤累累。

★自动武器之父——马克沁

马克沁重机枪的威力由此可见一斑，1904年爆发的日俄战争就是其中的典型一例。

当时，战场上的俄国陆军部队大量装备了口径为11.43毫米的马克沁重机枪，其射击速度达到600发/分，对密集队形冲锋的敌人具有惊人的杀伤威力。在九连城、旅顺口、沈阳等地的战斗中，俄国陆军就是用这种高射速连发武器，给日军进攻部队造成了重大伤亡。然而，崇尚武士道精神的日本陆军却无视这一事实，仍然采用自己惯用的"肉弹战术"（即依靠己方官兵不怕死的武士道精神，不顾伤亡地冲锋陷阵，向敌军不停地发动猛攻，直至对手丧失战斗意志后溃退或投降）进攻俄军，结果为此吃尽苦头。

1904年5月26日，日本第2集团军主力向金州（俄守军1个师1.7万人、131门火炮）发起猛攻。金州地处半岛南端的狭窄地带，是陆上通往旅顺的咽喉。俄军防御重点放在控制金州的南山（扇子山）上。当时日本陆军仅有少量进口的法国哈其科斯轻机枪，但其自恃人多势众，又崇尚"精神不死"，沉溺于惯用的"肉弹战术"，又一次以密集队形在己方炮火的掩护下，对由俄军西伯利亚第5团4000多人驻守的南山阵地发起连续的猛烈冲击。一时间整个阵地上到处密布着蚁群般的日军步兵。他们的嚎叫、呐喊声响

★马克沁与他心爱的机枪

彻整个战场。在人数上居于劣势的俄国守军则依托自己坚固的防御工事，使用杀伤力巨大的马克沁重机枪，毫不客气地向冲上来的日军不停扫射。当一波又一波的日军呐喊着冲向俄军阵地时，迎接他们的是马克沁重机枪发出的子弹。密集似雨的机枪子弹以600发/分的高射速，呈扇面状如同泼水般扫向号叫冲锋的日军步兵。子弹每扫到一个方向，日军步兵就像镰刀割麦般齐刷刷被扫倒一片，其呐喊声很快就被俄军马克沁重机枪火舌的吞吐声所代替。战斗简直变成了屠杀。未过多久，俄军阵地前就堆砌起了日军的尸山血海。尽管最后日军还是于当天下午攻克俄军南山阵地，但却为此付出了4000多人伤亡的代价（俄军伤亡仅1100多人）。在短短一天的战斗中伤亡如此巨大，简直令人难以想象。具有讽刺意味的是，日军上司在接到上报的伤亡数字时，表示难以置信，竟认为多写了一个零。

由于日俄战争是20世纪第一场大规模战争，无论在武器装备上，还是在新式的战略思想上，它对此后相当长的时期内的战争产生了重大影响。日军的惨重死伤终于使中国官员明白了马克沁机枪的价值。中国军队只用10年时间就普及了这款大规模杀伤性武器。在抗日战争期间，装备马克沁机枪的中国军队阵地成为日军最头疼的目标。直到今天，马克沁机枪依然是中国军事博物馆里的"镇馆之宝"，人们还能在开放的射击场上体验它的威力。

直到1905年的日俄战争中，日俄双方激烈的机枪对射才使机枪的运用受到主流战场的

★陈列的马克沁MG-08机枪

重视。那次战争中，俄军使用马克沁机枪，日军使用另一种著名的机枪——哈其科斯机枪。前者威力和可靠性均优于后者，特别是在鸭绿江附近的大战中，俄国人首次使用带防盾的索科洛夫低轮架马克沁机枪射击，发挥了意想不到的作用。

在一战爆发的时候，真正认识到机枪重要性的只有德国，当时，德国陆军装备的马克沁机枪超过12500挺。索姆河战役是机枪史上最令人惊心动魄的战例。1916年7月，德国人以平均每百米一挺马克沁MG-08机枪的火力密度，向40千米进攻正面上的14个英国师疯狂扫射。一天之内就使6万名英军士兵伤亡。机枪的杀伤力和血腥气在这一天达到了顶点。死亡使人们真正认识到了这种自动发射的重型机枪的巨大威力。马克沁因此获得专利。当年11月，当索姆河战役结束之际，自动武器的先驱马克沁以76岁的高龄在英国斯特雷瑟姆去世。去世时，他既有英国国籍，又被赐封了英国皇室的爵位。由此可见当时的人们对马克沁机枪的敬畏之情。

一战中，坦克、装甲车、飞机、军舰，甚至"齐柏林"飞艇上都装有马克沁机枪。人们将机枪安装在摩托车上，以便机动地进行对空射击。这显示出机械化部队发展的趋势。马克沁的重大发明在枪炮发展史上开创了自动武器的新纪元。有人甚至称马克沁机枪的出现是"轻武器800余年发展史中继火药发明后最壮丽的一次大变革"。马克沁的枪械自动原理也为枪炮的自动化奠定了基础。重机枪、轻机枪、车载机枪、航空机枪等随着战争的需要，不断问世。因此，在枪械发展史上，马克沁被誉为"自动武器之父"。

生命收割机
——MG-42通用机关枪

🚫 收割机的荣耀：从战争中来，到战争中去

MG-42式7.92毫米通用机枪，原称为M39/41式标准机枪。1942年，德军开始装备该枪，命名为MG-42式机枪。它是1939年由德国的格鲁诺夫博士根据波兰的设计图纸研制的。

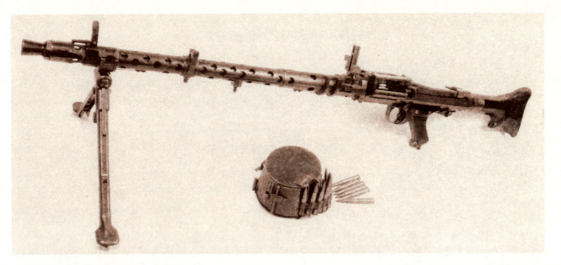

★曾大量被德军所使用的MG-34机枪

德国在第一次世界大战中战败后，研究了一种从传统眼光看来完全不是重机枪的通用机枪。希特勒上台后，为了打造"第三帝国"的辉煌，德国军工部门开始着手将成千上万挺水冷式德莱赛M1918式轻机枪改造成气冷式轻机枪，这就是将枪的外形和供弹系统都作了较大改变的MG-13式7.92毫米机枪。此后，又在MG-13机枪的基础上几经改进，1934年，世界上第一挺通用机枪MG-34终于问世了，并于1936年开始装备德军。

德国枪械专家施坦格研制的MG-34机枪，由德国著名的毛瑟兵工厂生产，采用和毛瑟步枪相同的弹药。MG-34是一款将重机枪和轻机枪的优势兼而容之的新概念机枪。它的出现，彻底改变了以往轻重机枪分用的战术原则，因此被称为通用机枪。

MG-34曾大量装备德军各级部队，也是德军各种装甲车辆的制式武器。实战中其可靠性和出色的射击能力得到德国军方的肯定，是德国步兵的火力支柱。但MG-34存在两个致命的缺陷：一是针对机动性很强的步兵而言，它的重量仍然偏大；二是零部件的结构比较复杂，生产制造困难。根据MG-34的生产要求，即使所有德国的工厂全部开足马力，也无法满足前线的需要。

1939年，第二次世界大战爆发。德军在迅速占领波兰后，根据前方士兵在使用MG-34机枪过程中提出的建议进行改进，这项工作由W.格鲁诺夫博士负责。格鲁诺夫博士的主要贡献是大量采用冲铆件，大大地提高了武器的生产效率。到第二次世界大战结束时，该枪已生产100万挺。

🚫 快速射手：名叫MG-42的杀人武器

通用机枪是德国人在第二次世界大战中发展出来的概念。他们将MC-42机枪加上不同脚架和配置方式，成为多种用途的机枪。和最初的MG-34一样，MG-42机枪加上两脚架便

★ MG-42机枪的性能参数 ★

口径： 7.92毫米		**瞄准装置：** 机械瞄准具	
枪全长： 1219毫米		**配用弹种：** 毛瑟98式7.92×57毫米枪弹	
枪管长： 533毫米		**自动方式：** 枪管短后坐式	
枪重（含两脚架）： 11.05千克		**闭锁方式：** 中间零件式	
枪口初速： 755米/秒		**发射方式：** 连发	
理论射速： 1200发/分		**供弹方式：** 弹链	
膛线： 4条，右旋		**容弹量：** 50发	

是班排级支援武器，装在三脚架上成为营连级用的重型机枪，装在坦克车和自行炮上又成为车载机枪。

该枪采用机械瞄准具，瞄准具由弧形表尺和准星组成，准星与照门均可折叠。该枪发射德国或波兰毛瑟98式7.92毫米枪弹。

MG-42采用枪管短后坐式工作原理，膛口枪管助退器兼有消焰、制退作用；闭锁机构为滚柱撑开式，仿形式枪机开销加速机构。闭锁时，位于枪机头内的两滚柱进入枪管节套凹槽后，被位于机体内的楔块撑开，完成闭锁。开锁时，两滚柱在机匣仿形槽作用下使滚柱向内收拢开锁，同时通过楔块加速枪体后坐；供弹机构与MG-34式机枪使用原理相同，为开式金属弹链，双程输弹机构利用枪机能量带动。

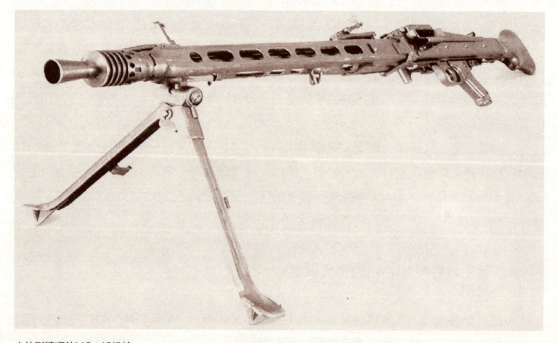

★外形精巧的MG-42机枪

高射速使MG-42成为最恐怖的杀人武器。极高的射速带来恐怖的火力，令盟军士兵无不胆寒。

虽然有着重量偏大、结构较复杂的短处，但是实战证明，MG-42是世界上最好的轻机枪之一。世界众多轻武器评论家都形容它是"最短的时间，最低的成本，但却是最出色的武器"。

MG-42的变型枪支至今仍在广泛使用，为现代武器发展奠定了基础。

🚫 死神的怒吼：盟军称其为"希特勒的锯子"

二战爆发后，根据前方士兵在使用MG-34机枪过程中提出的建议，对MG-34的改进工作由W.格鲁诺夫博士负责。格鲁诺夫博士本人并不是枪械设计师，他只是一名金属冲压技术的专家。当时由于德军一线部队对机枪的需要量很大，他以专业的眼光认为按照传统枪械制造工艺，很难满足这样的需求（生产MG-34采用机械加工，将一块实心金属利用车床、铣床等加工，切削掉不必要的部分，金属利用率只有25%左右，既浪费材料，又花费很多工时）。他认为机枪采用金属冲压工艺制造是必然趋势。实际生产过程中，用金属冲压工艺生产的MG-42不仅节省材料和工时，也更加紧凑。这对于金属资源缺乏的德国来说，是非常实际的。

当MG-42刚刚诞生并且装备部队的时候，在一些潜伏于欧洲的谍报人员来看，这实在是一款粗制滥造的武器，是若干铁片和一根铁管拼凑出来的废铁。当时雪片一样的报告飞到华盛顿和伦敦，内容都是同样的："德国已经不行了，他们极端缺乏原材料，连他们战

★二战中士兵手中的MG-42机枪

★正在执行任务的德军士兵与MG-42机枪

术核心的机枪都采用如此简陋粗糙的制造技术。"但实际上，MG-42大量采用冲压件并非由于资源已经枯竭或德国人正在作"垂死挣扎"，而恰恰是枪械生产制造方面的一次崭新突破。不过，当美英的枪械制造专家得知这个情况以后，却是大吃一惊。他们清楚地知道，采用冲压技术的德军在机枪这个方面，已经远远领先了他们。在后来的实战中，也很好地证明了这点。第一次遭遇MG-42的美军惊恐地发现，他们机枪每点射一次的时间里，德国人的新机枪却能还以冰雹般的三次点射。该机枪对盟军士气打击极大，的的确确成为"步兵的噩梦"。

它也有着恐怖的声音，被人称为"死神的怒吼"；它具备极高的射速，德军称它为"希特勒的锯子"。

特别是诺曼底登陆以后，盟军遭到纳粹德军的攻击，往往就是偷袭了，而往往偷袭的前兆，就是这样的场面：一队盟国士兵走在安静的树林、大街、乡村之间，周围好像非常安宁祥和，但是老兵们往往却从中闻到了很不正常的味道：太安静了！甚至很多时候连小鸟的鸣叫声都没有，而当他们走到一定的环境下时，忽然一阵撕亚麻布似的声音呼啸而来，然后就看到反应极快的老兵迅速卧倒，而那些不知所措的新兵迅速被打倒了一大片，甚至很多时候连老兵也因为躲避不及而一起被打倒，前面的被扫得血肉模糊以后，后面的人才清楚地看到——在对面的楼顶上、大街拐角处、大路旁、树林里，往往会是这些地方射出了致命的子弹！而执行这样任务的开路先锋，就是MG-42机枪。

在第二次世界大战期间，德军的每件武器都可以说是精品。但是如果说在实战中的作用，绝对没有一款德国枪械可以比得上MG-42通用机枪。无论在苏联零下40度的冰天雪地，在诺曼底低矮的灌木丛林，或是在北非炎热的沙漠，还是在柏林的碎石和瓦砾堆上，MG-42都是德军绝对的火力支柱，德国人骄傲地称之为"德意志军魂之利刃"。而那些盟军士兵都被它搞得意志消沉、无心恋战、士气低下。无论何时，只要盟军士兵听到MG-42那独有的断帛裂布般的枪声：他们就知道麻烦来了。

口径最大的机枪
——M2式"勃朗宁"大口径重机枪

⊘ 机枪怪兽：M2"勃朗宁"机枪出世

战争总是催生出新的武器，新的武器又会催生出另外一种新武器。有人说："战争就是个恶性循环。"1916年，英国军队将坦克应用于战场，当坦克在开阔地带滚滚而来时，防守方几乎无法对付，于是德国加紧研制对付坦克的武器。

位于马格德堡的波尔特公司制造出一种新型钢芯弹，口径13毫米，弹壳长92毫米，全长133毫米。毛瑟兵工厂于1918年1月研制出发射该弹的单发反坦克枪——战防枪，全枪质量11.8千克，初速820米/秒，在战斗中，可以轻而易举地击穿英国坦克的两侧，从而吹响了大口径机枪的前奏曲。协约国方面不是没有觉察到德国方面的动静，英国人用放大了的维克斯机枪试射12.7毫米口径枪弹，但还是无法对付德国人的毛瑟战防枪。

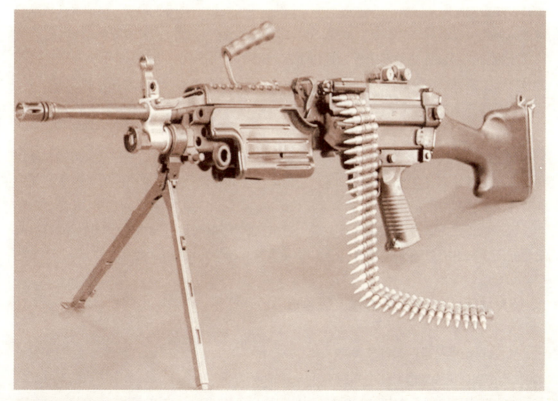

★12.7毫米口径的M2机枪

★陈列的M2机枪

美国人眼见英国人被动挨打，当然坐不住了，美国军械局则委托温彻斯特公司研制新型枪/弹系统。美国国防部对弹药的要求是，采用12.7毫米口径，弹头质量不小于52克，初速约820米/秒，在25米距离内能确保击穿至少30毫米厚的装甲。另外，连发射击时射速应达到500发/分～600发/分，发射该弹的机枪质量不得超过22.7千克，以便在西线战壕内也能携行。很快，温彻斯特公司在M1917式7.62毫米口径机枪基础上制造出第一挺12.7毫米口径机枪。这支68千克重的巨型机枪第一次射击试验的结果令人失望，发射时后坐力太大，射手无法调整命中精度，枪弹没有达到所要求的终点弹道性能。之后，勃朗宁修改了他的设计方案：在机匣末端加了一个液压缓冲器以支撑复进簧。

缓冲器的使用不仅减小了后坐，而且使得射速可变。将其向左旋转，机油流入活塞的缝隙，射速可提高到550发/分～600发/分；将其向右旋转，可以使射速降低到450发/分。为便于握持，新设计的勃朗宁样枪采用了双握把，取代了M1917式的单手小握把，这样扣扳机的手指可以往上提，更加舒适。1921年，美国陆军正式采用了勃朗宁12.7毫米口径机枪，一种是水冷式高射机枪，另一种是气冷式机载机枪，统称为M1921式机枪，然而M1921的装备量并不大。

20世纪30年代，柯尔特公司继续对M1921进行改进设计，研制了一种质量更轻、操作更为方便的气冷式变型枪。与此同时，美国陆军于30年代初研制了一种用于侦察和支援步兵作战的轻型装甲车，新的12.7毫米口径机枪正好适合装载在该车上使用。于是，1933年，将该枪正式命名为"M2"并且列装。后来又将增加枪管重量的M2列为制式武器，改名为勃朗宁M2HB12.7毫米口径重机枪（HB是重枪管的英文缩写）。

◎ 最大口径：M2机枪火力强、射程远

M2大口径机枪采用大口径弹药，火力强、弹道平稳、射程极远，射速每分钟450发至550发（第二次世界大战时航空用版本为每分钟600发至1200发），后坐作用系统令其在全自动发射时十分稳定，命中率亦较高，但低射速也令M2的支持火力降低。

★ M2机枪性能参数 ★

口径： 12.7毫米	**射速：** 450发/分～550发/分
枪全长： 1653毫米	**有效射程：** 1800米
枪管长： 1143毫米	**最大射程：** 7400米
枪重： 8千克（空枪）、58千克（连三脚架）	**供弹方式：** 弹链供弹
枪口初速： 930米/秒	**瞄准具型式：** 可调机械照门

M2采用枪管短后坐式工作原理，卡铁起落式闭锁结构。射击时，随着弹头沿枪管向M2机枪使用的弹药前运动，在膛内火药气体压力作用下，枪管和枪机同时后坐。弹头飞出枪口后，闭锁卡铁离开楔栓上的闭锁支撑面，其两侧的销轴被定型板上的开锁斜面压下，于是整个闭锁卡铁脱离枪机下的闭锁槽，枪机开锁。随后，枪管节套猛撞内设的钩形加速子，加速子上端撞击枪机尾部，加速枪机后坐。该枪设有液压缓冲机构，枪管和节套后坐时，液压缓冲器的活塞被推向后，压缩缓冲器管内的油液，使其从活塞四周的油管内壁之间的缝隙向前逸出，对后坐产生缓冲作用。枪机复进时，枪机尾部的凸起撞击加速子上端使其向前回转，加速子释放液压缓冲器簧，推动枪管和节套复进。闭锁卡铁在楔栓上的闭锁斜面的作用下强制上抬，进入枪机下的闭锁槽中，枪机闭锁。

缺点主要是零部件太多，维护困难，需要有经验的人才能进行维修保养；枪机易出现问题，导致不能击发；射击的速度越快，其射击效果越差。此外，勃朗宁机枪全长达1.65米，无疑是太长了，特别是粗大的机匣过长，不适合安装在装甲车辆上。

★演习中与士兵共同作战的M2机枪

◎ 战场魔鬼：供不应求的利器

M2式勃朗宁大口径重机枪一出现，就改变了局势。在第二次世界大战中，德军称其为"魔鬼"。截至二战结束，美国各企业和政府兵工厂总共生产了200万挺M2重机枪。即便如此，仍然满足不了部队需求，不仅地面部队和坦克装甲车上的装备数量不足，美国空军的前身"陆军航空兵"更缺：一架歼击机上要装4~8挺机枪，轰炸机的枪架、炮塔上也要配置机枪，可见M2HB机枪需求量之大。

M2式勃朗宁大口径重机枪也是美国向其盟军提供援助的传统武器，就连苏军也将该枪同自己的"德什卡"机枪一起装在"谢尔曼"坦克和轻装甲巡逻车上。

二战结束后，M2式勃朗宁大口径重机枪并没有退役，美国曾把存货销售给其盟国和第三世界国家。M2式勃朗宁大口径重机枪流传甚广，在地球的任何一个战场上，几乎都能听到其清脆的枪声。

M2式勃朗宁大口径重机枪不仅装备了为数众多的国家，而且是唯一一种现今仍广泛装备使用的"老古董"。相比之下，早在20世纪80年代初苏联就用NSV大口径机枪逐步取代了二战功臣"德什卡"大口径机枪，这从另外一个侧面证实了天才设计师勃朗宁的成功。但是，毕竟从M2开始研制以来，已经过了将近一个世纪的漫长岁月，M2的一些技术指标如今看来已经相当落后。美国在研制新一代班组支援武器时，提出了对新型大口径机枪的要求。现在×M312型12.7毫米大口径机枪正在试验当中，全枪仅重13.6千克，就是加上三脚架也不到19千克，比美陆军现役的M2HB重机枪要轻66%，从而提高了机动力。

★被安装在车辆上的M2机枪

大名鼎鼎的"捷克式"
——ZB-26轻机枪

🚫 捷克式诞生：由轻视到被极度重视

第一次世界大战后，奥匈帝国解体，捷克斯洛伐克宣布独立。战后捷克斯洛伐克在当时欧洲大陆第一军事强国法国的帮助下，建立了自己的一套完整的军工体系，其中，ZB-26轻机枪就是其中一个经典之作。

1920年，捷克斯洛伐克枪械设计师哈力克在捷克斯洛伐克著名的布拉格军械厂开始设计一种全新的轻机枪。哈力克是一个出色的设计大师，他以自己的天才思维造出一把样枪，取名为布拉格一式。这把样枪的特点是和重机枪一样，使用马克沁机枪的帆布弹带供弹。当时轻机枪的概念还没有成熟，这种设计也是可以理解的。

不过捷克斯洛伐克国防部对这把机枪并没有太好的印象，也没有过多重视。但是让他们意外的是，布拉格一式在测试中的成绩和当时著名的勃朗宁、麦迪生和维克斯都不相上下，部分性能甚至超过这些已经大名鼎鼎的枪械。

捷克斯洛伐克国防部立即要求布拉格军械厂继续在布拉格一式的基础上研发出正式款，哈力克随即在样枪的基础上继续研发。

★机枪中的经典之作——ZB-26轻机枪

1923年，捷克斯洛伐克国防部向国内国外军工企业征集自动步枪或轻机枪，以供未来本国陆军使用，各国的轻机枪都参与了这次竞标。

布拉格一式的改进型布拉格二式也参加了此项测试，结果成绩仅次于当时大名鼎鼎的麦迪生轻机枪。哈力克继续改进他的设计，终于研制出了布拉格I-23型轻机枪，这个型号采用伸缩式枪托，并且具有迅速更换枪管、两脚架等功能，已经具备了现代轻机枪的全部要素。其性能极为优秀，不但射击精确，而且具有非常优良的持续射击性能，曾经在测试中连续射击数千发后，精度没有大的变化，让各国的枪械大师大为震惊。加上又是本土设计，很快被国防部选中，成为捷克斯洛伐克军队的制式武器。

不过此时布拉格军械厂的经营出现了严重问题，无力大量生产这款武器，所以1925年11月，布拉格军械厂与国营兵工厂勃诺合作生产。生产出来的产品就是布拉格26型轻机枪，该枪在1926年4月被捷克斯洛伐克国防部验收合格，同年开始正式大量生产，并且定名为国营勃诺兵工厂26型，简称ZB-26。

ZB-26轻机枪还出现了许多改进型，ZB-27、ZB-30、ZB-30j、ZB-33等型相继出现，英国布伦式轻机枪即是由ZB-33改进而来。

ZB-26除了装备捷克斯洛伐克军队以外，同时开始外销，直到1938年德国占领捷克斯洛伐克。国营兵工厂出口了大约12万挺各型ZB轻机枪。中国、伊朗、伊拉克、埃及、智利、瑞典、土耳其等十多个国家，都采购了相当数量的ZB轻机枪，ZB-26系列成为了在世界范围内广泛应用的名枪。

⊘ 小国大枪：持续性射击令人叹服

★ ZB-26轻机枪性能参数 ★

口径：7.92毫米	**自动方式**：导气式
枪全长：1161毫米	**膛线**：4条，右旋，缠距240毫米
枪管长：672毫米	**枪管冷却方式**：气冷
全枪重：9.60千克	**弹药**：7.92×57毫米毛瑟枪弹
枪口初速：830米/秒	**供弹方式**：弹匣
表尺射程：1500米	**容弹量**：20发
射速：500发/分	

ZB-26轻机枪最大的特点，或者说它能在竞争如此激烈的机枪家族中生存下来的原因就是射击精确，而且具有非常优良的持续射击性能。ZB-26轻机枪的工作原理为活塞长行程导气式，采用枪机偏转式闭锁方式，即靠枪机尾端上抬卡入机匣顶部的闭锁卡槽实现闭

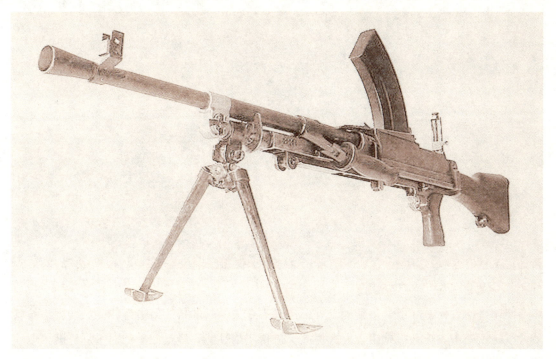

★7.92毫米口径的ZB-26轻机枪

锁。可选择单发或连发射击。扣扳机时，枪机向前运动，枪匣下方防尘片同时向前弹开，以供空弹壳向下抛出（平时关闭防止沙尘进入）。在子弹推入弹膛之后，活塞杆和枪机座因惯性向前运动，因而打击枪机内的撞针，击发枪弹，此时枪机后端已由枪机座向上顶住枪匣，实现闭锁。当子弹通过枪管的导气孔，导入气体进入活塞筒推动活塞杆及枪机后退，此时枪机后端随底座的斜槽落下解锁，枪机继续后退，并拉出空弹壳，至弹膛末端时，退壳榫由枪机上的凹槽撞击弹底上缘，弹壳向下弹出。最后枪机会回到开膛待击状态，根据单连发选择钮，或是开膛待击，或是立即重复上述的动作。

ZB-26轻机枪采用弹匣供弹，容弹量为20发。弹匣位于机匣的上方，从下方抛壳。由于弹匣在枪身上方中心线处，因此瞄准具偏出枪身左侧安装。该枪瞄准装置采用由普通准星和蜗轮式缺口照门组成的机械瞄准具。拉机柄位于枪身右侧，在向后拉之后，进入待击状态，向前推回原位，射击时，拉机柄并不随枪机活动。该枪枪管外部有散热片，枪管口装有喇叭状消焰器，膛口装置上四周钻有小孔。枪托后部有托肩板和托底套，内有缓冲簧以减少后坐力。两脚架可根据要求伸缩。枪管上靠近枪中部有提把方便携行与快速更换枪管，对于轻机枪来说，更换枪管的速度是非常重要的。

ZB-26作为班组轻型自动武器，使用提把与枪管固定栓可以快速更换枪管的设计，使它在使用上有了更大的弹性。步骤极为简单，只要将枪管上的固定环向上转，脱离闭锁的凹槽，即可向前脱出。之后反操作把新枪管换入，固定即可。

ZB-26轻机枪结构简单，动作可靠，在激烈的战争中和恶劣的自然环境下也不易损

★正在使用ZB-26轻机枪作战的士兵

坏，使用维护方便，除了射击精确以外，还具有令人惊叹的持续射击性能，只要更换枪管就可以持续射击。二人机枪组，大大提高了机枪实战性能，经过简单的射击训练就可以使用该枪作战。

现在看来，捷克斯洛伐克式的缺陷也是很明显的。

首先，它的装弹量过小。20发直弹夹对于机枪来说显然过小。20发的装弹量就意味着，即使是二三发短点射，七八次就会射光弹夹，而更换时必然造成火力的中断。在激烈的战斗中，作为主力支柱的机枪火力是不能中断得过长。即使必须中断，中断时间也要越短越好。客观来说，当时各国主力的轻机枪装弹量也并不大。美国的勃朗宁是20发的装弹，德国伞兵的FG42也是20发，苏联的转盘枪虽然是47发装弹，但是枪的重量要重得多，不利于机动作战。另外，轻机枪的设计思路也并不是长期持续射击，而是通过短点射和长点射来杀伤敌人的有生力量，或者对敌人的轻机枪进行压制。至于持续不断的射击，或者对集团敌军进行火力压制都是重机枪的事情（水冷式重机枪可以持续射击数小时）。因此，装弹量小在当时也是可以接受的。但是由于捷克斯洛伐克式更换弹夹过于频繁，造成火力的中断次数明显过高。有经验的老兵往往会乘机冲锋，用手榴弹等武器打掉机枪。针对这点，有经验的机枪射手经常在还有三四发子弹时，突然更换弹夹，让敌军无法估计更换弹夹的时间。不过作为机枪来说，装弹量自然是越大越好，英军后期根据捷克斯洛伐克式改进的布伦机枪就采用了30发弯弹夹供弹，火力的持续性强了很多。当然，代价是整枪重量大了很多。

其次，捷克斯洛伐克式采用上方装弹。实战中，对于机枪手来说，射击视线是非常重要的，因为它直接关系到射击的范围。当时那个年代，机枪的主要威胁除了迫击炮和掷弹筒以外，主要就是对手机枪的压制和隐藏的狙击手，良好的视线对于机枪手来说有着重要意义。捷克斯洛伐克式上方装弹的这一设计，虽然并不影响射击的精确性，但是终究影响了射手的视线，成为了捷克式的一个不足。

🚫 转战世界，效力中国

中国是使用ZB–26轻机枪数量最多的国家，ZB–26轻机枪一诞生，就被中国人发现。

中国自从20世纪20年代开始购买和仿制ZB–26轻机枪（在中国被通称为捷克斯洛伐克斯洛伐克式轻机枪）以后，ZB–26轻机枪很快成为从中央军到各派军阀军队中步兵班、排的绝对火力支柱。1927年，大沽兵工厂首先制出捷克式七九轻机枪。后来几乎所有兵工厂都有制造。据说中国当时生产过捷克式轻机枪的兵工厂、修理所，前后至少有三十个以上。

ZB–26轻机枪的可靠性极强，在各种复杂的环境下也可以使用。而它的价格较低（比重机枪便宜多了），仿制相对比较容易，7.92毫米弹药又可以通用，捷克斯洛伐克斯洛伐克式机枪使用7.92毫米弹药有着非常不错的杀伤力。加上只要及时更换枪管，可以保持射击的连续性，有效地弥补了中国军队对火力的极端需求。

在实战中，尤其是在防守时，ZB–26轻机枪是中国步兵班、排的绝对火力支柱。ZB–26轻机枪精准的二三发长短点射，只要被瞄准射击，无法躲闪。进攻时，ZB–26轻机枪可以随着步兵迅速前进，不断提供及时火力支援。实战中，机枪还可以由射手平端着一边冲锋一边射击。加上ZB–26轻机枪可以使用普通步枪子弹，弹药方面也不成问题。对于中国军队来说，ZB–26轻机枪是进攻和防守难得的利器，简直是完美的武器。

歪把子（大正十一式轻机枪）与捷克式都是在民国军史特别是抗战史中出尽了风头的轻机枪。但二者对比起来，马上就会分出高下。在当时，捷克式可称得上是最优秀最成功的轻机枪，而歪把子差不多是最差的轻机枪了。在抗日战争战场，在重武器方面国军和日军有着天壤之别。中国军队虽然也

★抗战时期中国士兵所使用的ZB–26轻机枪

★与中国抗战士兵共同作战的ZB-26轻机枪

装备少量重机枪，但是日军配有很多步兵炮和掷弹筒等轻型火炮，一般中国军队的少量重机枪在战斗中很快就会被日军摧毁。而轻便可以迅速转移阵地的捷克式就成为中国士兵手中的法宝。在实战中，捷克式在和日军装备的歪把子机枪对射中占尽上风。如果不能确定将中国军队的轻机枪摧毁，日军一般会在冲锋时承受重大的伤亡。即使是装备不好的八路军或者敌后游击队的捷克式机枪，也让日军十分提防。如果说歪把子机枪有什么可取之处，应该就是它基于使步枪、机枪的供弹具通用的理念是超前的。这一理念对于战场弹药的补给来说是有着积极意义的，是应该给予肯定的。但这里应该肯定的只是它的理念，而并不代表这一理念主导下生产出来的歪把子机枪是成功的。实际上，为了这一好的理念，歪把子付出了极其惨痛的代价，而换来的却只是牵强的步枪、机枪供弹具的通用。用"杀鸡取卵"来比喻歪把子机枪的这一状况绝对不是过分的，因为它的结构与操作过于复杂烦琐。

　　相比之下，捷克式轻机枪的性能优异，战场表现更是出色。捷克式轻机枪是非常坚固的武器，即使在激烈的战斗中和恶劣的自然环境下也很难损坏。二战期间，日军甚至为他们缴获的捷克式轻机枪安上刺刀，作为拼刺武器，可见其枪体之坚固。

　　捷克式轻机枪的射击精度很高，根据当时的国民党老兵回忆，捷克式在有效射程内（900米），基本做到瞄准哪儿打到哪儿。国民党军队经常进行捷克式轻机枪射击比赛，一些射手可以击中数百米外电线杆上的瓷壶，甚至击落远处的飞鸟。

　　侵华日军老兵东史郎在其回忆录中说过，对捷克式轻机枪一直心有余悸。他亲眼看到死在捷克式轻机枪扫射下的日军士兵超过20人。在其中一次日军对中国军队占领的一个小山的冲锋中，中国机枪手使用捷克式轻机枪仅消耗一个20发弹夹，就击毙了数名冲锋的日军士兵。东史郎惊慌之下躲进一个弹坑，算是保住了性命。

　　除了射击精确以外，捷克式轻机枪还具有令人惊叹的持续射击性能。实战中捷克式只要更换枪管就可以持续不停地射击，即使持续射击一两个小时，也很少出现卡壳和炸膛等现象。另外，捷克式轻机枪本身重量不足十千克，大量弹药和备用枪管由射击副手携带，这种二人机枪组的模式，大大提高了机枪的实战性能。总之，捷克式轻机枪以优异的性能与出色的战场表现，使得它成为了第二次世界大战中中国军队抗击日军侵略的有利武器，为中国人民抗日战争的伟大胜利作出了贡献。

二战轻机枪之王
——捷格加廖夫DP轻机枪

◇ 俄国的马克沁：二战轻机枪之王

第一次世界大战后，人们对机枪的机动性愈加重视，因而轻型机枪随之产生。一战后的近30年间，各国相继研制了结构不同、性能各异的轻机枪。但苏制DP式轻机枪和捷克ZB-26轻机枪称得上是早期轻机枪中的明珠。捷格加廖夫轻机枪是苏联的捷格加廖夫主持设计的，1926年设计定型，1928年装备苏军，在第二次世界大战中发挥了重要作用。

苏制DP轻机枪问世，经历了很曲折的过程。按照苏联红军的战斗条令要求，陆军班用轻机枪必须像步枪一样可以卧姿、跪姿、立姿、行进间端枪或挟行等任何姿势射击，并可突然开火，以猛烈的点射或连续射击横扫敌人，这样就必须提高轻机枪的机动作战能力。

★战争中的捷格加廖夫轻机枪

根据该条令的要求，设计师捷格加廖夫于1923年自告奋勇，开始了轻机枪的设计。1926年，捷格加廖夫新型轻机枪的完善工作宣告完成。

1927年12月21日，捷格加廖夫轻机枪经过摄氏零下30度寒区的试验后，定为苏联红军的正式装备。新型轻机枪的型号简称DP（德普）意思是"捷格加廖夫步兵用机枪"。

🚫 结构简单：捷格加廖夫十分可靠

★ 捷格加廖夫轻机枪性能参数 ★

口径：7.62毫米	理论射速：600发/分
枪全长：1270毫米	战斗射速：80发/分～90发/分
枪管长：605毫米	膛线：4条，右旋
枪重（不含弹盘）：9.1千克	火线高：276毫米
枪口初速：840米/秒	配用弹种：1908式7.62×54毫米枪弹
最大射程：3000米	供弹方式：弹盘
表尺射程：1500米	容弹量：47发
有效射程：800米	

捷格加廖夫轻机枪结构简单，全枪只有65个零件，制造工艺要求不高，即便是学徒工也能把它造出来，适合大量生产，而且枪的机构动作可靠，是一挺操作极其简单，动作十分可靠的机枪。

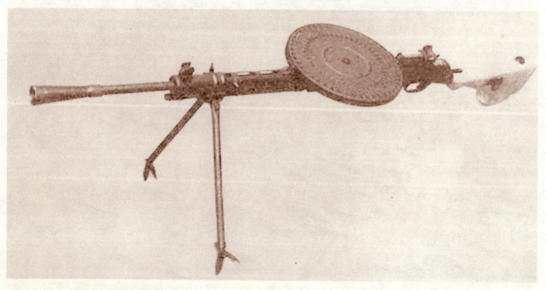

★7.62毫米口径的捷格加廖夫轻机枪

捷格加廖夫轻机枪采用导气式工作原理。闭锁机构为中间零件型闭锁卡铁撑开式（又称鱼鳃撑板式）。闭锁时，靠枪机框复进将左右两块卡铁撑开，锁住枪机。采用弹盘供弹，弹盘由上下两盘合拢构成，上盘靠弹簧使其回转，不断将弹送进弹口。该弹盘可容弹47发，平放在枪身的上方。发射机构只能进行连发射击，有经常性的手动保险。枪管与机匣采用固定式连接，不能随时更换。枪管外有护筒，下方有活塞筒，内装活塞和复进簧。枪身的前下方装有两脚架。捷格加廖夫轻机枪的表面宽大而平滑，不管弄得多脏，对射击性能也不会有多大影响。

捷格加廖夫轻机枪瞄准装置由柱形准星和带V形缺口照门的弧形表尺组成。准星上下左右均能调整，两侧有护翼。表尺也有护翼，该护翼兼做弹盘卡榫的拉手。

🚫 MG-42的克星：转战欧亚战场

1937年中国抗日战争爆发后，苏联相继三次对华提供军火贷款，在双方1938年3月11日签订的第二笔合同中，中国国民党政府向苏联采购了500挺托卡列夫·马克沁轻机枪和1100挺捷格加廖夫轻机枪，前者单价180美元，后者单价为225美元，均远低于当时国际市场价格，它们及时补充了在1937年淞沪会战期间损失惨重的中国军队，在持续整个1938年的武汉大会战中沉重打击了日寇。据日本随军记者事后回忆，中国军队的苏制机枪威力明显盖过日军使用的老式机枪。

在1941年～1945年苏联卫国战争期间，捷格加廖夫轻机枪伴随苏联红军参加了每一次重大军事行动，得到士兵们的赞誉，号称是德国MG-42机枪的"克星"。德国人将缴获的

★苏军使用的捷格加廖夫轻机枪

★西欧先进的ZB-26机枪

大量捷格加廖夫轻机枪改称MG-120（r）型轻机枪，转给"仆从国"军队和"俄罗斯解放军"使用。不过与战场上缴获的ZB-26、MG-34/42等西欧先进机枪比起来，捷格加廖夫轻机枪连续射击后会因枪管发热致使枪管下方的复进簧受热而改变性能，影响武器的正常工作，且前重后轻，所以不太适用于腰际射击或运动中射击。

1943年，苏联受德军装备7.92毫米口径短弹的刺激，发展出M-43式7.62×39毫米中间型枪弹，作为对新形势的适应，捷格加廖夫开发出RPD轻机枪，二战后正式装备苏军，以代替DP轻机枪，该枪有多种改进型，但改动都不太大。

RPD轻机枪结构简单紧凑，质量较小，使用和携带较为方便，全枪质量（不含弹链盒）7.1千克，枪架质量0.52千克，全枪长1037毫米，枪管长521毫米，内有4条右旋膛线，火线高330毫米。

1944年，苏联又开发出捷格加廖夫轻机枪的改进型，称DPM机枪，但仍采用弹盘供弹，但是在机匣后端配用弹簧缓冲器，加装厚管壁重型枪管，并采用可长时间射击的金属弹链。捷格加廖夫系列轻机枪的其他变型枪还有DA航空机枪、DA-2双管航空机枪、DT坦克机枪、DTM改进型坦克机枪等。

20世纪50年代，中国曾引进捷格加廖夫RPD轻机枪并进行仿制生产，1956年定型，因此称为56式机枪。该枪曾大量装备部队，参加过中印边境战争，实战表现优于印军的布伦机枪；1962年~1963年经改进设计定型为56-1式，是中国迄今为止装备时间最长、装备量最大的一种机枪。

捷格加廖夫轻机枪，自1927年诞生，历经几十年的发展演变，形成了捷格加廖夫轻机枪家族，转战欧亚大陆，直到20世纪50年代才被逐渐淘汰。

一代名枪
——M60通用机枪

◎ 冷战枪王：应命而出解美忧

二战结束，冷战来临，美国人一直放不下一桩心事。这心事跟苏联人无关，而是德军的MG-42机枪，此枪在二战中给美军造成了很大的伤亡，于是美国陆军决定开发自己的机枪，在这样的背景下M60通用机枪应命而出。

在二战中，美国人对于纳粹德国的通用机枪概念很欣赏，因此在1944年，美国春田兵工厂的工程师就对缴获回来的MG-42通用机枪进行仔细研究，并依照MG-42设计了美国的第一挺通用机枪的原型——T44，随后T44改进为T52。然后，春田兵工厂又把改进后的MG-42的弹链式供弹机构结合上改进的德国FG42伞兵步枪的导气系统，组成了一支新的通用机枪，命名为T161，在T161上已经显现出后来的M60通用机枪的显著特征了。

经过多次试验和改进后，美军在1957年决定以T161E3替换M1917/M1919系列勃朗宁机枪，与同口径的T44E4（M14）一起装备部队。T161E3在1958年开始小规模装备美军，在1959年正式定型为M60，并全面投产。

为满足不同战斗部队需要，美国还研制了许多M60式变型枪，型号主要有M60C式、M60D式、M60E1式、M60E2式、M60E3式。M60C式主要供直升机使用，可以遥控射击，目前已停止生产。M60D式作为直升机和装甲车的车载机枪，扳机装在枪尾部，配有D形握把，现仍生产。M60E1式主要在M60式基础上进行了简化设计，零部件数目减少，并且将提把装在枪管上，便于更换枪管。M60E2式是坦克与装甲车辆并列机枪，同M60式相比，枪管加长，采用电击发，去掉了握把、扳机、瞄准具和

★士兵手中的M60通用机枪

前托等。M60E3式，是20世纪80年代应美海军陆战队对轻机枪的要求改进的，已于1985年开始列装，现已装备两万多挺。

◎ 机枪之巅：M60火力威猛精度高

★ M60通用机枪性能参数 ★

口径：7.62毫米	**战斗射速**：200发/分
枪全长：1105毫米	**自动方式**：导气式
枪管长：560毫米	**闭锁方式**：枪机回转式
枪重：（不含弹链）10.5千克	**膛线**：4条，右旋
三脚架重：6.8千克	**瞄准装置**：片状准星，立框式表尺
枪口初速：855米/秒	**弹药**：7.62×51毫米NATO标准步枪弹
有效射程：配两脚架800米，配三脚架1000米	**发射方式**：连发
理论射速：550发/分	**供弹方式**：弹链

M60式机枪具有重量小、结构紧凑、火力猛、精度好、用途广泛等特点。

M60式机枪采用导气式工作原理，枪机回转闭锁方式。它的导气装置比较特别，采用自动切断火药气体流入的办法控制作用于活塞的火药气体能量。枪管下的导气筒内有一个凹形活塞，平时凹形活塞侧壁上的导气孔正对枪管上的导气孔。当火药气体进入导气筒内后，在凹形活塞的导气筒前部的气室中膨胀，在火药气体压力达到一定程度时，推动凹形活塞向后运动，活塞又推动与枪机框相连的活塞杆向后运动。活塞向后移动时，会关闭侧壁上的导气孔，自动切断火药气体的流入。这种结构比较简单，不需机枪常有的气体调节器，缺点是不能调节武器的射速。

M60式机枪的枪管首次采用了衬套式结构，在弹膛前面有152.4毫米长的钨铬钴合金衬套，提高了枪管抗烧蚀性能。机匣、供弹机盖等都采用冲压件，因此质量小、成本低。枪内还广泛采用减少摩擦的滚轮机构，因而射击振动较小。枪机组件由机体、击针、枪机滚轮、拉壳钩、顶塞等组成，机体前有两个闭锁卡榫，机体底部有曲线槽，与枪机框凸榫扣合，借助枪机回转实现开、闭锁动作。

M60式机枪采用弹链供弹，借助枪机滚轮带动拨弹杆左右运动，再通过杠杆使拨弹滑板上的拨弹齿拨弹，单程输弹。同其他重机枪一样，M60式也可快速更换枪管，但由于提把装在机匣上，需要射手戴手套操作。

M60式机枪由于射速不高，而且采用直形肩托，射击精度较好。该枪准星为片状，固定式；表尺为立框式，可以迅速进行高低和方向调整。对机枪而言，由于枪管常需要更换，所以归零校正最好在准星上进行，而M60式机枪准星是固定式的，难于归零校正，这一点在M60E3式上得到了改进。

⊘ 支援火力：M60横行越战

M60式通用机枪是世界上最著名的机枪之一，除美军装备外，还有韩国、澳大利亚等30多个国家的军队使用它。据不完全统计，至今M60式机枪已经生产了25万多挺。

它成名于越战，成名于那个满是丛林的越南。M60机枪是美军在越南战场中的制式机枪，作为支援及火力压制武器，为西方各国的机枪发展奠定了基础。由于性能可靠、坚固耐用，颇受美军士兵喜爱，获多国军队采用，甚至在越南战争中使用的UH-1直升机机身图腾上也有M60机枪的踪影。但随着多种相同功用机枪的出现及轻兵器小口径化，M60的设计已显得过时，除部分特种部队外，逐渐被M240替代。

1967年秋天，美国人开始组建武装卡车护送队，为每10辆陆军卡车配备1辆武装卡车。武装卡车最初采用M35型2.5吨轮式卡车，车上装备两挺M60型7.62毫米口径机枪，用沙袋构筑机枪掩体，每辆车编制4人，即车长、司机和两名机枪手。但沙袋掩体不久就暴露出雨天吸水导致车重增加的缺点，于是美国人开始在车上焊装装甲护板，并在车上增加了1名M79型火箭筒手。

新型武装卡车很快就经受了战火的考验：1967年11月24日，越南人在19号公路上设伏袭击美军车队，由于新型武装卡车已投入使用，战斗以美军的胜利告终。美军仅损失几名驾驶员、6辆普通卡车和4辆武装卡车，而越南游击队被打死41人。后来，美国人又将M51型5吨陆军卡车改装为武装卡车，不同的型号有不同的武器配备方案，包括M2HB

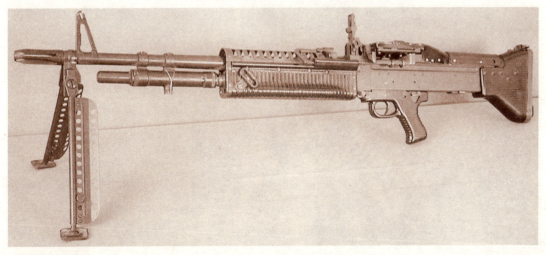

★M60通用机枪

型12.7毫米口径机枪、XM134型7.62毫米口径六管机枪、12.7毫米口径四管高射机枪、40毫米口径"博福斯"火炮，有的甚至还将损坏的M113型装甲输送车的车身搬上了武装卡车。

1969年初，越南抗美战争进入了一个重要阶段，从1968年底开始，美国一面不断向越南增兵，一面大力推行战争"越南化"的政策，企图通过"当地人打当地人"来达到摆脱内忧外困、长期占领越南的目的。

1969年1月13日至2月5日，侵越美军及南越伪军共7000余人，对文义市东北的巴桑安角，发动了代号为"勇敢的水手"的较大规模的两栖登陆扫荡。巴桑安角北临干山，南靠广义，东接大海，面积约40多平方千米，居民近1万人。该地区丘陵密布，水网稻田纵横，物产十分丰富，20多年来一直是南越人民武装的一个重要的根据地，也是越南军民从陆、海对美军和伪军实施攻击的重要依托。长期以来，美军、伪军一直将其视为眼中钉、肉中刺，多次对其发动进攻，每次都被人民武装依托复杂的地形和四通八达的地道网所击败。

这次作战，以美海军陆战队为主，陆空军配合，对半岛实施垂直和平面的登陆作战。这就是被西方通讯社称为"仁川登陆以来最大的一次两栖登陆作战"的巴桑安角登陆作战。这次登陆作战是美国侵略者发动的，但它可以说是现代两栖登陆作战的一个比较典型的战例。

★越南抗美战争时期的M60通用机枪

协同作战的陆军部队有：美军亚美利加师第1步兵旅第3团和第198步兵旅第46团各1个营，该师炮兵第14炮团1个连，共1700余人。参加"扫荡"的美军部队总计为2个陆战营、2个步兵营和3个炮兵连，共4100余人。另有南越伪军第5团的部队配合作战。总兵力达7000余人。

在靠近岘港的地方，美军士兵用M60机关枪朝地面的越共猛烈开火，很快就控制了局势。这下，一举摧毁了人民武装根据地，拔除在南越占领区的一个钉子，解除对广义、朱莱等美、伪军事基地的威胁。在战争电影中，M60在《第一滴血》、《阿甘正传》、《战争启示录》、《黑鹰计划》等电影中都曾亮过相，它的威猛表现至今仍让许多影迷怀念。由此可见，M60通用机枪在电影中的明星地位也不言而喻。它也因为其合理的结构设计和稳定的性能，成为了越南战场上美国最主要的通用机枪。

战事回响

◎ 旋转的火神——加特林6管机枪的身世

自从火器被发明并应用于战场后，人们就一直为提高其威力而努力。1380年出现了一种11管排枪；15~16世纪出现了管风琴枪；18世纪出现了20管的管风琴枪；18世纪初在英国还出现了转膛枪，据说这是加特林机枪的先驱。这些武器在战场上取得了一定的成功，但是它们的缺陷也很明显，如体积很庞大、操作不便、射速低、在野战条件下应

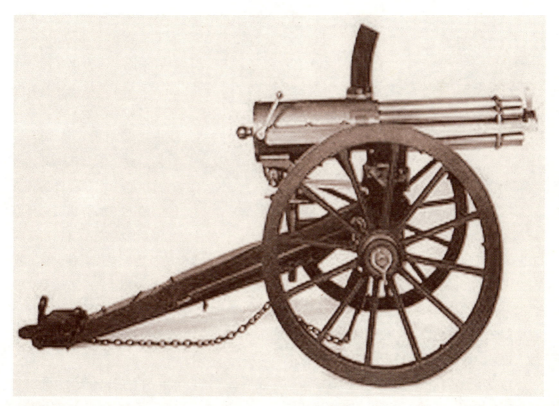

★加特林手摇机枪

★加特林6管机枪

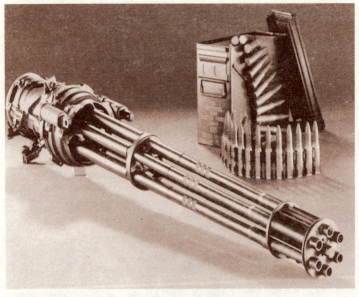

★加特林机枪的枪管

用不便等，这促使人们对新式速射武器始终保持着强烈的向往。

借鉴前人的经验及新技术的发展，加特林在美国南北战争期间发明了一种转管机枪，并被后人称为"加特林机枪"。这是世界上第一种成功的多管式机关枪，它把6根枪管并列安装在一个旋转的圆筒上，手柄每转动一圈，各枪管依次完成装弹、射击、退壳等动作。加特林机枪可谓手动机枪的颠峰之作，它的出现成为枪械史上的一次重要转折，对近现代兵器和军事思想发展有着深远的影响。

据说当时世界各国有很多素不相识的高级军官发起了一场反对机枪运动，就像火枪刚出现的时候，手持宝剑的贵族骑士们曾经激烈反对过一样。在种种世俗观念的制约下，加特林机枪最初几年竟然没有卖出一挺。为了证明自己的发明足以应付任何无知的诬蔑，加特林带着他的机枪到处参加各种比赛。在一次比赛中，100名普鲁士步兵和一挺加特林机枪共同射击800米外的靶子。一分钟后，裁判们来到靶子面前——100名步枪射手共射出子弹721发，只有196发命中目标；而加特林机枪发射子弹246发，却有216发命中。观战的军官们默默无语。他们心里清楚，如果在战场上相遇，他们的士兵肯定不是加特林机枪的对手。

1962型加特林机枪面世之初恰逢美国南北战争如火如荼之际，但加特林当时并没有立即拿到交战方的订单，除了世俗观念的影响外，该枪的技术缺陷、重量过大、不利于战斗中迅速配置也是没有被垂青的重要原因。后来，在加特林将它的重量进一步减轻之后，北方联邦军的本杰明·巴特勒将军首先购买了12架加特林机枪，将之应用于彼得斯堡前线。加特林机枪的初次登场让交战双方士兵对它的威力和效能都大为吃惊。有趣的是，加特林本人同情南方，但最终却只有北方军在战争期间购买了他的机枪。

就在加特林机枪将手动机枪发展到顶峰的时候，自动武器——马克沁机枪的出现使得加特林机枪陷入窘境。从1884年开始，采用管退式、导气式、自由枪机式和半自由枪机式等自动原理的自动武器陆续被发明。同这些单管自动武器相比，加特林转管机枪的优势不复存在，缺点却愈加明显。如加特林机枪与单管机枪相比体积庞大，相应的运输工具能力有限，不便于机动；加特林机枪过高的射速对于当时战场条件意义不是很大，轻便、结构紧凑的自动机枪的威力为步兵提供支援已经足够；此外，刚刚出现的定装金属弹壳弹药价格昂贵，过高的射速会造成很大的浪费。因此，1911年，加特林机枪在美国军队服役45年后退役，许多退役的加特林机枪被当做废铜烂铁彻底销毁，另一些则湮没在积满灰尘的仓库中，或被博物馆、私人收藏。

自第一支加特林机枪面世到现在，世界已发生翻天覆地的变化，战争样式早已今非昔比。但加特林的发明却在一个半世纪以来的战争中长盛不衰，它的结构原理至今被作战飞机和军舰上的多管速射炮所应用，并保留着"加特林机关枪（炮）"的名称，成为现代战争的宠儿，以它旋转的"弹幕"，搏杀于战火中，续写传奇。

第九章

9 冲锋枪

战地扫帚

兵典
THE CLASSIC
WEAPONS

沙场点兵：枪械中的突击手

我们对冲锋枪都不陌生，甚至大部分男人心中都有端起冲锋枪上阵杀敌、保家卫国的冲动，哪怕是最胆小的人。但大家可能知道，冲锋枪也叫"轻机枪"或"手提式轻机枪"。在兵器的范畴内，冲锋枪被定义为单兵连发枪械，它比步枪短小轻便，具有较高的射速，火力猛烈，适于近战和冲锋时使用，在200米内具有良好的作战效能。

那么世界上第一款冲锋枪是谁制造的呢？一般公认世界上第一款冲锋枪是意大利在1915年设计和生产的维拉派洛沙自动枪，这是一种发射9毫米手枪弹的双管全自动轻型武器，不过维拉派洛沙其实是要作为超轻型的机枪使用。后来德国人施迈塞尔在1918年设计的MP18I冲锋枪被认为是第一支真正意义上的冲锋枪。

冲锋枪结构较为简单，枪管较短，采用容弹量较大的弹匣供弹，战斗射速单发为40发/分，长点射时100发/分～120发/分。冲锋枪多设有小握把，枪托一般可伸缩和折叠。

冲锋枪装备于步兵、伞兵、侦察兵、炮兵等兵种。冲锋枪是冲击和反冲击的突击武器，在前两次世界大战中发挥了重要作用。冲锋枪的基本特点可概括为：体积小、重量轻、灵活轻便、携弹量大、火力猛烈。但由于冲锋枪枪弹威力较小，有效射程较近，射击精度较差，加之步、冲合一的突击步枪的问世，第二次世界大战后，其战术地位逐步下降。从国外轻武器发展势头来看，除了微型、轻型、微声冲锋枪仍有生命力以外，常规冲锋枪将被小口径突击步枪所取代。

兵器传奇：冲锋枪现形记

自从意大利人发明了冲锋枪以来，它便成为了战场上的常客，被人誉为"战场收割机"。甚至在一战时期还形成了冲锋枪战术：先是猛烈的炮火袭击，然后步兵上刺刀进行集群冲锋，前仆后继。由于交战双方的战壕工事越修越坚固，炮火无法彻底清除对方的火力，结果以密集队形冲锋的步兵往往遭遇敌军机枪组成的火网，伤亡惨重。

一战后期，德军将领胡蒂尔打破堑壕战的僵局，首创步兵渗透战术。经过特种训练的德军突击队跟随延伸的炮火从敌军防线薄弱处渗透，避开坚固要塞，不与守军纠缠，而迅速向纵深穿插，破坏敌军的指挥系统和炮兵阵地。

新战术要求突击队员具有良好的机动性和猛烈的火力，笨重的毛瑟步枪自然不能满足要求了。军械设计师施迈瑟尔于是设计了著名的MP18I冲锋枪。一支冲锋枪加上数枚手榴弹成为德军突击队员的标准装备。由于这种冲锋枪获得了空前的成功，所以各国都开始东施效颦。一战过后，冲锋枪慢慢被人们接受，进而发展起来。在这一时期，许多国家对冲锋枪的战术作用认识不足，因而产品型号不多。有代表性的冲锋枪包括意大利的维拉·派洛沙和伯莱塔M1938A式，德国的伯格曼MP18I式和MP38式，西班牙的MX1935式和TN35系列，瑞士的MKMO，美国的汤姆逊M1928A1式及苏联的1934/38式。这些冲锋枪因其结构复杂、成本较高、体积、质量较大，安全性、可靠性差，使生产的数量和使用范围受到了限制。

20世纪40年代是冲锋枪发展的全盛时期，包括品种、性能、数量和装备范围都有较大的发展，特别是在第二次世界大战中发挥了重要作用。这个时期冲锋枪的主要特点是：普

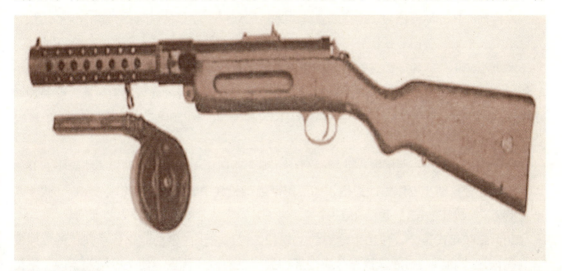

★MP18I式冲锋枪

★MP38式冲锋枪

遍采用冲压、焊接和铆接工艺，简化了结构，降低了成本；多数枪设有专门的保险机构，以改善安全性，如意大利的TZ冲锋枪不仅采用快慢机保险，还最早采用了握把保险；广泛采用折叠式或伸缩式枪托，以改善武器的便携性，如德国的MP38式是世界上第一支折叠式金属托冲锋枪，法国的ETVS是第一支折叠式木托冲锋枪；除了苏联采用7.62毫米手枪弹和美国采用11.43毫米手枪弹外，其他国家普遍采用9毫米帕拉贝鲁姆手枪弹，这种枪弹可与大多数手枪通用。

20世纪50年代出现了结构新颖的冲锋枪，性能也不断改善。如捷克斯洛伐克斯洛伐克的ZK-476式，不仅首先采用包络式枪机，而且是第一支将弹匣装在握把内的冲锋枪。又如，以色列的乌齐冲锋枪为了增强安全性，采用了双保险或三重保险；为减小枪的质量，发射机座、护木和握把等开始采用高强度塑料件。

20世纪60年代，为了满足特种部队和保安部队在特殊环境下的作战需要，发展了短小轻便，且可单手射击的轻型、微型冲锋枪。有的冲锋枪还装有可分离的消声器，或与冲锋枪固接的消声器，前者如英国的英格拉姆M10式和德国的MP5SD式，后者如英国的L34A1式微声冲锋枪。

20世纪70年代，一些国家在武器系列化、弹药通用化和小口径化的思想指导下，开始以小的短枪管自动步枪作为冲锋枪，如美国斯通纳枪族中的63式、柯尔特CAR-15式（其改进型为×M177E2式）、德国HK53式等，以更好地完成常规冲锋枪的战斗使命。

20世纪80年代至今，使用手枪弹的常规冲锋枪进一步向多功能化、系列化的方向发展。美国的卡利科系列冲锋枪充分应用螺旋式弹匣的设计特点，使全枪结构紧凑、平衡

★柯尔特CAR-15式冲锋枪

性好，且弹匣容弹量大。美国的韦弗PKS超轻型冲锋枪采用持久润滑设计，使武器无须涂油，且不用工具也能在战地快速拆卸修理。另外通过给冲锋枪配用各种光学瞄准镜、消声器，使其具备有多种功能。同时，一些国家还先后研制了集手枪、冲锋枪和短管自动步枪三者性能于一身的个人自卫武器，如比利时的FNP90式、英国的布什曼、德国的MP5K式、法国的GIAT-PDW等。这类武器均有结构紧凑、操作轻便、人机工程性能好和火力密集等共同特点。

　　常规冲锋枪是一种以双手握持、使用手枪弹的全自动武器。70年代以后，特别是80年代末以来，使用小口径步枪弹的短枪管自动（突击）步枪和集手枪、冲锋枪、步枪性能于一身的个人自卫武器也被划归为冲锋枪范畴。

🌐 慧眼鉴兵：火线仙人掌

　　冲锋枪是一种经济实用的单人近战武器，特别是轻型或微型冲锋枪由于火力猛烈、使用灵活，很适合于冲锋或反冲锋，以及丛林、战壕、城市巷战等短兵相接的战斗。因此，目前冲锋枪作为枪族中的重要成员之一，对于步兵、伞兵、侦察兵、边防部队及警卫部队等来说，仍然是一种不可缺少的个人自卫和战斗武器。

　　冲锋枪在现代军警作战中占有相当重要的地位。对于士兵而言，一支紧凑的冲锋枪将可能逐渐替代手枪的作用，而特种部队则更是将冲锋枪作为主要作战武器之一；而对于警察部队来说，冲锋枪则属于主要作战兵器。随着世界各国近年来对于反恐怖作战的意识提高，各种新颖的冲锋枪也层出不穷。

　　与其他枪械相比，冲锋枪的主要特点是：

　　1.比步枪短小轻便，采用短枪管，枪托通常可以伸缩或折叠，便于在有限空间内操作和突然开火。现代冲锋枪打开枪托时枪全长550～750毫米，枪托折叠后枪全长450～650毫米；普通冲锋枪的全枪质量一般为3千克左右，轻型或微型冲锋枪一般在2千克以下。

　　2.火力猛，大多数冲锋枪采用30～40发容弹量的直弹匣或弧形弹匣供弹，少数采用50发、100发螺旋式弹匣或70发、100发弹鼓供弹。战斗射速单发时约为40发/分，连发时约为100发/分～120发/分。

　　3.大多数冲锋枪使用9毫米帕拉贝鲁姆手枪弹，该弹具有较大的停止作用和良好的内外弹道综合性能，能够满足近距离作战的需要。

　　4.绝大多数冲锋枪采用自由枪机式工作原理，开膛待击式击发方式，以利于简化结构、枪管冷却和防止枪弹自燃。

　　5.结构简单，造价低，便于大量生产。

　　6.通常装有小握把，或由弹匣座兼做前握把，便于射击操作。

现代冲锋枪的鼻祖
——汤姆逊系列冲锋枪

🚫 战壕扫帚：汤姆逊横扫千军

　　熟悉世界冲锋枪发展史的人对汤姆逊这个名字一定不会感到陌生，在二战中，汤姆逊冲锋枪凭借迅猛的活力、无与伦比的机动性，赢得了无数的赞誉，但是汤姆逊冲锋枪同时被早期黑手党大量使用，使得该枪披上了亦正亦邪的双重色彩。但不可否认的是，作为世界上最早诞生的实用型冲锋枪之一，"汤姆逊"取得了巨大的成功，它比世界上任何一支冲锋枪都具有更高的知名度。

　　汤姆逊冲锋枪并不是由汤姆逊本人设计的，而是汤姆逊组建的自动武器公司招聘的两个设计师西奥多·H.埃克霍夫和奥斯卡·V.佩恩的作品。但汤姆逊的确是个"先觉者"，他一直在想如何给堑壕战中的士兵提供一种质量轻、体积小、火力猛烈的自动武器。因为在一战那种胶着僵持的对垒中，进攻一方的士兵要想压制敌方火力并占领其工事，仅靠手中的单发步枪显然是不可能的。美军最早提供的能改写堑壕战历史的步兵武器是勃朗宁设计的M1918自动步枪，自动射击、20发容弹量和单兵可以接受的体积、质量，使步兵终于拥有了能伴随自己冲锋的连发武器。但汤姆逊却认为军队真正需要的是另外一种枪械，其体积质量应该更小，容弹量与火力应该更加强大，所以自动武器公司最早推出的样枪与M1918自动步枪最大的区别就是所用枪弹不同，M1918使用的是0.30英寸口径步枪弹，而自动武器公司样枪发射的却是军用0.45英寸口径ACP手枪弹。

　　汤姆逊的超前思维使得后来诞生的这种武器与M1918自动步枪有了本质上的区别，加上他在公司生产

★汤姆逊将军与汤姆逊冲锋枪

和销售方面的功绩，所以自动武器公司以将军的姓氏命名了这支冲锋枪。甚至冲锋枪这个词也是由汤姆逊将军首先提出的，他喜欢将这种枪称为"战壕扫帚"，从这个名字就可以看出汤姆逊将该枪定义为何种用途。

汤姆逊冲锋枪在1920年左右获得专利，最早的样枪则在1918年诞生，但既未标注型号也没有序列号、生产年份。一号样枪与后来的汤姆逊冲锋枪外形差别甚大，特别是它采用了类似机枪的以棘轮带动帆布弹带供弹的方式，另一特点是采用活动式击针设计，其发射速度约为1000发/分。有些报道说原型枪有多种口径。尽管1号样枪具有类似于机枪的连发

★M1918冲锋枪组装示意图

火力，但是其便携性和可操作性还是不能很好地满足单兵使用的要求。随后出现的是汤姆逊M1919试制型冲锋枪，该枪创造性地采用了50发和100发弹鼓供弹。M1919共试制了10多支样枪，其外形结构各不相同，不过其中有几支已经具备了后来汤姆逊那种为世人熟知的经典外形。这些样枪中的大多数在1920年至1923年间相继获得了专利，其中一种原型枪还在1920年参加了美国政府的测试。另外，1920年4月27日，春田兵工厂也组织了一次自动武器试验，汤姆逊样枪在试验中表现很好，在2000发的连续发射测试中只出现了一次停射，数月以后美国海军陆战队对该枪的测试结果也是如此。虽然测试结果令人印象深刻，但没有一个客户决定采用该枪。1921年，以M1919的2号样枪为基础，进行了改进和定型设计，制成了最早的批量生产型号——汤姆逊M1921冲锋枪。

第一种真正投入生产的汤姆逊冲锋枪是M1921，最早有M1921冲锋枪出售记录的是在1922年，但是售出量极少，任何军队都没有把它当做制式武器，它多配备给警察使用。

M1921冲锋枪服役之后，又出现了M1923、M1927、M1928，其大多部件都源于

★M1921式冲锋枪

M1921。M1928刚出现时称为海军型冲锋枪，供海军使用，装备陆军后称为M1928A1。M1928同M1921的主要区别是连发射速降低了，由800发/分降到700发/分。射速降低的主要原因是增加了枪机的质量，同时减小了枪机复进簧的簧力。1942年，改进后的M1928定名为M1汤姆逊冲锋枪。在此之后，美军进一步改进M1，又出现了M1A1。M1系列汤姆逊冲锋枪在外观上与M1928汤姆逊冲锋枪最明显的区别就是：M1的拉机柄在机匣的右侧，而M1928的拉机柄在机匣顶部。

汤姆逊冲锋枪可谓是"大器晚成"，尽管发明的时间很早，但成为美军制式武器却很迟。当1941年珍珠港事件以后，装甲部队的扩建才使汤姆逊冲锋枪成为美军眼中的热门货，陆军部向自动武器有限公司订购了847 991支，萨维奇公司也生产了539 143支，后者连同其分包厂商的总产量是125万支，总产量超过了同样著名的德国MP38和MP40。

◎ 威力巨大：汤姆逊堪称冲锋小钢炮

从火力情况来看，汤姆逊冲锋枪堪称一把机枪。汤姆逊冲锋枪的威力是所有冲锋枪中最大的，也是子弹最多的、射速很快的，但该枪并不重，只是重量中等，如果缩短枪身就可以不暴露自己，是冲锋枪中的"小钢炮"。

从M1921到M1928，汤姆逊冲锋枪都延续了一种由它最早使用的独特的自动原理，那就是开膛待击、枪机延迟后坐的半自由枪机原理。这种原理的最大特点是在靠近弹匣后方

★ M1928汤姆逊冲锋枪性能参数 ★

口径: 11.43毫米

枪全长: 808毫米

枪管长: 267毫米

空枪重: 4.4千克

理论射速: 600发/分（实际225发/分~300发/分）

有效射程: 50米

供弹方式: 20或30发弹匣、50或100发弹鼓

的机匣内装有一个倾斜的"H"形黄铜延迟块，在机匣内部与枪机的对应位置上，均开有与这个延迟块配合的倾斜槽。方形枪机的后部开槽，用于安装拉机柄，其前部下方也有斜槽，用来容纳延迟块上部。"H"形延迟块下部两侧各有一个凸起与机匣上的斜槽与直槽配合，而"H"形的两侧边与枪机配合。

以M1928为例，其作用原理为：先向后拉动拉机柄，使拉机柄前部的斜面带动"H"形延迟块沿着机匣内壁斜槽向上运动，直至延迟块下部两侧的凸起脱离机匣内的斜槽，此时拉机柄通过延迟块带动枪机向后，而延迟块下部两侧的凸起进入机匣两侧的直槽，直至枪机被阻铁挂住。此时扣动扳机，枪机被释放，复进簧推动拉机柄，而拉机柄推动延迟块，延迟块又带动枪机复进，当枪机经过弹匣/弹鼓上方时，将一发子弹推入弹膛，枪机复进到位后，拉机柄继续复进并通过其上斜面的作用将延迟块压下，这样延迟块两侧的凸起又进入机匣的斜槽内，然后拉机柄继续复进，撞击三角形击铁，击铁最终撞击击针击发

★M1928汤姆逊冲锋枪

★英国首相丘吉尔手中美国援助的M1928汤姆逊冲锋枪

枪弹。火药气体在推动弹头前进的同时，通过弹壳底部将压力作用到枪机上，使枪机后退，但由于延迟块两侧的凸起与机匣内部两侧斜槽的摩擦运动，使枪机只能缓慢地后退，从而延缓了枪机后坐。黄铜延迟块沿机匣斜槽缓慢上升，直至两侧的凸起与斜槽脱离进入直槽，此时弹头已经飞离枪口，膛压也下降到可以抽壳的水平，而枪机由于惯性继续后坐，带动延迟块撞击拉机柄并压缩复进簧，同时抽出弹壳并抛壳，直至后坐到位。如果这时松开扳机，枪机就会被阻铁挂住呈待发状态，如果没有松开扳机，则会重复前面的动作继续推弹上膛并击发。这种原理的优点在于在枪机质量较轻的前提下可以发射威力更大的枪弹，缺点是结构比较复杂。

汤姆逊冲锋枪的另一特点是除了少数零件外，基本上都是采用整块钢材加工而成，非常结实耐用，但重量偏大。汤姆逊冲锋枪的快慢机和保险扳手是分开的，前者调节单、连发，后者控制保险状态，虽然便于区分，但操作起来稍显麻烦。另外，汤姆逊冲锋枪采用可靠性较好的双排双进直弹匣，弹匣体采用钢板冲压焊接而成，后部有一个T形凸起，与冲锋枪下机匣上的T形槽配合将弹匣固定在枪上。弹匣本身的加工较为复杂，而且受磕碰时容易损坏。外露式弹匣卡榫位于左侧，逆时针旋转卡榫才能解脱弹匣，但旋转面在侧面并且操作部位是平面，带手套时不便操作。汤姆逊冲锋枪弹鼓有50发和100发两种，虽然能提供猛烈的持续火力，但体积和重量大，携带不便，而结构复杂，装弹时更是费时费力。

与大多数采用弹鼓供弹的冲锋枪都不同，该枪在安装弹鼓时，要将弹鼓上供弹口前后面上的水平凸起对准机匣供弹口前后的凹槽，从枪身左侧水平装到枪上。军用型汤姆逊很少采用弹鼓，多采用20发或30发弹匣，自动武器公司也建议在实战中尽量使用弹匣。

二战中装备汤姆逊冲锋枪的美军伞兵，标准携弹量为300发，分装在15个容弹量为20发的弹匣中，除随枪的1个外，其余14个装在跳伞服口袋里或M6携行袋里。不过，该枪无论用弹匣还是用弹鼓，安装时都要求定位精确，在黑暗环境和实战条件下不太方便。

🚫 芝加哥小提琴：汤姆逊冲锋枪成为黑帮必备品

让人感到惊讶的是，汤姆逊冲锋枪生产出来之后，并没有在军中服役，而是成为20世纪20～30年代美国黑帮及犯罪分子的常用武器，因此曾一度恶名远扬。

在汤姆逊冲锋枪之前，M1927卡宾枪最先成为美国黑帮的武器。因为当时美国国内对于该枪的销售没有任何限制，任何人只要花上100多美元，即可以由火车快递送至家门口，同时还可以买到大容量弹鼓，而将M1927恢复到全自动状态也很容易，很多匪徒买到手后就立即改装，用于帮派争斗、打家劫舍，甚至与警察公然对抗。具有讽刺意味的是，当时它的另一类主顾却是私人厂主或农场主，目的是为了保护自己的财产不受罪犯的袭扰。

随着汤姆逊M1928式冲锋枪研制成功，黑帮大佬们便不断购买此枪。因为这种冲锋枪拆下木托和弹鼓后，可以方便地藏进小提琴盒里。芝加哥是当时黑帮活动最猖獗的地区，犯罪分子将其称为"芝加哥小提琴"，又因为其连发时"嗒嗒嗒"的有节奏的枪声，常常又被叫做"芝加哥打字机"。

使汤姆逊冲锋枪一举成名的是发生在1929年2月14日的"圣瓦伦丁节大屠杀"，在那起案件中，伪装成警察的罪犯用"汤姆逊"一次打死了7名黑道对手。对于专事抢劫的悍匪而言，汤姆逊冲锋枪也是他们的得力帮凶。早期的绑架犯和酒贩子乔治·凯利，由于时常使用这种武器得了一个"冲锋枪凯利"的绰号。不过，与汤姆逊有关的最有名的罪犯却

★汤姆逊M1928式冲锋枪

是约翰·迪林杰。1934年在芝加哥一家电影院门口被警察击毙之前，迪林杰一直在中西部行劫，他在一年中凭着一支汤姆逊冲锋枪所掠夺的钱财比当初臭名昭著的银行劫犯詹姆斯16年所劫得的还要多。当时另一个著名的枪击要犯是"娃娃脸"纳尔逊，他嗜血成性，每次抢完银行，总是一手提着钱袋，一手拿着汤姆逊冲锋枪出门，只要看到一名警察，他就会用汤姆逊向着整个人群扫射。1934年两名联邦调查局特工追踪纳尔逊至伊利诺伊州的乡间，"娃娃脸"开枪还击，将两人打死，自己也身中17弹毙命。

随着暴力犯罪的激增，联邦调查局和警察部门不得不向他们的对手学习，订购汤姆逊冲锋枪来武装自己，以便在火力上压制猖狂的犯罪分子。

🚫 传入中国：汤姆逊终于进入战争进行时

1922年，孙中山先生从美国购入30支M1921汤姆逊冲锋枪，用于武装其卫队，这些武器在陈炯明叛变事件中曾发挥了积极作用，这也是有据可查的冲锋枪在中国最早的应用。中国国内早期使用较多的还有M1928及其改进型，M1和M1A1式则是在二战末期才进入中国的。

二战期间，美国生产的140余万支汤姆逊冲锋枪中，相当一部分根据租借法案提供给了中国驻印军和远征军，在后期的反攻缅北和雪峰山会战中都发挥了很大作用。1944年

★抗战时期中国士兵所使用的M1A1式冲锋枪

底，美军改用M3系列冲锋枪，替换下来的大批各型"汤姆逊冲锋枪"通过折价销售、无偿赠与等方式，源源不断地输送给蒋介石领导的中国国民党军队。截至1945年4月底，中国国民政府通过租借法案从美国获得的"11.43毫米口径手提机枪"已达44 145支。而1948年，中国国民党政府向美国订购7个军又3个师的装备，这批军火在次年3月中旬前抵华，其中"11.43毫米口径机枪交货实数12 975支"，这里面大多是汤姆逊冲锋枪，同时有"11.43毫米弹药交货实数2.66亿发"。1947年前后，中国国内第20、第90兵工厂也开始生产0.45英寸口径枪弹，以供中国国内日益增多的汤姆逊等美制冲锋枪使用。

"汤姆逊式"也是中国国内最早仿制

★抗战时期的晋造冲锋枪

★中国仿制的ZB26式7.92毫米口径轻机枪

的冲锋枪之一。1923年至1924年，广东兵工厂曾仿制过39支M1921。1926年，山西军人工艺实习厂也开始仿造，1927年改称太原兵工厂后，专门建立冲锋枪厂，1928年的月产量达900支。中国国民政府接管后一度停造，1932年至1934年期间又恢复生产，最高月产250支。到1946年，西北制造厂又批量生产该枪。这些仿制品统称为"晋造手提机枪"。这些晋造"汤姆逊式"标称口径都是11.43毫米，经常让人误以为它与美国原产的口径不同，实际上两者的弹药是通用的。

抗战初期，中国八路军也曾少量装备过晋造冲锋枪。1945年2月，中国共产党新四军三纵发起天目山第一次反顽战役，歼灭"忠义救国军"1700余人，缴获包括14支"汤姆逊冲锋枪"在内的大批武器。解放战争开始后，中国人民解放军在粉碎国民党军队重点进攻的同时，也缴获了许多美制汤姆逊冲锋枪，使中国人民解放军装备有了很大改善。这些汤姆逊冲锋枪后来还参加了抗美援朝战争，1951年以后才逐渐被苏式冲锋枪所代替。汤姆逊冲锋枪在中国国内民兵中一直使用到20世纪70年代末期，其中有些汤姆逊冲锋枪还经过改造，改为发射7.62毫米50式冲锋枪弹，特征是使用弧形弹匣，这些改装枪在很多国产影视作品中常有出现。

冲锋枪中的战神
——波波莎冲锋枪

⃠ 战神出世："波波莎"一出，谁与争锋

苏联PPSh41式7.62毫米冲锋枪，又名"波波莎"冲锋枪，是苏联著名轻武器专家乔治·S.什帕金设计的。这支具有传奇色彩的冲锋枪，在1941年初完成部队试验之后，当年就正式装备了苏联红军部队。

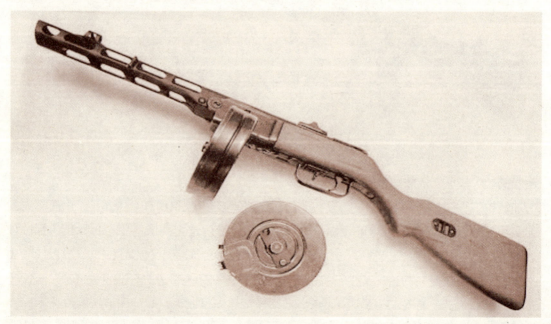

★具有传奇色彩的PPSh41式冲锋枪

苏德战争初期，德军的攻势势如破竹，苏联大部分的兵工厂被摧毁，而前线却迫切需要大量的武器装备，尤其是需求量最大的步枪和冲锋枪。在这种情况下，只有生产"最简单的结构、最经济的设计、最优良的火力"的冲锋枪才是上举。1941年，PPSh冲锋枪诞生了，命名为PPSh41。

在斯大林亲自督导下，从1941年底开始大规模生产"波波莎"冲锋枪，并且整营整营地装备苏联红军部队。截至1945年，生产了400多万支"波波莎"冲锋枪，到40年代末，共生产了500多万支"波波莎"冲锋枪。战后，一些国家开始仿制"波波莎"冲锋枪。其中，匈牙利的仿制品被命名为M48，朝鲜的叫49式，中国于1950年开始仿制"波波莎"冲锋枪，1951年6月，第一批50式冲锋枪就被送到了中国人民志愿军手中。在抗美援朝战争期间，刚生产出的50式冲锋枪几乎都是直接装车运往前线。

◎ 完美之作：二战冲锋枪之王

★ PPSh41冲锋枪性能参数 ★

口径：7.62毫米	**最大射程**：大约500米
枪全长：843毫米	**供弹方式**：5发可卸式弹匣，71发可卸式弹鼓
枪管长：195毫米	**瞄准具型式**：固定金属机械缺口式照门和准星
发射速率：700发/分~900发/分	**弹药**：7.62×25毫米托卡列夫手枪弹
枪口初速：488米/秒	**枪机种类**：自由枪机式，后坐式作用
有效射程：200~300米	

★7.62毫米口径的PPSh41式冲锋枪

　　PPSh41的操作直接由气体推动来完成，利用子弹发射时的燃气来完成击发、退膛抛壳、上弹复进、击发……周而复始，直到把弹匣中的子弹都发射完为止。PPSh的操作极其简单，即使是新兵也能很快掌握。配备71发的弹鼓使得PPSh具有极其优良的持续火力，在实际的战斗中，PPSh41可以在5秒内把弹鼓中的71发子弹发射出去。

◎ 三大秘籍："波波莎"集百家之所长

　　"波波莎"冲锋枪拥有简单的结构和低廉的成本。"波波莎"的整个机匣、枪管护筒以及绝大部分部件都是用钢板冲压制成，装配时大量采用铆焊工艺，生产加工极为简单，经济性很好。

　　这一点，对于一支装备数量多（可能配备到每一个士兵）、作战损耗量大的冲锋枪来说，是至关重要的。如果一支最基本的单兵武器，生产复杂、成本昂贵，那么对于支持战争是难以想象的。即使是科技和经济高度发达的今天，尽一切可能降低武器成本，简化生产工艺，追求最好的经济性，也是武器设计者追求的目标之一。

　　"波波莎"采用自由枪机式自动方式，全枪仅92个零件。简单的结构带来的直接军事效益有两个方面。其一是便于操作使用和维护保养，其二是具有较高的战斗使用可靠性。前者，便于战士很快地掌握它、熟悉它。武器实际战斗使用的规律揭示：结构越简单，越容易操作使用和维护保养，就越具有战斗勤务使用的可靠性，也越有利于发挥战斗效益。不使用任何工具，就能很快地分解"波波莎"，全枪在不完全分解状态下仅"四大件"。全枪没有"死角"，便于很快地擦拭和组合。可以说，"波波莎"是世界上最简单的冲锋枪之一，真正能使一个初学者一看就会、一摸就熟、一用就通。"波波莎"良好的战斗使用可靠性，不仅源于结构简单，还得益于什帕金独到的结构设计。其一，枪口装置不仅可以在射击时起到防跳和制退作用，当枪口碰触地面、工事胸墙等时，还可以有效地防止尘土进入枪管，这一点，什帕金当初可能也没有想到，但战斗使用却充分体现出这一设计带来的

★苏联女兵手中的"波波莎"冲锋枪

良好"副作用"。其二，开放式供弹具卡槽，不仅最大限度地减轻了枪本身和弹鼓的质量和体积，而且给装填、抛壳部位以尽可能大的空间，尘土雨雪难以留存在这个关键部位。同时，弹膛口又被抛壳口前沿遮挡，尘土难以进入。其三，拉机柄上的保险凸榫，可简便确实地将枪机固定在前后位置上。目前为止，实际使用还没有遇到过故障，大量的史料中也查不到有关"波波莎"的故障记载。

★与苏军士兵共同作战的"波波莎"冲锋枪

在二战中，用过"波波莎"冲锋枪的人都一致认为它拥有较高的精度和较强的火力。一是枪与弹的质量比较大，发射过程中枪机前后运动造成的前冲后坐，大部分被枪的质量抵消，加上枪口装置的作用，连续射击几乎感觉不到后坐和震动，完全是一种"只听枪声，不觉枪动"的感觉。二是瞄准具设计得简单、牢固、合理。准星可以作方向和高低调整，又有护圈保护。后期生产的"波波莎"冲锋枪，采用"L"形翻转式可调表尺，射程分别为100米和200米。对抵消瞄准误差更为有利，射击精度也很高。三是"波波莎"的射速高达1000发/分～1100发/分。这样高的射速，得益于自动机行程短，因此复进周期也短。使用证明，在有效射程以内，"波波莎"的连发精度很高。3～5发的短点射常常全部命中目标。因此，"波波莎"特别适用于近距离突击、概略瞄准、仓促射击、连续消灭多个目标的紧迫战斗环境。在抗美援朝战争，中朝军队使用"波波莎"和50式冲锋枪，把美国侵略者打得灵魂出窍，敌人的尸体上往往都是密集的3个弹着点，近乎达到了弹无虚发的程度。

与其高射速相适应，"波波莎"冲锋枪配备了能装71发枪弹的大容弹量弹鼓。这种弹鼓有两个环形输弹槽，外槽可容39发枪弹，内槽可容32发枪弹。弹鼓的使用十分方便，只是要逐一将71发枪弹放入输弹槽内略显费时，但大容弹量弹鼓打起来的感觉大不一样。经过训练的突击队员，懂得如何控制射击频率，力争低耗高效，基本配备的4盘枪弹，还真的能打上一阵。

此外，"波波莎"冲锋枪还可使用容弹量为35发的弧形弹匣。然而，这个35发弧形弹匣，却使外粗内秀的"波波莎"大逊其色。因为弧形弹匣是"双排单进"供弹方式，因此

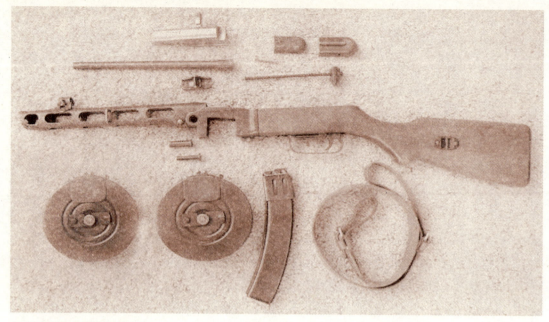

★ "波波莎"冲锋枪的结构图

不借助专用压弹器，要把35发弹逐发装入弹匣实属不易。另外，弧形弹匣伸出枪下方的长度要比弹鼓长近1/2，而其容弹量却约为弹鼓的1/2，这样使枪的火线增高，从而有可能增加射手的伤亡率，而且使更换弹匣的次数增加了一倍。不过，弧形弹匣的结构较弹鼓简单，日常携行也比较轻便。

　　与其他冲锋枪想比，"波波莎"良好的人机工效和环境适应性让人称绝。"波波莎"体形虽然粗壮，但却非常匀称；外观虽然粗糙，但却十分耐用。

　　"波波莎"的长短、肥瘦、宽窄、体重，都给使用者以舒适感。使用中，无论是据枪瞄准，抵肩射击，还是后背前挂，揣携战斗，都给使用者以确实感、稳固感。仅从以下3例描述就可见"波波莎"优良的人机工效。例一，"波波莎"的枪管护筒和前端的枪口装置，除上述作用外还相对地抑制了枪口噪声，并防止射手被发烫的枪管灼伤。使用"波波莎"冲锋枪时，枪声远不及现有的一些轻型冲锋枪那样刺耳，也不会有使用某些轻型冲锋枪担心被枪管烫伤的顾忌。为了抑制枪口上跳，在枪口装置的下方不开口，这一措施还避免了当枪口接近地面射击时，枪口焰把尘土吹起来眯了射手眼睛和暴露射手位置的不足。例二，"波波莎"冲锋枪可折叠的弹匣卡榫扳手较长和宽大的扳机护圈，在冬季戴皮毛手套射击时，也不影响使用。例三，木质枪托，据枪贴腮非常舒适，特别在高寒条件下使用，据枪贴腮的舒适性远远优于金属枪托。还不止于此，木质枪托在近距离格斗中还具有金属枪托望尘莫及的作用——格、劈、磕、砸。在攻克柏林国会大厦的殊死激战中，苏联红军突击队员把"波波莎"的战斗效能发挥到了极致，木质枪托毙伤的法西斯不在少数。

🚫 转战世界：令侵略者丧魂落魄的"战神"

"波波莎"冲锋枪被称赞为具有战神一样的魅力，战争实践证明"波波莎"确实是历史上最好的冲锋枪之一。在列宁格勒、斯大林格勒保卫战中表现得尤为突出：哪里有苏联红军、海军陆战队的突击队员，哪里就有"波波莎"。"波波莎"很快使"大威力步枪制胜"的传统观念转变到使用手枪弹的冲锋枪上来，并在苏联红军中树立了很高的威信。在著名的斯大林格勒战役中，它与手榴弹和狙击步枪并列为苏军获得战斗胜利的三大法宝。

在二战当中，PPSh41以其结构简单、动作可靠、性能优良、火力猛烈而且造价低廉而享誉武器界。据估计，二战期间和战后，有总数超过1000万支的"波波莎"被世界各国制造和仿造。

在欧、亚、拉美、非洲的历次局部战争和武装冲突中，都能看到"波波莎"的身影。二战结束后，PPSh41的生命并没有因此而结束，它和PPSh43一起成为整个社会主义阵营的标准装备。

"波波莎"甚至成了苏联红军的象征，每年一度的红场阅兵，都有一个佩挎"波波莎"冲锋枪的方队。2001年5月的红场阅兵再一次出现了"波波莎"冲锋枪的方队。

20世纪50年代初，中国除从苏联进口部分枪械外，也开始仿制苏联枪械。其中，50式冲锋枪便是这一时期的杰作。

50式的原型枪是苏联研制的"波波莎"冲锋枪，它是中国生产的第一种国产枪，当年就生产了36000支装备部队。中国仿制的50式冲锋枪采用自由枪机式原理，发射7.62毫米手枪弹，战斗射速105发/分，单发45发/分。另外，该枪的最大特色是木制枪托，扳机组件包在里面，枪托前端与弹鼓或弹匣的后端连接。具有结构简单、适应性强、火力猛烈的特点。

★苏军士兵所使用的"波波莎"冲锋枪

★中国仿制的50式冲锋枪

　　中国引进后，对该枪进行了一系列改进。如下机匣后部的拉手，枪托螺丝穿过的地方，苏联用铆接，中国用焊接；苏联的缓冲器比中国的长，不经改动不能互换，而且中国从未使用71发弹鼓。朝鲜战争爆发一年后，中国人民志愿军进攻时配备的主要武器就是成袋的手榴弹和50式冲锋枪，该枪在实战中，表现出了特别适合穿插、近战和夜战的特点。在著名的上甘岭战斗中，135团第7连排长孙占元率领全排使用14支50式冲锋枪和其他武器，连续夺取敌军两个火力点，仅孙占元一人就毙敌16人。在朝鲜战场上，志愿军战士还为此编了歌曲颂扬它："50式冲锋枪，我的好战友；打近战打夜战，杀敌是能手。"在后来的越南战争中，越南人民军的手中也有50式冲锋枪的身影。而我们最熟悉的雷锋标准像上，他所执的也正是这种冲锋枪。

并不完美的完美武器
——MP40冲锋枪

🚫 德国出品：被誉为冲锋枪中的冲锋枪

　　如果说二战中能有一种冲锋枪和"波波莎"对决，那它无疑就是MP40冲锋枪。MP40冲锋枪是不同于传统枪械制造观念具有现代冲锋枪特点的方便批量生产而设计的第一种冲锋枪。也是第二次世界大战期间纳粹德国军队使用最广泛、性能最优良的冲锋枪。

　　第一次世界大战的大部分战斗，主要以阵地战和碉堡战为主。攻击的一方，首先以密集火炮最大程度地攻击对方的坚固工事——战壕和铁丝网，大量杀伤敌人的有生力量，然后他们以密集冲锋的形式接近并冲入对方的阵地，在激烈而短促的近战中消灭敌人，夺取阵地。可是，随着战争的展开，各国就感觉到了这种战术的重大问题。由于军事工事建造技术的发展，使得当时的战壕构造曲折复杂。即使再猛烈的炮火也不可能摧毁战壕里面的所有人。同时重机枪的发明，使得防守一方即使人数很少，也可以给冲锋的进攻者很大程度的打击。

实际上，一战爆发刚刚四个月，德法就分别伤亡了70万人和85万人，而装备差劲的俄国在一年内更是伤亡250万人。因此，防守武器的水平远远强于进攻武器，这种残酷的现实就要求进攻武器在技术上必须有所突破。具体来说，对于进攻一方来说，他们人数和地形上的劣势，就要求他们有更猛烈的单兵武器。而当时的各国步枪，每分钟射速不超过10发，大部分战斗射速不过每分钟5发，这样的武器，根本无法有效攻破对方的阵地。加上一战时期配着刺刀的步枪几乎有1.5米长，这么长的武器也无法在狭窄的战壕中使用。于是，一种由单兵手持，可以在近距离产生巨大威力的武器随之出现。这就是曾经被称为"手提式轻机枪"的冲锋枪。

第一次世界大战的冲锋枪的扛鼎之作为德国的MP18I。一战结束以后，对德国冲锋枪深有恐惧的英法胜利者，在战后的条约中明确规定，德军不可以装备冲锋枪，这也是对这种武器变相的肯定吧。

纳粹德国在第二次世界大战中的一些成功战例，大部分依赖于闪电战，而闪电战的核心就是装甲部队的使用。但是，装甲车辆在复杂的地形，经常遇到近距离的各种武器的袭击。因此，很需要车载步兵保护其安全，这个距离一般是150米以内。那么德国传统的毛瑟步枪的火力和射速自然无法实现这个目的。于是，德国从20世纪30年代初期开始，就致力于发明一种可以供装甲步兵和伞兵使用的冲锋枪。

★MP38冲锋枪

★二战期间德军士兵手中的MP38冲锋枪

早在1936年，德国厄尔玛兵工厂就研究出了一种冲锋枪，1938年应德国陆军总部要求进行改进生产，正式装备，命名为MP38式冲锋枪，这种枪的诞生，是为了满足德国装甲兵和伞兵部队对近距离突击作战的自动武器的需求而列装德军。MP38式冲锋枪是世界上第一支成功地使用折叠式枪托和采用钢材与塑料制成的冲锋枪。MP38式冲锋枪于1938年6月29日正式装备部队，7月批量生产。

但1939年纳粹德军突然入侵波兰的时候，只有数千支用整块坯料铣制的冲锋枪。而军队对冲锋枪的需求量是巨大的，因为冲锋枪不仅适合在狭小的车辆内射击，而且还适合伞兵和室内战斗使用。德国能源短缺，而在德军于各条战线上全面失败之前，能源的消耗就达到了极点。1941年12月3日，希特勒在一份公告中要求为战争服务的各经济领域都简化生产程序，增加产量。

厄尔玛公司从1939年起开始努力简化MP38冲锋枪的生产过程。他们将机匣和握把用钢板冲压而成，并广泛采用铆、焊工艺，内部则不改动。1939年末，改进后的新型号达到了批量生产水平后，命名为MP40冲锋枪。1940年3月～7月，厄尔玛、黑内尔和斯太尔公司开始大量生产此枪。

◎ 冲压技术：MP40具有的深远影响

MP40冲锋枪，及其原型枪MP38冲锋枪，采用自由枪机式原理，使用9毫米口径手枪弹，32发直弹匣供弹。管状机匣，裸露式枪管。握把护板均为塑料件。用钢管制成的造型简单的折叠式枪托，向前折叠到机匣下方，方便携带。枪管座钩状形状可由装甲车的射孔向外射击时钩住车体，避免因后坐力或者因车辆颠簸使枪管退回到车体内。该枪结构简单，设计精良，枪的分解与结合不需要用专门工具，非常方便。

★ MP40冲锋枪性能参数 ★

口径： 9毫米

枪全长： （枪托伸长）833毫米

（枪托折叠）630毫米

枪管长： 251毫米

枪口初速： 381米/秒

表尺射程： 200米

理论射速： 500发/分

膛线： 6条，右旋

瞄准装置： 片状准星，U型缺口式照门

自动方式： 自由枪机式

发射方式： 连发

弹药： 9×19毫米帕拉贝鲁姆手枪弹

供弹方式： 弹匣

容弹量： 32发

MP40冲锋枪的冲压技术对全世界冲锋枪有着不可磨灭的影响，开拓了通往突击步枪的发展道路。它具有现代冲锋武器的几个最显著的特点。

◎ 三大法宝：MP40成为二战初期的王者

1. 以多取胜

制造简单，造价非常低廉，这让MP40能大批量生产，满足战争的需要。MP40取消枪身上传统的木制固定枪托、护木组件以及枪管护筒等粗大笨重的结构，主要部件都是钢片压制成，连唯一较费工时的木质枪托，也由钢制折叠式枪托代替。

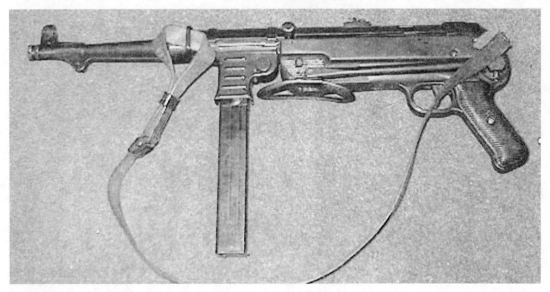

★9毫米口径的MP40冲锋枪

全枪没有复杂的工艺，钢片压制的枪身可在一般工厂的流水线中随意制造，一般的初级技术工人依靠工具即可制造；机匣的下半部则以重量很轻的铝材制造。甚至对于枪的表面也没有什么磨光，总之，一切复杂的工艺全部取消。这样的设计思路，使得MP40可以在德国各地的大小工厂中大量制造。

2. 以精取胜

在二战期间大量装备的冲锋武器中，MP40冲锋枪具有较高的精度。由于后坐力很小，MP40在有效射程内的射击非常精确，在持续射击中的精度更是无人能比。一把连续射击中的苏联"波波莎"和英国"司登"都是很难控制的，而任何一个德国新兵都可以控制住猛烈射击中的MP40。因此，此枪可在较近距离作战中提供密集的火力。

3. 以短取胜

MP40的枪身折叠以后，仅长630毫米。比各国的固定枪托武器都要短20厘米以上。这非常适合于装甲兵、伞兵和山地部队使用，尤其是在狭窄的车厢和飞机的机舱里。对于伞兵来说，MP40短小精悍，火力猛烈，非常适合伞降使用。早期西线一系列的空降作战，包括空袭比利时的要塞、突袭荷兰、大规模空降克里特岛，MP40帮助德国的伞兵部队完成了一个又一个不可能完成的任务，他们密集短促的火力往往可以压制数量占绝对优势的盟军士兵。对于装甲兵来说，短小的MP40可以折叠后放在狭小的

★MP40冲锋枪结构分解图

车厢里。对于山地步兵来说，由于山地战通常敌我双方的距离都不会太远。重量较轻和火力较好的冲锋枪非常适合他们的需要。

🚫 唯一缺点：酿成大错

MP40的装弹量有32发，这和盟国的其他冲锋枪大致相当。但是，它在和有着71发大弹鼓的苏联波波莎冲锋枪的对战中，又处于绝对的下风。在近距离作战中，冲锋枪的用处就是在最短时间把最多的弹药压制到敌人的头上。在激烈的近战中，德国士兵更换弹夹的次数要大大多于苏联士兵，在换弹药的时候，火力必然要间断或者停止。在战斗中火力中断就是死亡的前奏曲。对于这点，一线的德国士兵有着最快的认识。

很多德国士兵都抛弃自己的MP40，而是捡起一把有着71发弹鼓的波波莎冲锋枪。在德国影片《斯大林格勒》中有真实的反映。后来由于德军士兵使用波波莎冲锋枪的过多，德军居然还专门研究了一个波波莎冲锋枪的改进型号。武器也是商品，对于战斗武器来说，士兵就是客户。显然在和波波莎冲锋枪的对决中，MP40占了下风。

客观地说，MP40是一款划时代的武器，但并不是完美的武器。MP38/MP40冲锋枪是二战中使用最广泛、火力最猛烈的冲锋枪之一，也是纳粹德国冲锋队和党卫军的杀手锏。二战期间，其生产总量数以百万。在纳粹德国陆军、空军，甚至在海军……所有战场上都有它的身影。它伴随德军伞兵部队占领了希腊克里特岛，在进攻苏联的初期一度挫伤了苏军。

手持MP40的士兵，后来成为第二次世界大战中德国军人的象征。实际上，最早的MP38/MP40冲锋枪只是由装甲兵和空降部队使用，随着生产量的加大，MP40已经普遍装备基层部队，成为受到作战部队欢迎的自动武器，不但装备了装甲部队和伞兵部队，在步兵单位的装备比例也不断增加，总是优先配发给一线作战部队。

翻开MP38/MP40冲锋枪的一些原始资料和使用报告，可以看出它的确

★手持MP40冲锋枪的德军士兵

是一支很不平凡的冲锋枪。该枪除了对盟军造成巨大的心理影响之外，在德国关于战争的宣传中也占有重要的地位，被各种媒体大肆宣扬为"神奇武器"。无论是在报纸杂志的插图上，还是在丹麦的醒目广告牌上，到处都可以看到它被看起来不可战胜的德国士兵紧紧握在手中。

战争刚打响，MP38/MP40便成了闪电战的象征，昭示着德国武器设计师的天资。战后，在许多反映二战的电影、电视剧中，常常可以看到党卫军手持该枪的凶恶形象。

不列颠"五最"冲锋王者
——司登冲锋枪

🚫 司登出世：被大战逼出来的王者

英国司登冲锋枪（STENGun）拥有几个二战之最，它是公认结构最简单、做工最粗劣、造价最低廉、外形最丑陋、最受盟军士兵痛恨的武器。

★最受盟军士兵痛恨的司登冲锋枪

★MK-II（S）型无声冲锋枪

一战后，保守自大的英国官方对冲锋枪并不感兴趣，所以英国陆军断然拒绝采用冲锋枪。二战爆发后，英联邦军队没有装备制式冲锋枪，面对拥有大量自动化轻武器的德军部队，在单兵火力上明显占下风。英国只得仿制了一批老式的德国MP28型冲锋枪，装备前线部队。但这种老态龙钟的冲锋枪根本不是德军新式MP40型冲锋枪的对手，英联邦军队在战斗中常常被德军的密集火力所压制。

1940年，英国在法国的远征军由敦刻尔克大撤退，尽管撤退成功了，但是大量武器都被士兵扔在了海滩上。英国军方深刻反省，认为武器装备必须造价低廉，大量生产装备部队，损失了也不心疼，可以随时补充。当时，英国战时陆军空军海军都扩编了，加之新成立了国民警卫军，因此需要武器装备，特别是轻便武器，其中自然包括奇缺的冲锋枪。需求数量之大，时间之紧，可想而知。直到法国沦陷后英国人才如梦初醒，要求尽快研制冲锋枪装备部队。1940年，美国根据《租借法案》援助给英国大量"汤姆逊"式冲锋枪。尽管这种美国冲锋枪精度高、性能优良，但其造价昂贵，有限的数量难以满足英国的需要，而且其使用的11.43毫米口径弹药必须从美国进口，这给后勤补给带来了很大压力。

为解燃眉之急，1941年初，英军提出设计一款新式冲锋枪的要求，主要就是结构简单、造价低廉。于是英国在缴获的德国MP40型冲锋枪的基础上研制出一种新式冲锋枪，该枪由谢菲尔德（SHepHerd）和特尔宾（Turpin）两位设计师合作设计，在英国著名的恩菲尔德（Enfield）兵工厂生产。为了纪念，这种冲锋枪取两位设计师姓氏开头字母，加上兵工厂开头两个字母，被命名为司登（STEN）冲锋枪。

皇家轻武器兵工厂生产的MK-II型，与MK-I型相比，体积更小、重量更轻，是司登冲锋枪中产量最高的一种型号。值得一提的是，1943年初，按照英国特别行动处的要求，皇家轻武器兵工厂又改装出专门装备英军特种部队的MK-II（S）型无声冲锋枪。该枪安装有消音器，能够去除枪声和枪口焰。这是世界上第一种无声冲锋枪。

1943年底，莱恩斯兄弟公司设计出了一种简化版的司登冲锋枪——MK-III型，并大量生产用以装备在诺曼底登陆的英联邦部队。

最后一种型号MK-V型在设计之初竟然是为了改善司登冲锋枪一贯丑陋、粗糙的外观，但后来它逐渐成为英国伞兵的专用武器。

🚫 相貌丑陋：具有"乞丐"风格的"大腕"

★ 司登冲锋枪性能参数 ★

口径： 9毫米	**有效射程：** 100米
枪全长： 760毫米	**自动方式：** 枪机自由式
空枪重： 3千克	**弹药：** 9×19毫米鲁格/帕拉贝鲁姆手枪弹
枪口初速： 380米/秒	**容弹量：** 30发
射速： 550发/分	

司登冲锋枪是二战当中唯一可以安装消声器的冲锋枪，由47个零件组成，结构非常简单，绝大多数组件是冲压而成，只有枪机和枪管需要机床作业。枪托是一根钢条和一块钢板焊接而成，枪身是一根钢管，透过枪栓槽可以看见里面的弹簧。这款枪的设计理念是赤裸裸的实用主义，在满足最基本性能要求的前提下尽可能地降低成本。

司登冲锋枪有两个致命弱点，首先它的弹匣和供弹装置照抄德国MP38，经常会卡壳；其次它的保险装置很不可靠，稍微一碰就会走火，不少盟军士兵还没到达前线就被自己的冲锋枪击伤甚至毙命。

★9毫米口径的司登冲锋枪

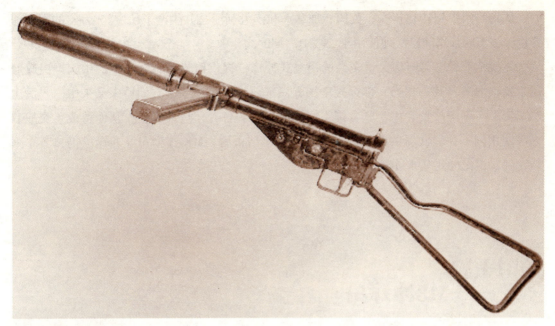

★结构简单的司登冲锋枪

司登冲锋枪结构非常简单，乍看似乎是由大小不等的管子组成的：枪管是圆的，那很自然，套筒也是圆的，枪托也是圆的，枪机拉柄也是小圆管。有人嘲笑它是"水管工人的杰作"。

大放异彩：司登冲锋枪鏖战诺曼底

司登冲锋枪设计简单、造价低廉，非常适合于在战时大量生产。它采用国际通用的9毫米帕拉贝鲁姆弹药，弹匣可以与德军MP40型冲锋枪通用。因此，英军士兵可以直接为司登冲锋枪装上缴获的德军弹药。

司登冲锋枪最早在1942年8月的迪耶普奇袭战中用于实战，到1944年6月诺曼底登陆时，司登冲锋枪成为英联邦军队的标准制式冲锋枪。虽然与传统步枪相比，司登冲锋枪无论在射程还是精度方面都相差甚远，但高达550发/分的超高射速使其成为短兵相接时不可多得的利器。

英联邦军队将司登冲锋枪配发给坦克兵、骑兵、炮兵以及其他不需要进行远距离枪战的兵种。步兵中使用司登冲锋枪的主要是指挥班、排作战的士官和尉官，但也有许多高级指挥官喜欢随身携带一把轻便的司登冲锋枪。在诺曼底作战期间，一小股德军渗透到一个英军团指挥所附近，本打算将其彻底捣毁，不想反而被指挥所内的英军指挥官用司登冲锋枪打得落花流水，仓皇而逃。另外，司登冲锋枪还被英军大量空投到法国、挪威等德占区，供当地游击队和地下抵抗组织使用。

从1941年中到1945年末，英国、加拿大和澳大利亚总共生产了超过400万支的司登冲锋枪，被英联邦军队广泛地使用于二战中后期的战斗中。

二战结束后，英国将大量多余的司登式冲锋枪提供给蒋介石领导下的中国国民政府用于发动内战。其中相当一部分被中国人民解放军缴获使用，它们后来又被中国人民志愿军带上了朝鲜战场。由于联合国军中的英军也装备有司登冲锋枪，从而造成了交战双方都使用同一种轻武器的有趣现象。朝鲜战争结束后，MK-V型司登冲锋枪仍被英军列装，到20世纪60年代末才最终退役。

美国王牌
——M3冲锋枪

◇ 美军王牌：从M2的"废墟"中诞生

第二次世界大战爆发后，为了满足日益增加的对冲锋枪的需求，美军对M1928A1汤姆逊冲锋枪进行了简化改进，设计出了面向批量生产的M1汤姆逊冲锋枪，后来又对M1进一步简化，设计出了M1A1汤姆逊冲锋枪。美军虽然对汤姆逊冲锋枪进行反复的简化改进，但在提高其生产性能方面并未能取得显著的效果，这是因为汤姆逊系列冲锋枪很多零件，包括机匣在内都是通过复杂的切削加工来制成的。

与汤姆逊系列冲锋枪的改进同步推进的是，美国陆军在专门试验美国陆军武器的阿伯丁靶场进行的各种冲锋枪的对比试验。在这一对比试验中，除了当时美国的冲锋枪以外，还广泛收集了欧洲各国生产的各种冲锋枪，进行了性能、操作性、生产性等各方面的对比试验。其中还有从德军手中缴获的冲锋枪。

美国的冲锋枪中海德2冲锋枪得到了美国枪中最好的评价。迫切需要大量冲锋枪的陆军向海德公司下达了发展试制海德2冲锋枪的指令，并将其命名为"M2冲锋枪"。但是最终由于该枪在设计上存在缺

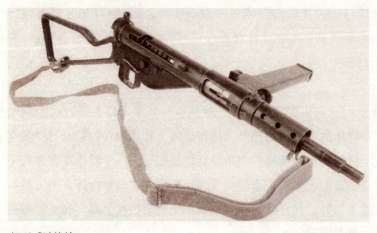

★M3式冲锋枪

陷停止了生产，已经生产出的M2冲锋枪只得当做废铁来处理。美国陆军决定寻找一种性能优于M2的冲锋枪。1942年10月，美国陆军技术部正式推进了新型冲锋枪的开发计划，由美国通用汽车公司的总设计师乔治·J.海德和工艺师费雷德克·W.桑普森合作研制出可以单发、连发的T15式样枪，外形类似英国司登冲锋枪。同年冬季，T15式的改进型T20式（主要是取消了单发射击机构）在阿伯丁试验场进行了全面试验。试验结果证明该枪无论是威力和可靠性，还是寿命都优于当时的同类武器。同年12月，美军正式决定该枪为制式武器，命名为M3式冲锋枪。

1944年，M3式冲锋枪经过了战争的考验，暴露出了一些缺点，美国军方根据使用M3式冲锋枪的经验，对其进行了改进。M3式的曲柄，首发装填机柄由于磨损，不便使用，因而去掉曲柄，改为用手直拉枪机后挂。此外还有一些小的地方作了修改，改动后的M3式定型为M3A1式，1944年底开始配发部队使用。

⊘ 独具匠心：完全用冲压式装备起来的枪

★ M3A1冲锋枪性能参数 ★

口径： 11.43毫米	**表尺射程：** 91.4米
枪托拉出长： 757毫米	**枪口动能：** 568.7焦耳
枪托缩回长： 579毫米	**理论射速：** 450发/分
枪管长： 203毫米	**战斗射速：** 120发/分
初速： 280米/秒	**容弹量：** 30发

★M3A1冲锋枪

M3式冲锋枪的突出优点主要有以下两个方面：

其一，在多用性和通用性的开发上独具匠心。

例如，针对司登冲锋枪易"走火"的问题，增加了一个抛壳窗防尘保险盖。关上抛壳窗防尘保险盖，内侧的保险卡销即可把枪机确实地锁在前方或后方位置，实现保险；打开抛壳窗防尘保险盖，保险解除。针对司登冲锋枪枪托不能收折的问题，M3式冲锋枪采用了可伸缩的通条/枪托。枪托用钢丝制成，拉出枪托后，可舒适确实地据枪瞄准射击；枪托取下后，可用来作擦拭枪管的通条使用。通过更换枪管、枪机和弹匣适配器，可以使用司登冲锋枪的32发弹匣和9毫米帕拉贝鲁姆手枪弹。此外，为了满足特种作战的需求，还开发了带有消声器的枪管组件，旋下标准枪管，换上带有消声器的枪管，就可变形为一支名副其实的微声冲锋枪。甚至连枪上的小油壶和枪背带，都与大量装备的卡宾枪通用。

其二，在造型布局和人机工效的开发上独具匠心。

首先，M3式冲锋枪具有威慑性极强的造型和外观。武器的外观造型是武器战斗力不可忽视的重要因素。它使己方人员建立对该种武器的信心，以及令敌方人员产生对该种武器的恐惧心理，都具有直接和重要的作用。"M3"的威力，从它的外观造型上得到了充分体现。M3式冲锋枪的造型布局与其人机工效的结合恰到好处，拿着它的人，都会感到得心应手，十分协调。此外，它的片状准星装在机匣前部，枪管能十分方便地伸出战车射孔射击。

★M3A1冲锋枪的结构图

其次，射击稳定性好，射击精度较高。这主要是因为M3式冲锋枪枪管与枪机同轴，加上枪机与枪弹质量比大，枪机前冲量与枪弹后坐冲量几近相等的缘故，所以射击时极好控制，一点也不像有的电影中表现M3式冲锋枪射击时那样剧烈地抖动。事实上，M3式冲锋枪在100米以内，只要用觇孔照门同时套住准星和目标，快速射击，命中概率是很高的。此外，由于理论射速不高，虽没有快慢机，却可以比较容易地用扣压扳机的食指来控制打单发。

最后，M3式冲锋枪在使用方便性方面的考虑十分周到。仅举三例，一是弹匣卡榫大而可靠，弹匣定位确实，左右手拇指都可以方便地按压，即使冬季戴大手套也不影响。二是伸缩式枪托拉出时不用按压

★美国士兵所装备的M3式冲锋枪

枪托卡榫，收回时可用左手拇指顺势按压枪托卡榫，向前顶回，紧凑稳固，非常方便迅速。三是宽大的扳机护圈，也为冬季操枪射击提供了方便。M3式冲锋枪不使用合金钢，大量使用冲压件用精锻的方法生产枪管，成本低，此枪只能连发，以防尘盖代替保险，伸缩式钢丝枪托可当通条使用，是全自动、气冷、开放式枪机、以后坐作用退壳与上膛的冲锋枪。

M3式由金属片冲压、点焊与焊接制造，缩短装配工时。只有枪管枪机与发射组件需要精密加工。机匣是由两片冲压后的半圆筒状金属片焊接成的圆筒。前端是一个有凸边的盖环固定枪管。枪管有四条右旋的来福线，量产之后又设计了防火帽可加在枪管上。附于枪身后方的是可伸缩的金属杆枪托。枪托金属杆的两头均设计当做通条，它也可用作分解的工具。该枪的主要缺点是装在枪身右侧的拉机柄，用钢板冲压成型的拉机柄本体强度不足，特别是本体的根部易于变形，一旦变形，要么弹簧脱离，要么就无法操作枪机。另外弹匣卡榫突出于枪外，成了易于引起弹匣脱落事故的根本原因。

🚫 二战王牌：学艺不精，故障频频

就英国司登冲锋枪而言，M3式冲锋枪取其精华，去其糟粕，可谓是青出于蓝胜于蓝。然而，也有一点令人遗憾的，那就是照抄照搬了司登冲锋枪双排单进的弹匣，这不能

★正在使用M3式冲锋枪作战的士兵

不说是一个大的也是唯一的败笔。大容弹量弹匣采用双排单进结构，压弹极为困难，供弹可靠性差，这对于一支近战武器意味着什么，不言而喻。

事实上，美国人早就在汤姆逊冲锋枪上采用了压弹便利且供弹可靠的双排双进弹匣。个中缘由，可能与急于用一支全新的制式冲锋枪来取代老"汤姆逊"不无关系。可见，照抄照搬，或全盘否定的绝对化思想，真是有害无益。不过，即使是这样，M3式冲锋枪仍不失为一支好枪。实际上，M3式冲锋枪在战斗使用中的故障，特别是供弹故障并不多见。

1943年秋季，美军开始装备M3式冲锋枪。刚开始，美军士兵对此枪的外观表现出极不习惯。但是被士兵们耻笑为"注油枪"的M3式冲锋枪一投入实战后，因射击时易于控制，很快就得到了美军士兵们的信赖。在第二次世界大战中美军共生产了605 664支M3式冲锋枪，而这些枪全部是由通用汽车公司生产的。

在中国解放战争期间，美国政府曾向国民党军队提供了大量M3/M3A1冲锋枪。国民党沈阳兵工厂也曾大量仿制M3A1冲锋枪（定名为"三六式"，只是"克隆"得较为粗糙，故障较多，不及原装的好）。当然，中国人民解放军和中国人民志愿军在解放战争和抗美援朝战争中也缴获了大量的M3式冲锋枪和"三六式"冲锋枪。

从20世纪60年代的越南战争到80年代美军的历次军事行动，在美军中特别是特种部队中处处可见"M3"的身影。直到现在，世界上还有许多国家的军队或准军事组织仍在使用M3/M3A1冲锋枪。

M3式冲锋枪，体现了美国在轻武器研制方面的全新概念，在世界轻武器发展史中可算得上是标新立异的一页。

综合性能最好的冲锋枪
——MP5冲锋枪

⊘ HK出品：MP5称雄当世

20世纪50年代，在冷战对峙阶段，1954年联邦德国制订了新的军备计划，并开展了MP5冲锋枪的试验，以此促进国产冲锋枪的研制开发。联邦德国国内各大枪械公司参加了这次试验，而一些国外的进口枪也参与其中。

同年，为参加这次试验，HK公司的设计师蒂洛·默勒、曼佛雷德·格林、乔治·塞德尔和赫尔穆特·巴尔乌特开始了命名为"64号工程"的设计工作，这项设计的成品是使G3步枪小型化的冲锋枪，命名为MP-HK54冲锋枪。该枪发射9×19毫米手枪弹，准星与初期的CETME步枪相似，呈圆锥形，照门则与后期的CETME步枪相似，为翻转式。

20世纪60年代初，HK公司忙于G3步枪的生产，未能顾及HK54的发展，直到1964年HK54尚未投入生产，仅有少量试制品。1965年，HK公司才公开了HK54，并向联邦德国军队、国境警备队和各州警察提供试用的样枪。

★MP5冲锋枪

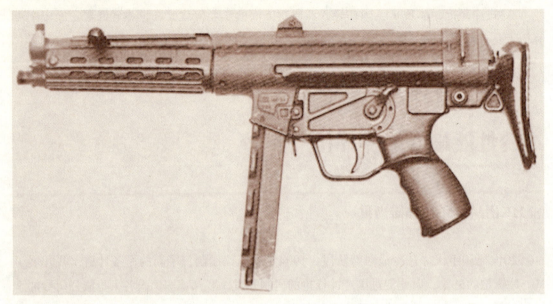

★MP5A1冲锋枪

1966年秋，联邦德国国境警备队将试用的MP-HK54命名为MP5（Machine Pistol 5）冲锋枪。这个试用的名称就这样沿用至今。同年瑞士警察也采用了MP5，成为第一个德国以外采用MP5的国家。

通过试用，HK公司对MP5原枪型的瞄具进行了改进，将翻转式照门改为可在25～100米之间调整的回转环式照门；露出的准星改为带防护圈的准星；带鳍状物的枪管改为光滑的不带鳍状物的枪管；枪管前方增加了三片式的卡榫，用以安装消声器、消焰器之类的各种枪口附件，经过上述改进的MP5被称为MP5A1。

MP5的性能优越，特别是它半自动、全自动模式的射击精度相当高，这是因为MP5采用了与G3步枪一样的半自由枪机和滚柱闭锁方式，而当时大部分冲锋枪均采用枪机自由后坐式以减少零部件，降低造价。所以MP5与华尔特（Walther）公司的MPK和MPL相比，其零部件较多，单价较高。试用结果是：国境警备队选用了MP5，而其他各州的警察部门则根据预算，有的选用MP5，更多的是选用华尔特公司的MPK、MPL。

MP5A1的单价比MPK、MPL高，未能在警察中推广使用。但在一些实际行动中MP5得到了很高的评价。

1970年，HK公司推出了MP5的新改型MP5A2和MP5A3。

🚫 三发点射：MP5堪称性能最优

外形上，MP5A2与MP5和MP5A1一样，MP5冲锋枪只是在枪管的安装方法上作了改良，采用了浮置式枪管，即枪管不再用前后两点固定的方式，仅安装在机匣前端而形成浮

★ MP5A2冲锋枪性能参数 ★

口径：10毫米	射速：800发/分
枪全长：680毫米	膛线：6条，右旋，缠距380毫米
枪管长：225毫米	瞄准基线长：340毫米
空枪重：2.67千克	发射方式：单发、2发点射或3发点射、连发
枪口初速：442米/秒	容弹量：30发

置状态。枪管长225毫米，6条右旋膛线，枪口动能为650焦耳。表尺射程为200米、300米和400米。

随后，HK公司又推出了MP5的改进型MP5A3。

MP5A2和MP5A3具有基本相同的结构，两者的区别只在于MP5A2安装固定式塑料枪托，MP5A3则为伸缩式金属枪托。最初的MP5A2、MP5A3使用直型弹匣，到1977年全部改为弧形弹匣。在1985年HK公司推出MP5A4和MP5A5以后，由于其大型塑料护木使用起来相当舒适，所以新生产的MP5A2、MP5A3都配用这种塑料护木，另外也有些客户购买这种护木换掉原来的金属护木。

20世纪80年代，冲锋枪开始流行3发点射的功能。于是在1985年，HK公司也推出了有3发点射功能的MP5新改型——MP5A4和MP5A5。与MP5A2和MP5A3相比，MP5A4、MP5A5主要的改进是内装3发点射机构和塑料制的护木。MP5A4和MP5A5的区别与MP5A2和MP5A3一样，分别为固定式枪托和伸缩式枪托。

由于MP5零部件的通用化，现在有不少MP5A2和MP5A3把原有的金属护木更换为塑料护木，如果不是下订单时有特别要求，现在HK公司所提供的MP5A2和MP5A3也全部都采

★MP5A2冲锋枪

用塑料护木，所以要区分MP5A2、MP5A3和MP5A4、MP5A5就只能看快慢机有没有3发点射的选择了。

HK公司又生产出有2发点射机构的握把座，由于其零部件的通用化，可广泛用于各类MP5、HK53等武器。结果使MP5A2、MP5A3和MP5A4、MP5A5之间的区分更加模糊。就目前的资料来看，似乎快慢机上只有两种射击方式（单发和连发，或单发和2发点射）的就是MP5A2和MP5A3，有三种射击方式（单发、3发点射和连发，或单发、2发点射和连发）的就是MP5A4和MP5A5。

◎ 名扬天下：MP5制伏恐怖分子

德国枪械的精品——HK-MP5冲锋枪系列自20世纪60年代问世以来，一直以高精度、高稳定性闻名于世，在世界各国的警界广泛使用，成了特种警察的标志性标准装备。那么MP5系列在实战中到底表现如何呢？

★反恐演习中士兵使用的MP5式冲锋枪

1972年联邦德国慕尼黑奥运会上，一伙武装恐怖分子劫持了参加奥运会的部分以色列运动员。在解救行动中联邦德国警方屡屡失误，最终酿成了包括所有11名人质和多名警察伤亡的惨剧。一年之后，备受耻辱的德国人以特有的专业精神，建立了专职反恐怖的警察第9边防大队（GSG9）。经过严格的选择，强调精度、稳定、停止作用的MP5以短小精悍、特别适合室内楼道狭窄战术环境使用的特性，成为GSG9的标准装备。

今天看来，GSG9的主要装备和其他国家特种部队的主要装备没有太大区别，除了狙击步枪，主要是MP5系列的各种改型，包括MP5A2、MP5SD3及MP5K。而在当时，GSG9则是第一支在反恐怖作战中使用MP5冲锋枪的部队。

1977年10月13日，4名恐怖分子

★英国SAS在营救人质行动中所使用的MP5式冲锋枪

劫持了联邦德国汉莎航空LH181航班，将机上87名旅客扣为人质，以巨额赎金和释放11名服刑的"红军旅"分子为条件要挟联邦德国当局。最后，这架原本飞往法兰克福的波音737客机降落在了索马里首都摩加迪沙。

17日17时30分，谈判紧张进行的同时，GSG9队员乘波音707赶到现场执行营救任务。GSG9指挥官魏格纳上尉雷厉风行，在1小时内清空了LH181航班四周的飞机，并部署好狙击手。潜行到飞机附近的侦察分队用红外夜视装备确定了恐怖分子在机内的位置。

午夜前，队员们再次确认任务计划，检查装备和弹药，准备立刻实施攻击。参加突击行动的GSG9队员配备MP5A2冲锋枪和史密斯—韦森9.65毫米口径的转轮枪，还得到了英国SAS部队的帮助，装备了英国最新研发的眩目手雷和防弹背心。18日1时，所有参战队员按照部署行动，进入被劫持的飞机周围的位置。队员通过顶端包有橡胶的突击梯，从副翼位置登上机翼，在逃生门位置设好塑性炸药。2时07分，索马里部队按照安排，在飞机前方数百米处燃放了一颗巨大的礼花弹。这一举动的目的是为了把所有的恐怖分子吸引到机首来。

1分钟后，魏格纳通过受话器下达了"Magic fire"的行动暗号。舱门被炸开，紧接着飞进去若干枚眩目手雷，其亮度足以使恐怖分子暂时失明。20名GSG9队员按照预案，鱼贯而入，从机舱中部向两端展开攻击。在一片"Heads Down！（趴下！）"的喊声中，站立的恐怖分子立刻成为靶子。在机舱里，第一个被发现的是一名穿格瓦拉T恤的女恐怖分

★警察手中的MP5冲锋枪

子。她显然已经被眩目手雷照瞎了。MP5准确的点射立刻命中了这名女恐怖分子的头部。另外一名女恐怖分子沿着狭窄的过道向飞机后部狂奔，躲进洗手间，从里向外乱射。这名女恐怖分子旋即被GSG9的MP5点射击伤，后来成为这次事件恐怖分子方面唯一的活口。

扫清机舱后部后，一部分队员开始疏散人质，而驾驶舱的战斗还在进行。恐怖分子的头目穆罕默德躲在里面。在对射中他前后被转轮手枪打中多处，却还负隅顽抗，甚至向机舱里投出两枚手雷。好在这两枚手雷都在座椅下面爆炸，只造成几名人质和1名GSG9队员轻伤。穆罕默德很快就被MP5的点射击毙。藏在机舱里的第4名恐怖分子被魏格纳用转轮手枪打中头部毙命。

整个行动前后持续5分钟，4名恐怖分子3亡1伤，GSG9方面1人轻伤。波音737并不是宽体客机，加之目标混杂在人质和座椅中间，这种环境对枪械的尺寸和精度要求非常严格。GSG9配备的MP5和SGW 9.65毫米口径的转轮手枪都能够较好满足在狭小空间作战的要求，加之队员素质高，在激烈的交火中，没有一名人质被误伤。

行动开始前，一些队员更习惯用转轮手枪，但事实证明，GSG9在此次任务中使用的史密斯—韦森9.65毫米口径的转轮枪的作用明显不足。一名队员用他的转轮枪中全部子弹打中一名恐怖分子，但这名恐怖分子仍能引爆两枚手雷，最终还要MP5的火力进行支援。这次行动之后，GSG9就用威力更大的发射11.2毫米马格努姆弹的转轮枪替代了9.65毫米口径的史密斯—韦森转轮枪。

参加这次作战的英国SAS队员也没有白忙活，他们把MP5的使用经验带回了英国。英国SAS部队原本装备的是美制英格拉姆M10冲锋枪，但射击更容易控制的MP5很快悄悄地代替了它，成为SAS部队的标准装备。几年之后，SAS在众目睽睽之下成功突袭伊朗大使馆解救人质。事件过程中的大量新闻照片使MP5名扬天下。自此，MP5逐渐成为各国反恐怖部队、特种警察部队等城市作战部队的标准装备。

⃠ 精度虽高：但火力不足，MP5败走麦城

　　1977年10月17日，GSG9在摩加迪沙机场的反劫机行动中使用了MP5冲锋枪，4名恐怖分子均被MP5击中，3人当即死亡，1人重伤，人质获救，MP5在近距离内的命中精度得到证明。此后德国各州警察相继装备MP5，而国外的警察、军队特别是特种部队都注意到MP5的高命中精度，于是出口逐渐增加。

　　到20世纪80年代，美国轻武器装备服务规划办公室（美国三军轻武器规划委员会）需要为特种部队寻求一种性能可靠的9毫米口径冲锋枪，经过多番对比试验，最后选定HK公司生产的MP5冲锋枪。就这样，MP5又从美国获得大量的订单，首先是军方的特种部队，然后是各地的执法机构。正如下面的广告宣传语一样，MP5差不多成了反恐怖特种部队的标志。

　　MP5来到美国之后，却遭遇了美国警察史上最轰动的枪击案。

　　20年后的1997年2月28日。9点刚过，在北好莱坞地区一个十字路口附近值勤的洛杉矶巡警发现两名头戴面具、手持自动步枪的男子进入路口的美洲银行。他们立即呼叫增援。

　　9时38分，这两名穿着厚重衣服的男子扛着装有33万美金现钞的沉重背包走出银行。数十辆警车已经在门口围成一个半圆。集结起来的警察有上百人。两名劫匪不理会警察的"Freeze!Drop your guns!(站住，放下枪！)"的呵斥，并用他们的AK-47和Bushmasrer自动步枪向警车后面的警察和平民开火，企图以自动步枪火力压制轻装的警察。警方以伯莱塔92F自动手枪和霰弹枪还击，但这些火力与自动步枪无法相提并论。他们很快被压制在有效射程之外。在头5分钟里就有3名平民和9名警察被击中，并有好几名伤员暴露在满地

★MP5A5冲锋枪

碎玻璃的马路上，处于劫匪火力威胁下。无奈之下，警察跑到路边的一家枪店借来几支AR-15步枪，才勉强阻止劫匪夺路而逃的企图。

洛城警方迅速调集350多人的庞大支援队伍赶到现场，并在出事地点南北两侧并行的大街路口设置了封锁线，还动用了由军用装甲车改装的卡迪拉克"突击队员"V-100警用装甲车。著名的洛杉矶特警SWAT也及时赶到。SWAT派出3个小组，每组装备3支MP5A5，另有一支M870雷明顿霰弹枪、两支×M733短卡宾枪以及6支手枪。每支MP5A5配有辅助照明射灯、激光红外点瞄准系统、双联30发标准弹夹以及三角背带。

9时51分，在电视屏幕上可以看见，两名劫匪突入银行停车场。双方用汽车作掩护，进行大规模枪战。SWAT主攻小组中首先向劫匪开火的队员使用的就是MP5A5。他们在约20米距离上横向运动中3发点射两次，压制劫匪首先开火的企图，第3个点射击伤一名劫匪的右小臂。此时警方才知道劫匪穿了整体式防弹衣。

主攻小组随即从停车场外侧围向劫匪，其中3名持MP5A5的队员共计射弹近70发。两名劫匪中弹多处。由于劫匪身穿整体防弹衣，厚重结实，包裹严密，所以在对抗中虽行动不如SWAT小组敏捷，无法利用隐蔽物，但其胸腹中弹数发却没有倒下。这是SWAT小组事先没有考虑到的。

劫匪一边用AK-47进行还击，一边交替掩护向事先准备好的车辆转移。连续的射击压制了警方伯莱塔92F、雷明顿M870及MP5A5组成的火力，给警方造成几名新伤员。一名劫匪乘机驾驶一辆白色轿车逃离。几分钟后，另一名劫匪离开作为掩体的汽车，走到街上，并用AK-47朝警察和采访的电视台直升机猛烈开火。SWAT以MP5A5连续命中该劫匪非致命部位，小腿部、左小臂、身体躯干部，但警方的火力仍不能穿透他的重型防弹衣。直到这名劫匪的AK-47被警方发射的一发9毫米子弹击中枪机，使之无法继续射击，情况才有了转机。劫匪在更换武器继续对抗的过程中，发现已经无法逃脱，遂开枪自杀。

9时56分，驾白色轿车

★正在使用MP5式冲锋枪进行营救任务的特战队员

★特战队员手中的MP5A5

逃走的那名劫匪沿Archwood大街一路西逃，经过4个街区后遇到一辆迎面开来的褐色"皮卡"，车主弃车逃走。这名劫匪随即放弃了抛锚的白色轿车。在他把武器往"皮卡"上转移的时候，紧跟上来的SWAT警车堵住了"皮卡"的去路。双方隔着汽车开始新一轮交火。最后，企图继续逃跑的劫匪被警方冒死在近距离使用数支AR-15步枪和×M733卡宾枪连续射击击毙。最具讽刺意味的是，击毙这名劫匪的AR-15步枪也是临时从附近枪店征用的"违禁武器"。

事后统计，北好莱坞枪击案中，总共有7名平民和11名警察受伤。警方和SWAT的发言人称，劫匪共持有3支全自动型AK-47自动步枪（在美国，民用枪支均为半自动型，劫匪用的全自动型为自己改装的）、1支5.56毫米口径的Bushmater自动步枪、1支9毫米伯莱塔手枪。劫匪在被SWAT特战小组击毙前，总共发射超过1100发自动步枪子弹，火力非常强大。现场的一辆警车中弹57发，还有一个被警察用来作掩体的亭子中弹150多发，许多建筑物被打成"蜂窝"。事后，警方还在劫匪车子里发现了2200多发子弹，劫匪身上还有许多装填好的实弹夹。两名劫匪的防弹衣保证他们从头到脚的防护。这种整体防弹衣防护面积大，防护层厚，子弹打上去纷纷跳飞，只能造成一定程度的震伤。但如此厚重的防弹衣也使他们不能灵活地行动，以至稍微低一点儿的掩体，他们都趴不下去。

面对这样的"重装备"劫匪，警方的SWAT使用AR-15/×M733组成的火力起到了最有效的作用，而一直声名显赫的MP5A5在累计发射200余发子弹，命中劫匪30余发的情况下却未能将其击毙或重创。让洛城警方大发感慨的是，在近距离对付拥有中小口径自动步枪的劫匪时，MP5A5的优势变成了缺陷——精度虽高，但是无法形成覆盖式弹着，无法压制劫匪火力；稳定的射速无法抵抗散布式火力攻击，在自动步枪面前显得只有招架能力；9毫米枪弹的威力无法击穿厚防弹衣，停止作用不能击伤劫匪使其丧失抵抗力。反倒是劫匪的自动步枪在近距离的穿透力和散布面对警方的压制作用明显。一位洛城警官评价，MP5是一种完美的武器，但这次是"错带着一支不中用的枪来到一个错误的场合"。至于同样作为经典警用枪械的M870霰弹枪，警方的结论是"廉颇老矣"，命中劫匪30余处却无一造成伤害，10米距离上的杀伤弹根本打不穿防弹衣。

　　这件事对美国警界以及枪文化传统深厚的美国民间的影响更是无法估量。美国洛杉矶警察已经装备了美军撤换后改进的M16A1单发步枪，SWAT部队则为了强调突击火力/支援火力协调，在每个SWAT小组中增加一支XM733短卡宾枪，撤下一支MP5A5，作为标准SWAT小组配置，在遇到拥有自动步枪的匪徒时还要加上两支XM733短卡宾枪。

　　尽管MP5在洛城大出洋相，但经典毕竟是经典，至少在目前，MP5A5+激光瞄准系统+三角背带仍然是世界各国的反恐怖/突发事件处理部队的标准装备。

　　MP5在摩加迪沙机场和洛杉矶街头完全不同的表现充分说明了一个十分浅显而往往被人忽略的道理："什么样的任务选择什么样的武器。"事实证明，每一种武器都有自己的长处和短处，而武器面对的更是错综复杂的情况和形形色色的对手，只有针对不同的情况，不同的对手，采用不同的武器，扬其长，避其短，因时制宜，因人制宜，才能充分发挥武器的效能，在激烈的对抗中占据主动，克敌制胜。

战事回响

🎧 国外开花国内香：MP18I冲锋枪在中国

　　1918年，德国著名武器设计师施迈塞尔设计、伯格曼军工厂生产的MP18I型冲锋枪问世，这是世界上第一支真正意义上的冲锋枪。该枪发射9毫米手枪弹，虽然射程近、精度不高，但它适合单兵使用，具有较猛烈的火力，所以迅速装备了德国军队。

　　1918年，第一次世界大战进入最关键的时期，德国士兵装备的MP18I冲锋枪以凌厉的瞬间火力压得协约国军队根本抬不起头。但当时的冲锋枪在射程和威力上均无法取代轻机枪，而用作步枪则显得过于笨重。这种尴尬的处境，使得欧美国家在一战后就把冲锋枪扫地出门了。

　　但西方不亮东方亮，法国军火商将一部分德国遗弃的MP18I冲锋枪转卖给中国北洋军阀。北洋政府立即命令上海兵工厂对该枪加以研究，并于1923年开始投产仿制。MP18I冲锋枪全长815毫米，枪管长200毫米，枪重5.2千克，装弹量为32发，射速450发/分。它采用开膛待击的自由枪机式，由于其部件加工主要靠机床冲压成形，尽量减少了旋、削、磨等工序，对机床的精密性要求降到了最低，使生产成本和工艺都得以降低，可以很方便地仿制。

该枪只能连发射击，设有专门的保险机构，采用了蜗牛式弹鼓供弹。中国兵工厂起初为MP18I冲锋枪装上两脚架，其准星是切线型的，50～600米，每50米的射程为一个刻度。从这一角度也不难看出，当初中国军队主要是想以其来替代轻机枪。在20世纪20～30年代，中国有10余家兵工厂生产MP18I冲锋枪，由于MP18I冲锋枪的枪管上打有多孔散热孔，川军戏称其为"虼蚤笼笼"，广东兵则戏称其为"猪笼机"。在最初的仿制品中，以7.65毫米口径为主，后来除了位于南京的金陵兵工厂继续生产此口径的MP18I冲锋枪外，其他仿制品的口径都改成7.63毫米，以求与毛瑟手枪子弹通用。MP18I冲锋枪首次被中国军队用于作战是在1924年第二次直奉战争期间。后来奉军高级将领的卫队都以此枪为基本配备。

1936年西安事变中，张学良指挥的东北军特务连手持MP18I冲锋枪与蒋介石卫队交火。在飞夺泸定桥的战斗中，中国工农红军勇士也是每人一支MP18I冲锋枪、一把大刀，硬是虎口夺桥，保证了大部队的前进。在中国国民党军的作战报告中，每每有"红军装备

★装备了德国MP18冲锋枪的中国自行车军队

★和中国抗战部队一起并肩作战的MP18I冲锋枪

虽劣，但往往集中手提机枪（冲锋枪）猛扑一点，致频频得逞"的字眼。相比较来说，步枪和机枪如果没有优质上等的好钢材和精密的生产工艺，枪械的寿命、射击精度、射程等就不好保证，但同样的问题出现在冲锋枪身上，就不那么苛刻，再加上前线急需，于是冲锋枪便得以在设备简、材质差、加工粗的情况下大量生产了。

直到抗战初期，中国军队中的冲锋枪仍然是以MP18I为主，800壮士守四行、血战台儿庄、喜峰口大战，MP18I和中国抗战军民一起度过了那最艰难的岁月。

　　枪，从另一个层面上代表着历史，或者这么说，一把枪就是一段历史，这是我们在编写《枪械》这本书时想要达到的目的。虽然我们尽可能挖出枪和枪声背后的故事，但凡事都不会那么完美，有些资料是保密的，尚未公开的。我们只能做到这些。

　　人类的历史总是伴随着战争，而武器是战争中取得胜利最基础与最关键的手段之一。其中，步枪是战争中最基本的武器，可以说，不管多么现代化的战争，最后解决问题的还是步枪。在枪械史上步枪是发展时间最长的一类枪种，它见证了枪械六百多年的发展历程。在这六百多年中，经过了火绳枪、燧发枪、前装枪、后装枪、线膛枪等几个阶段。正是由于步枪的这些发展，才有了现代枪械的发展。

　　有时我们在想，如果我们会时空穿梭，回到某把枪的战斗现场看看，去那段历史看看，那将会是一件多么美好的事情。但我们犹豫了，不是因为这是痴人说梦，而是因为有些枪背后的历史太过残忍。因为，一把枪被发明出来之后就变成了双刃剑，它代表着科技的进步、智慧的发展，但同时又是更大杀戮的开始。

　　当然，我们也可以从另外一个角度来思考枪：枪不会杀人，是人在杀人。这句出于枪王杜洛克之口的名言，也恰恰印证了本书的观点。枪是有生命的，尽管它杀过人，但它是无罪的。枪，被有生命的人控制着，就能制造出暴力，譬如武侠小说里描述的那样：手中无剑，心中的剑却是更加厉害。几百年前的人类社会，那时没有枪，但照样充满暴力，充满战争。所以枪是无罪的，没枪，并不代表世界和平。所以，我们想要评价一把枪，要看它掌握在谁的手中，当它被侵略者利用，那它上面便浸染着无辜生命的鲜血；如果它放在和平者手中，那它注定会给人类带来和平。AK-47之父卡拉什尼科夫在90岁生日这天认真地说："我研发武器，是为了保卫自己的祖国，为了和平。但它们有时却被用在不该用的地方。那不是设计者的错，而是政治家们的错。我设计这个武器是为了保卫祖国，我也希望它们今后能用于这个方面。"

　　更多的了解，是为了更多的思考；更多的思考，是为了更多的和平。

主要参考书目

[1]《名枪名片》:《名枪》杂志编辑部,航空工业出版社,2009。

[2]《名枪的历史》:黄琳,哈尔滨出版社,2008。

[3]《枪·轻武器发展史》:景继生,百花文艺出版社,2008。

[4]《名枪——鹰之利爪》:《名枪——鹰之利爪》编写组,中央音乐学院出版社,凤凰出版传媒集团北京出版中心,2009。

[5]《枪——权威兵器面面观》:唐克,太白文艺出版社,2007。

[6]《科普百家论坛:世界名枪108》:《名枪》杂志编辑部,航空工业出版社,2009。

[7]《冲锋枪和机枪》:(英)罗杰·福特著,李艳,杨志斌译,中国市场出版社,2010。

[8]《枪》:师永刚,新华出版社,2009。

[9]《世界名枪——机枪》:(英)克雷格·菲利普著,孔鑫译,科学普及出版社,2003。

[10]《现代兵器丛书——特种枪》:卞荣宣、洪萍,解放军出版社,2005。

攻坚战
尖矛与利盾的较量
TOUGH FIGHTS

海战
烟波浩渺间的蓝色争夺
NAVAL BATTLES

会战
周密筹划的巅峰对决
THE BATTLE WARS

间谍战
智慧与勇气的激烈碰撞
SPY WARS

决战
毕其功于一役
DECISIVE BATTLES

空战
生死瞬间的云端曼舞
AIR WARS

坦克战
陆战之王的直接对话
TANK BATTLES

特种战
灵活机动下的尖刀对决
SPECIAL WARS

导弹 MISSILES
千里之外的雷霆之击
THE CLASSIC WEAPONS

火炮 ARTILLERIES
地动山摇的攻击利器
THE CLASSIC WEAPONS

潜艇 SUBMARINES
深海沉浮的夺命幽灵
THE CLASSIC WEAPONS

枪械 FIREARMS
经典名枪的战事传奇
THE CLASSIC WEAPONS

坦克 TANKS
陆地驰骋的铁甲雄狮
THE CLASSIC WEAPONS

战车 CHARIOTS
机动作战的有效工具
THE CLASSIC WEAPONS

战机 WARPLANES
云涛千里的急速猎鹰
THE CLASSIC WEAPONS

战舰 WARSHIPS
怒海争锋的铁甲威龙
THE CLASSIC WEAPONS